Magna
Cuadrada
Briolette
En escudo
Ceilán
Peruzzi
Fantasía
Talla estrella
Antigua
Pendeloque
Talla francesa
Brillante modificada
Brillante modificada
Talla suiza
Oliva
Rombo escalonada
Talla americana
En octógono
Alta luz
Brillante ovalada
Rosa doble
Estrella pentagonal

OMEGA

Prof. Dr. Walter
Schumann

PIEDRAS PRECIOSAS Y ORNAMENTALES

Todas las gemas y variedades ilustradas
con 1900 fotografías en color

Índice de materias

Del prefacio a la 1.ª edición

Las piedras preciosas siempre han provocado fascinación. Mientras que en la antigüedad estaban reservadas únicamente a unos pocos miembros de las clases dominantes, hoy en día son accesibles a todas las capas sociales como joya y adorno. Sin embargo, la oferta de piedras preciosas es tan abundante que para el no experto parece casi imposible abarcar con la vista el campo de la gemología en toda su extensión o tan siquiera hacerse una idea de sus contornos. La presente obra pretende ser de ayuda a este respecto. Abarca todas las piedras preciosas de la tierra, con muchas variedades. El texto acompañante está pensado para que tanto el especialista como el profano puedan sacar provecho de él. Los capítulos introductorios sobre la formación, propiedades, yacimientos, trabajado, síntesis e imitaciones permiten hacerse una idea global del mundo de las piedras preciosas. Con ayuda de las tablas de identificación, al final de la obra, se pueden identificar piedras preciosas desconocidas.

Recibí una ayuda inestimable de colegas, amigos y conocidos. Institutos, empresas y diversas personas pusieron a disposición piedras preciosas para las fotografías. Mi más sincero agradecimiento a todos ellos. Un agradecimiento especial para Paul Ruppenthal, Idar-Oberstein. Expreso también mi agradecimiento a Karl Hartmann, Sobernheim, por las láminas de las piedras preciosas.

Prefacio

La presente *Guía de las piedras preciosas y ornamentales* se ha difundido por todo el mundo. Ha sido traducida a una veintena de idiomas. La tirada mundial ha superado con mucho el límite del millón de ejemplares. Desde la primera edición de 1976 se han incorporado más de 60 piedras.

Los datos se han actualizado y se han tenido en cuenta los nuevos descubrimientos científicos y situaciones económicas. En un capítulo se hace una reseña de la utilización de piedras preciosas y ornamentales como símbolos cósmicos y astrales, así como medios de curación.

De nuevo obtuve inapreciables estímulos y ayuda práctica. Merecen una mención especial Nicole Schiel, de Groh & Ripp, Idar-Oberstein, así como el profesor doctor Hermann Bank, Idar-Oberstein, el profesor doctor Henry A. Hänni, Basilea, el doctor Gerhard Holzhey, Erfurt, y el profesor Rainer Schultz-Güttler, São Paulo.

Walter Schumann

Para las fotografías pusieron sus piedras preciosas a disposición:
Carl Friedrich Arnoldi, Idar-Oberstein; el profesor doctor Hermann Bank, Idar-Oberstein; Friedrich August Becker, Idar-Oberstein; Ernst A. Bunzel, Idar-Oberstein; Karl A. Bunzel, Idar-Oberstein; Hein Gaertner, Idar-Oberstein; Hans Gordner, Hettenrodt; Karl Hartmann, Sobernheim; Industrie-und Handelskammer, Koblenz, Bezirksstelle Idar-Oberstein; Otto und Dieter Jerusalem GmbH, Herborn; Karl-Otto Kullmann, Hettenrodt; R. Litzenberger, Idar-Oberstein; Hans Walter Lorenz, Idar-Oberstein; Deutsches Edelsteinmuseum, Idar-Oberstein; Erwin Pauly, Veitsrodt; Ulrich Pauly, Veitsrodt; Julius Petsch jr., Idar-Oberstein; A. Ruppenthal KG, Idar-Oberstein; el profesor doctor Walter Schumann, Múnich; Curt Stolz, Múnich; Christian Weise, Múnich; Gebr. Wild, Idar-Oberstein.

INTRODUCCIÓN

Las piedras preciosas y ornamentales en la vida de los hombres

El hombre conoce piedras preciosas y ornamentales desde hace al menos 10.000 años. Las primeras piedras que se utilizaron con fines ornamentales fueron la amatista, el cristal de roca, el ámbar, el granate, el jade, el jaspe, los corales, el lapislázuli, las perlas, la serpentina, la esmeralda y la turquesa. Eran propiedad exclusiva de las clases pudientes y servían como símbolo de nivel social. Más tarde, los monarcas hicieron ostentación de su poder mediante insignias adornadas con piedras preciosas. Estos tesoros se pueden admirar hoy en día en muchos sitios en museos y cámaras del tesoro.

En la actualidad, las piedras preciosas ya no se llevan tanto como símbolo de riqueza sino para el placer propio, por su belleza y armonía.

Con toda seguridad también hoy en la adquisición de una piedra preciosa vibra una cierta inclinación por una piedra preciosa en concreto. En otro tiempo, cuando el hombre tenía menos conocimientos sobre las ciencias naturales, las piedras preciosas tenían un carácter misterioso y sobrenatural. Por eso fueron utilizadas muy a menudo como amuleto y talismán.

En nuestros días se siguen utilizando las piedras preciosas y ornamentales como remedio de enfermedades y otras dolencias. Hoy las prácticas curativas con piedras preciosas están en auge por influjo de las enseñanzas esotéricas, con algunas representaciones medievales. En el capítulo «Simbolismo y uso terapéutico de las piedras preciosas» (pág. 283) se tratará el tema con más detenimiento.

También en el seno de las religiones tienen las piedras preciosas un sitio reservado. El Sumo Sacerdote de los judíos daba fe de su poder con cuatro hileras de piedras preciosas. Éstas también adornan la tiara y la mitra del Papa y de los obispos así como custodias, reliquias e imágenes de las iglesias cristianas.

Todas las demás religiones del mundo utilizan asimismo piedras preciosas, como ornamentos religiosos o en la construcción de obras arquitectónicas.

Como inversión económica, las únicas piedras preciosas realmente apropiadas son los diamantes. Han sido capaces de mantener constante su valor a pesar de las guerras y depresiones económicas que ha sufrido la humanidad.

Un problema de nuestro tiempo son las siempre refinadas falsificaciones de piedras preciosas. Ver al respecto el capítulo «Imitaciones de las piedras preciosas y ornamentales» (pág. 266). La reproducción de materiales nobles ciertamente ha existido siempre, pero hoy la imitación se ha desarrollado en una vasta rama económica, no siempre con la debida seriedad.

Corona Imperial inglesa con rubíes, esmeraldas, zafiros, perlas y más de 3.000 diamantes. En el centro, abajo, el «Cullinan II» (o «Lesser Star of Africa») de 317,40 quilates. Es el segundo diamante tallado más grande del mundo y tiene 66 facetas. Junto con otros 104 fragmentos, procede del diamante en bruto de mayor tamaño encontrado hasta la fecha, el «Cullinan». Fue tallado por la casa comercial Asscher de Amsterdam.
(Véase también «Cullinan I», pág. 94, n.º 3.)
La piedra roja sobre el «Cullinan II» es el llamado «Black Prince's Ruby». Aunque se lo ha tomado por un rubí, en realidad es una espinela sin tallar, únicamente pulida, de 5 cm de altura.
La Corona Imperial está expuesta en la Torre de Londres.

Definición de conceptos

A continuación, se definen importantes conceptos técnicos que nos acompañarán a lo largo de todo el libro:

- **Cristal** Un cristal es un cuerpo constituido por un solo material con una estructura interna homogénea –es decir, una rigurosa ordenación de sus componentes microscópicos (ya sean átomos, iones o moléculas) que forma la llamada red cristalina. La distinta estructura de dicha red es la causa determinante de las diferentes propiedades físicas de los cristales y por ello también de las piedras preciosas.
- **Cristalografía** Es la ciencia que estudia los cristales.
- **Gemología** Es la ciencia que estudia las piedras preciosas.
- **Imitación** Es una copia de piedras preciosas naturales o sintéticas, creada total o parcialmente por la mano del hombre. Imita el aspecto, el color y los efectos del original, pero no posee ninguna de las propiedades químicas y físicas del modelo. En sentido estricto, esta definición también incluye todas las piedras preciosas que no tienen ningún paralelo en la naturaleza (como la fabulita o el YAG). En el mercado, sin embargo, estas piedras se las acostumbra a contar entre las piedras preciosas sintéticas.
- **Joya** Cualquier elemento ornamental es una joya. En un sentido más estricto, se entiende un ornamento compuesto por una o varias piedras preciosas engarzadas en un metal noble. Ocasionalmente se denomina joya también a una piedra preciosa tallada sin engarzar.
- **Matriz** Masa de grano fino que se encuentra entre las partículas de las piedras preciosas.
- **Mineral** Un mineral es un componente de la corteza terrestre o de la superficie lunar, uniforme y originado de forma natural.
  La mayoría de minerales son cristalinos, es decir, tienen determinadas formas cristalinas.
- **Mineralogía** Es la ciencia que estudia los minerales.
- **Petrografía** Es una ciencia básicamente descriptiva de las rocas. Sin embargo, el concepto de petrografía se suele entender de una forma más genérica, equiparándose con el de petrología.
- **Petrología** Es la ciencia que estudia las rocas; en ocasiones se denomina petrografía.
- **Piedra** Es el nombre colectivo que se usa popularmente para denominar todos los componentes sólidos de la corteza terrestre salvo el hierro y la madera. Los joyeros y los amantes de las piedras preciosas designan con esta palabra únicamente las piedras preciosas y ornamentales. El ingeniero de la construcción, a su vez, entiende piedra como aquel material terroso o rocoso con el que se levantan edificaciones. En la geología, la ciencia que estudia la tierra, no se habla de piedras sino sólo de formaciones rocosas y minerales.
- **Piedra de color** Piedra de color es el nombre comercial para todas las piedras preciosas (también para las incoloras) a excepción de los diamantes. Para resaltar el carácter de piedra preciosa de este grupo, se habla recientemente de piedras preciosas de color.
  En el trabajado de piedras preciosas se consideran piedras de color todas las piedras preciosas con excepción del ágata y el diamante.
- **Piedra ornamental** El concepto de piedra ornamental es una denominación de conjunto para todas las piedras que se llevan como adorno y otros materiales semejantes. Según otros, se restringiría a las piedras de menor valor y opacas.
  En ocasiones, se usa el nombre de piedra ornamental como sinónimo de piedra preciosa.

Pero de hecho no hay ninguna delimitación convincente entre las piedras de valor y las de menor valor. Por eso es más conveniente hablar conjuntamente de piedras preciosas y ornamentales como un solo concepto.

- **Piedra preciosa** No existe ninguna definición universalmente válida del concepto de piedra preciosa. La mayoría de piedras preciosas son minerales (p. ej., el diamante) en raras ocasiones agregados de minerales (como el lapislázuli) o rocas (como el mármol ónice). Algunas piedras preciosas son formaciones orgánicas (p. ej., el ámbar) y otras, en cambio, se originan sintéticamente (p. ej., YAG).
Tampoco existe una delimitación clara entre la madera, el hueso, el cristal y el metal. Algunos representantes de estos grupos son utilizados propiamente como piedras preciosas. Como ejemplos citemos el azabache (una madera bituminosa), el marfil (los colmillos del elefante, así como dientes de otros animales de gran tamaño), la moldavita (el producto cristalino resultante del impacto de un meteorito) o el goldnugget (pepitas de oro de tamaños diversos).
Los mismos fósiles se utilizan en ocasiones como piedras preciosas. Sin embargo, todos los materiales citados tienen algo en común: su peculiaridad y belleza. En algunas piedras preciosas es el color, la irisación o el brillo, lo que las distingue de las demás; en otras es su gran dureza, o una propiedad interesante lo que las hace especiales. No hay duda de que su rareza desempeña un papel en su calificación de piedras preciosas.
Como las propiedades más valoradas de las piedras preciosas no suelen apreciarse en toda su magnitud hasta que no han sido talladas y pulidas, las piedras preciosas son siempre piedras talladas. El tallado y el pulido embellecen un material en bruto sin ninguna belleza aparente.
Existen alrededor de 100 piedras preciosas propiamente dichas. El número de variedades es casi el doble. Se siguen descubriendo nuevas piedras preciosas o, en minerales ya conocidos, variedades con calidad de piedras preciosas.
Las piedras preciosas duras son las más apropiadas para llevar puestas mientras que las menos duras son las preferidas para las colecciones de especialistas y aficionados.
- **Piedra preciosa de color** Piedra preciosa de color es una reciente denominación para todas las piedras preciosas (incluidas las incoloras) con excepción del diamante; antes se las llamaba piedras de color.
- **Piedra preciosa sintética** Las piedras preciosas sintéticas (conocidas brevemente como síntesis) son productos cristalizados, fabricados por la mano del hombre, las propiedades físicas y químicas de los cuales se acercan en gran medida a las de las piedras preciosas que les sirven de modelo.
Impropiamente, en el comercio de piedras preciosas se cuentan en este grupo también aquellas piedras sintéticas que no tienen ningún correlato natural (como por ejemplo la fabulita o el YAG). Pues en realidad pertenecen al grupo de las imitaciones.
- **Piedra semipreciosa** El concepto de piedra semipreciosa no se debería de usar debido a su connotación peyorativa. Anteriormente describía las piedras preciosas de menor valor y poca dureza, contraponiéndolas a las piedras preciosas «verdaderas». «Verdadero» y «semiprecioso» son adjetivos que para las piedras preciosas, sin embargo, no se pueden definir razonablemente.
- **Roca** Una roca es un agregado natural de minerales diversos, raramente también homogéneos; una asociación de minerales. Forma cuerpos geológicos independientes de mayor extensión y se compone tanto de roca maciza y dura como de rocas más ligeras agregadas.
- **Síntesis** Denominación abreviada para piedra preciosa sintética.
- **Variedad** Es una variante que se diferencia de la propia piedra preciosa en el aspecto, el color u otras propiedades.

Los nombres de las piedras preciosas y ornamentales

Los nombres más antiguos de piedras preciosas se remontan a las lenguas orientales, al griego y al latín. Ha sido especialmente el griego el que ha imprimido su carácter a la nomenclatura moderna de las piedras preciosas. Sin embargo, no siempre es posible reconocer el significado de los nombres antiguos, sobre todo si han sufrido cambios ortográficos y fonéticos con el paso del tiempo y se les ha atribuido un significado distinto al original. Por otra parte, en la antigüedad a menudo se asignaba un mismo nombre a piedras totalmente distintas por el hecho de tener el mismo color.
Los nombres primitivos se refieren a características sobresalientes de las piedras, sobre todo a los colores, al lugar donde se encontraron y, por último, a las fuerzas misteriosas que presuntamente se escondían en las piedras. Muchos nombres de minerales, que más adelante se utilizaron también para denominar piedras preciosas, proceden del lenguaje de los mineros medievales.
Un punto de vista científico sobre la nomenclatura de los minerales no se establece hasta que no comienza la modernidad. Debido al descubrimiento de muchos nuevos minerales fue necesario acuñar nuevos nombres. Para ello, fue desarrollándose paulatinamente un principio que se ha seguido hasta nuestros días en la nomenclatura de minerales y piedras preciosas: se acuñan términos sencillos en función de características patentes de la piedra, recurriendo para ello preferentemente al griego y al latín. Sin embargo, también las referencias a los elementos químicos, a los lugares donde se encontraron o a personas determinan muchas veces las denominaciones de los minerales.
Las denominaciones según nombres de personas se refieren a expertos, mecenas y otras personalidades que han prestado grandes servicios a la mineralogía y la gemología. Sin embargo, debido a que no siempre había total acuerdo sobre la denominación de un mineral, a veces se acuñaban diversos nombres para un mismo mineral, por lo que, hasta la fecha, siguen coexistiendo denominaciones múltiples para un mismo mineral o piedra preciosa.
Por otra parte, el comercio de piedras preciosas a menudo ha acuñado sus propias denominaciones para atraer al comprador (no en pocas ocasiones atribuyendo mayor valor a las piedras preciosas) y, como consecuencia, existe una gran gama de sinónimos y de designaciones de variedades.
Con el fin de corregir esta variedad y contribuir a una mejor comunicación, de ahora en adelante todos los minerales recién descubiertos, así como sus denominaciones, deben someterse a la aprobación de una comisión de control, la Comission on New Mineral Names de la IMA (International Mineralogical Association), a la que pertenecen expertos del mundo entero.
Todo aquel que crea haber descubierto un nuevo mineral o una variedad de piedra preciosa significativa debe someter a examen su autenticidad y otras consideraciones legales, así como su denominación. Sólo entonces queda establecido el nombre de la piedra o mineral.
Debido a que el riesgo de ser engañado mediante nomenclaturas falsas y la atribución de un valor erróneo al producto es particularmente grande en el comercio de piedras preciosas, en el ámbito internacional los derechos y obligaciones del comercio de piedras preciosas están regulados por la Confederación internacional de bisutería, joyería, orfebrería, diamantes, perlas y piedras (Confédération internationale de la bijouterie, joaillerie, orfèvrerie, les diamants, perles et pierres, CIBJO).
No cabe duda de que las mencionadas instituciones han contribuido notablemente a mejorar la comunicación y seguridad del usuario de piedras preciosas; sin embargo, las medidas adoptadas no pueden naturalmente ser garantía de total autenticidad.

NOMBRES FALSOS Y EQUÍVOCOS DE ALGUNAS PIEDRAS PRECIOSAS Y ORNAMENTALES

NOMBRE FALSO	NOMBRE CORRECTO
Aguamarina del Brasil	Topacio azul pálido
Aguamarina del Siam	Zircón azul
Alexandrita azul	Zafiro
Amatista de litio	Kunzita
Amatista oriental	Espinela violeta
Crisolita de Bohemia	Moldavita
Crisolita de El Cabo	Prehnita verde
Crisolita de Sajonia	Topacio
Crisolita de Siberia	Demantoide
Diamante alemán	Cristal de roca
Diamante de Alaska	Cristal de roca
Diamante de Arkansas	Cristal de roca
Diamante de Bohemia	Cristal de roca
Diamante de Ceilán	Zircón incoloro
Diamante esclavo	Topacio incoloro
Diamante mármora	Cristal de roca
Diamante matura	Zircón incoloro recalentado
Diamante mexicano	Cristal de roca
Diamante sajón	Topacio incoloro
Diamante simili	Imitación en vidrio
Diamante strass	Cristal de roca o imitación en vidrio
Esmeralda de África	Fluorita verde
Esmeralda de cobre	Dioptasa
Esmeralda de litio	Hiddenita
Esmeralda de los Urales	Demantoide
Espinela de Arizona	Granate rojo
Espinela kandy	Granate de Ceilán
Jacinto oriental	Zafiro rosa
Jade de América	Vesubianita verde
Jade de Corea	Serpentina
Jade de la India	Aventurina
Jade del Transvaal	Grosularia verde
Jade mexicano	Caliza verde
Lapis alemán	Jaspe teñido de azul
Ópalo de Ceilán	Piedra de luna
Piedra de luna azul	Calcedonia
Rubí balas	Espinela rosa
Rubí de Adelaida	Piropo
Rubí de América	Piropo
Rubí de Arizona	Piropo
Rubí de Bohemia	Piropo o cuarzo rosado
Rubí de Brasil	Topacio rosa
Rubí de California	Grosularia
Rubí de El Cabo	Piropo
Rubí de Montana	Grosularia
Rubí de Siberia	Turmalina roja
Topacio ahumado	Cuarzo ahumado
Topacio de España	Citrino o amatista recalentada
Topacio de Madeira	Citrino o amatista recalentada
Topacio de Palmira	Citrino o amatista recalentada
Topacio de Salamanca	Citrino o amatista recalentada
Topacio de Serra	Citrino o amatista recalentada
Topacio oriental	Zafiro amarillo
Topacio oro	Citrino o amatista recalentada
Topacio real	Corindón amarillo rosado
Turquesa de Viena	Alúmina teñida de azul
Zafiro de Brasil	Topacio azul

FORMACIÓN Y ESTRUCTURA

Prácticamente todas las piedras preciosas y ornamentales son minerales. Por tanto, la historia de la formación de las piedras preciosas y ornamentales es la historia de los minerales, la cual explicaremos en este capítulo. La formación de las piedras preciosas y ornamentales no minerales (ámbar, corales y perlas, etc.) se explica en la descripción de cada piedra en particular.

Formación Los minerales pueden formarse de diversos modos. Algunos cristalizan a partir de rocas fundidas y gases en el interior de la Tierra o a partir de la lava volcánica expulsada a la superficie o en sus proximidades (minerales volcánicos).

Otros son el resultado de la precipitación de soluciones acuosas o crecen con la ayuda de organismos en la superficie de la Tierra o cerca de ella (minerales sedimentarios).

Por último, se forman nuevos minerales por recristalización de minerales ya existentes como consecuencia de grandes presiones y elevadas temperaturas en lugares profundos de la corteza terrestre (minerales metamórficos).

La composición química de los minerales se expresa mediante una fórmula.

Las impurezas y otras mezclas de poca importancia no se contemplan en la fórmula química, incluso cuando provocan coloraciones o modificaciones totales del color original.

Cristalizaciones Casi todos los minerales desarrollan formas cristalinas determinadas, esto es, cuerpos homogéneos con una red estructural regular de átomos, iones o moléculas. Ofrecen una rígida estructura geométrica y están limitados (en el caso ideal) por superficies planas.

La mayoría de los cristales son pequeños, en algunos casos incluso microscópicos.

Sin embargo, también se pueden dar formas excepcionalmente grandes.

Tanto los pequeños cristales (a causa de su reducido tamaño) como los excesivamente grandes (a causa de sus inclusiones, impurezas y desiguales manifestaciones del crecimiento) son en términos generales poco adecuados para fines ornamentales.

La estructura interna del cristal, la red espacial, determina las propiedades físicas de la piedra preciosa, como la forma externa, la dureza y exfoliación, el tipo de fractura, la densidad o las manifestaciones ópticas.

Red cristalina de la esfalerita.

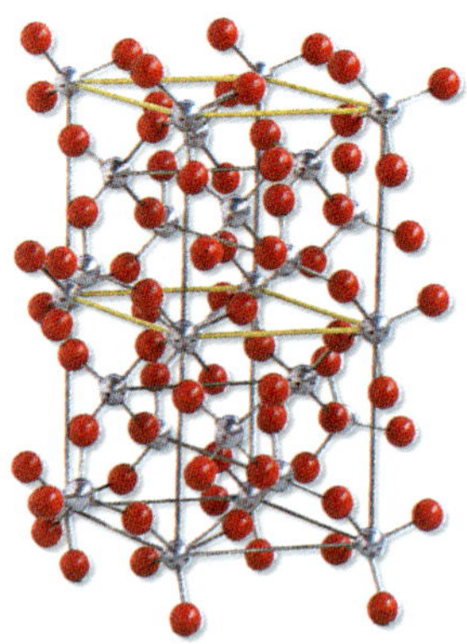

Red cristalina del cuarzo.

Cristales de rubelita, Madagascar (2/3 del tamaño natural).

La mayoría de los cristales no se presentan en formas del todo regulares, sino que están deformados porque algunas de sus caras se han desarrollado mejor a costa de los demás. No obstante, los ángulos que se forman entre los planos permanecen constantes.
Cuando cristales individuales aparecen combinados con otras formas cristalinas, por ejemplo hexaedro con octaedro, la identificación de un mineral en base a las formas cristalinas puede ser extraordinariamente difícil.
La disposición de las caras en las que se presenta un mineral se denomina en la terminología técnica facies (Tracht). Por ejemplo, la pirita suele presentarse en forma de dodecaedro regular y el granate como rombododecaedro. Hábito, por su parte, se usa para designar el aspecto de la formación cristalina, que puede ser tabular, acicular, lanceolado, columnar o de penetración. En consideración a los profanos en gemología traduciremos conjuntamente los conceptos de facies y hábito con el término estructura.
En ocasiones, los minerales pueden presentar una forma cristalina diferente a la habitual, bien sea a causa de procesos de transformación química o de intercambio.
Este fenómeno se denomina seudomorfismo.
Si dos o más cristales aparecen juntos se habla de maclas dobles, triples o múltiples.
En función de si los individuos crecen uno junto a otro o penetran unos en otros, se denominan maclas de contacto o de penetración.
Junto a la formación de maclas según leyes determinadas, en los minerales se produce con mucha mayor frecuencia el crecimiento arbitrario de distintos tipos de cristales; esta formación desordenada recibe el nombre de agregado o asociación de minerales.
En función del proceso de crecimiento que tenga lugar, se originan formas filamentosas, fibrosas, radiadas, foliosas, crustáceas, escamosas y granudas. En el lenguaje de la minería se denomina criadero a los agregados de minerales cristalizados al aire libre.
En las paredes interiores de drusas (geodas), suelen formarse cristales bien desarrollados y muy característicos. Se trata de cavidades redondeadas, formadas generalmente por burbujas de aire, preferentemente en las rocas magmáticas.
Sistemas cristalográficos En la ciencia de los cristales, la cristalografía, los cristales se ordenan en 7 sistemas. La diferencia se basa en los ejes cristalinos y en los ángulos con los que se cortan dichos ejes. En la página 17 se muestran los sistemas cristalográficos con algunas de sus formas cristalinas típicas.

Sistema cúbico (sistema regular) Los tres ejes de la misma longitud y perpendiculares entre sí. Sus formas cristalinas típicas son el cubo, el octaedro, el rombododecaedro, el pentagonododecaedro, el icositetraedro y el hexaquisoctaedro.
Sistema tetragonal Los tres ejes son perpendiculares entre sí; dos de ellos tienen la misma longitud y están en el mismo plano; el tercero (eje principal) es más largo o más corto. Las formas cristalinas típicas son prismas y pirámides de cuatro caras, trapezoedros y pirámides de ocho caras, así como las bipirámides.
Sistema hexagonal Tres de los cuatro ejes se encuentran en un mismo plano, tienen la misma longitud y se cortan con ángulos de 120°; el cuarto, de distinto valor, es perpendicular a ellos. Las formas cristalinas típicas son los prismas y las pirámides de seis caras y las pirámides y bipirámides de doce caras.
Sistema trigonal (sistema romboédrico) Tres de los cuatro ejes se encuentran en un mismo plano, tienen la misma longitud y se cortan con ángulos de 120°; el cuarto, de distinto valor, es perpendicular a ellos. Los ejes y los ángulos se corresponden con los del sistema anterior, y se agrupan en el hexagonal. Se diferencia en los elementos de simetría. En el sistema hexagonal, la sección transversal del prisma fundamental es un hexágono; en el sistema trigonal es un triángulo. Por biselamiento de las aristas del prisma trigonal, aparece la forma hexagonal de seis aristas. Las formas cristalinas típicas del sistema trigonal son prismas y pirámides de tres caras, el romboedro y el escalenoedro.
Sistema ortorrómbico (sistema rómbico) Los tres ejes son de distinta longitud y perpendiculares entre sí. Las formas cristalinas típicas son el pinacoide básico, el prisma y la pirámide rómbicos, así como la bipirámide rómbica.
Sistema monoclínico Los tres ejes son de distinta longitud, dos de ellos son perpendiculares entre sí y el tercero está inclinado respecto a ellos. Las formas cristalinas típicas son pinacoides básicos y prismas con caras inclinadas.
Sistema triclínico Los tres ejes son de distinta longitud y están inclinados unos respecto a otros. Las formas cristalinas típicas son los pinacoides (pares de caras).
En la tabla de las páginas 18 y19 aparecen las piedras preciosas con numerosas variedades y los minerales correspondientes ordenados en función del sistema cristalográfico al que pertenecen.

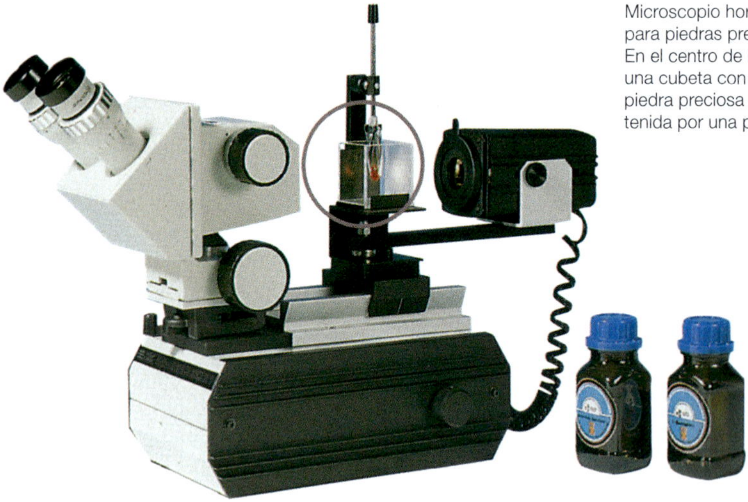

Microscopio horizontal para piedras preciosas. En el centro de la mesita, una cubeta con una piedra preciosa roja, sostenida por una pinza móvil.

SISTEMAS CRISTALOGRÁFICOS

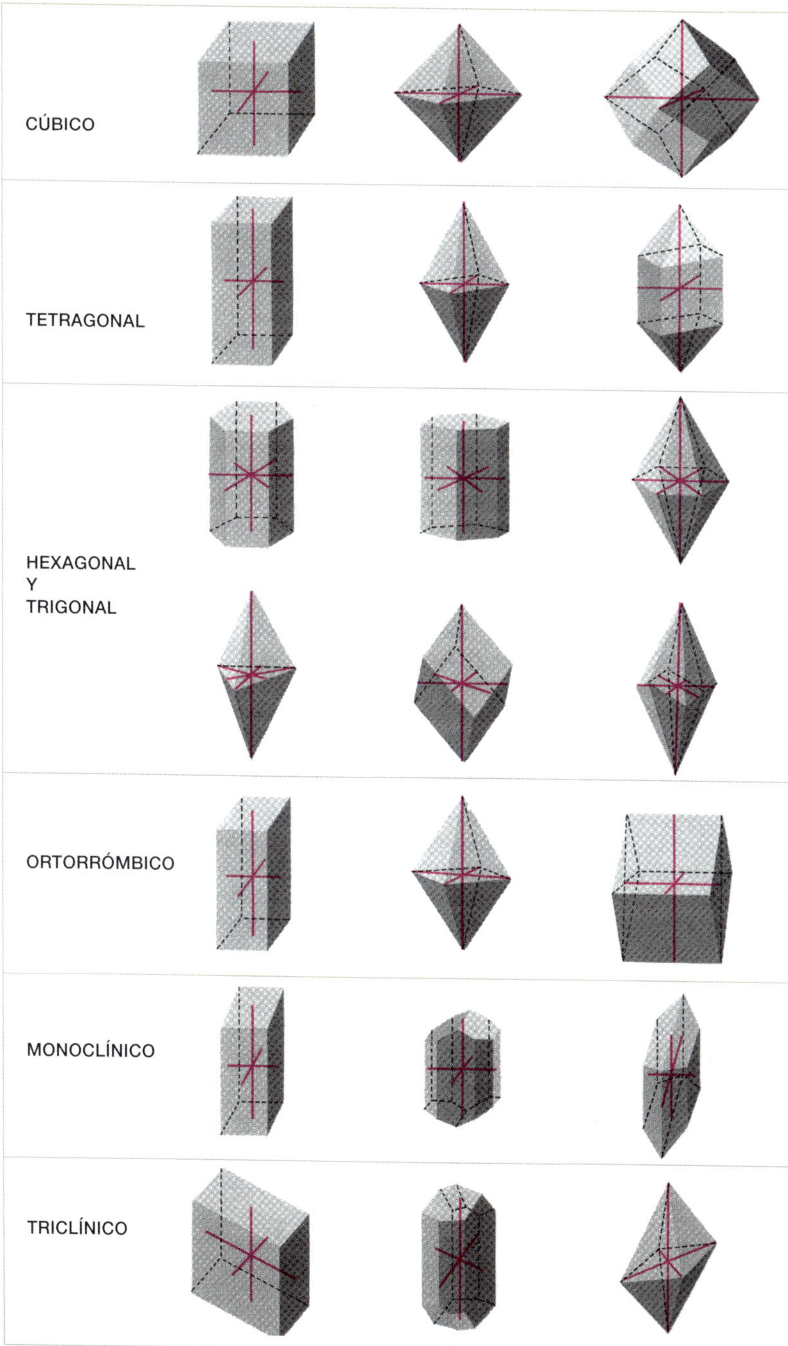

SISTEMAS CRISTALOGRÁFICOS DE LAS PIEDRAS PRECIOSAS Y ORNAMENTALES (selección)

CÚBICO

Almandino
Analcita
Andradita
Bixbyíta
Boleita
Chorlomita
Cromita
Cuprita
Demantoide
Diamante
Esfalerita
Espesartita
Espinela
Espinela sintética
Fabulita
Fluorita
Gahnita
Gahnospinela
Galaxita
GGG
Granate
Grosularia
Hackmanita
Haüyna
Helvina
Hercinita
Hesonita
Katoíta
Langbeinita
Lapislázuli
Lazurita
Leucogranate
Magnesiocromita
Magnetita
Melanita
Microlita
Oro
Pentlandita
Periclasa
Picotita
Pirita
Piropo
Plata
Pleonasto
Polucita
Rodicita
Rodolita
Senarmontita
Sodalita
Torianita
Topazolita
Tsavorita
Uvarotita
Villiaumita
YAG
Zirconio
Zunyita

TETRAGONAL

Anatasa
Apofilita
Calcopirita
Carletonita
Casiterita
Chiolita
Ekanita
Escapolita
Fergusonita
Fosgenita
Jacinto
Leucita
Marialita
Meionita
Melinofana
Melita
Pirolusita
Powellita
Rutilo
Rutilo sintético
Sarcolita
Scheelita
Stolzita
Torita
Tugtupita
Vesubianita
Wardita
Wulfenita
Zircón

HEXAGONAL

Aguamarina
Algodonita
Apatito
Bastnäsita
Benitoíta
Berilo
Berilo noble
Bixbita
Breithauptita
Cacoxenita
Cancrinita
Catapleíta
Cloroapatito
Covellina
Esmeralda
Ettringita
Fluorapatito
Goshenita
Greenockita
Heliodoro
Hidroxilapatito
Jeremejevita
Lizardita
Manganoapatito
Milarita
Mimetesita
Moissanita sintética
Morganita
Nefelita
Niquelina
Painita
Poudretteíta
Simpsonita
Sogdianita
Sturmanita
Sugilita
Taafeíta
Taumasita
Vanadinita
Wurtzita
Zincita

TRIGONAL

Ágata
Ágata musgosa
Acroíta
Amatista
Ametrina
Ankerita
Aventurina
Brucita
Buergerita
Calcedonia
Calcita
Carneola
Cinabrio
Citrino
Chorlo
Corindón
Crisoprasa
Cristal de roca
Cromdravita
Cuarzo
Cuarzo amatista
Cuarzo ahumado
Cuarzo azul
Cuarzo ojo de gato
Cuarzo rosado
Dendrita
Dioptasa
Dravita
Elbaíta
Esferocobaltita
Espato dolomita
Eudialita
Fenaquita
Friedelita
Gaspeíta
Hematites
Heliotropo
Ilmenita
Indigolita
Jaspe
Lidicoatita
Linobato
Lizardita
Magnesita
Melonita
Millerita
Morión
Ojo de halcón
Ojo de tigre
Parisita
Pezzottaíta
Pirargirita
Povondraíta
Prasio
Prasiolita
Proustita
Rodocrosita
Rubelita
Rubí
Sardo
Schlossmacherita
Siberita
Siderita
Smithsonita
Strichtita
Tsilaisita
Turmalina
Uvita
Verdelita
Willemita
Xilópalo
Zafiro

ORTORRÓMBICO

Adamita
Alexandrita
Andalucita
Anglesita
Aragonito
Azufre
Baritina
Bastita
Bismutinita
Boracita
Bornita
Broncita
Brookita
Celestina
Cerusita

Chambersita
Childrenita
Cobaltina
Cordierita
Cornerupina
Crisoberilo
Danburita
Descloizita
Diásporo
Dumortierita
Enstatita
Eosforita
Eschinita
Escorodita
Espato anhidrita
Estibiotantalita
Estroncianita
Eucroíta
Euxenita
Ferrosilita
Forsterita
Goethita
Grandiarita
Hambergita
Hemimorfita
Heterosita
Hiperstena
Holtita
Humita
Itrotantalita
Lawsonita
Libethenita
Litofilita
Manganotantalita
Marcasita
Mordenita
Natrolita
Norbergita
Paligorskita
Peridoto
Perlas
Prehnita
Purpurita
Samarskita
Sekaniaíta
Sepiolita
Shattuckita
Shomiokita
Sillimanita
Sinhalita
Shortita
Tantalita
Tanzanita
Tefroíta
Thomsonita
Thulita
Topacio
Trifilita
Variscita
Wavellita
Whiterita
Zektzerita
Zoisita

MONOCLÍNICO

Actinolita
Aerinita
Allanita
Antigorita
Augelita
Azurita
Baritocalcita
Baildonita
Berilonita
Bikitaíta
Bowenita
Brasilianita
Canasita
Caroíta
Chalcocita
Clinocrisotilo
Clinoenstatita
Clinohumita
Clinozoisita
Colemanita
Condrodita
Creedita
Criolita
Crocoíta
Datolita
Dickinsonita
Diópsido
Diópsido cromífero
Durangita
Egirinaugita
Epidoto
Escolecita
Escorzalita
Esmeralda
Espodúmena
Espurrita
Estaurolita
Euclasa
Fosfofitita
Fucsita
Gadolinita
Gaylusita
Hancockita
Hedenbergita
Herderita
Hialofana
Hiddenita
Hidroxilherderita
Hodgkinsonita
Hornblenda
Howlita
Hübnerita
Huréaulita
Hurlbutita
Inderita
Jadeíta
Kammererita
Kunzita
Lazulita
Legrandita
Lepidolita
Linarita
Ludlamita
Malaquita
Mesolita
Monacita
Moscovita
Nefrita
Neptunita
Ortosa
Paligorskita
Papagoíta
Pargasita
Petalita
Piedra de luna
Piemontita
Pirofilita
Prosopita
Psilomelana
Pumpelita
Rejalgar
Richterita
Rinkita
Sanidina
Serpentina
Talco
Tawmawita
Titanita
Tremolita
Väyrinenita
Violana
Vivianita
Vlasovita
Whewelita
Williamsita
Wolframita
Wollastonita
Xonotlita
Yeso
Yigavaralita
Zafirina

TRICLÍNICO

Albita
Amazonita
Ambligonita
Andesina
Anortita
Anortoclasa
Axinita
Bustamita
Bitownita
Ceruleíta
Chabasita
Davidita
Feldespato aventurina
Ferroaxinita
Fowlerita
Kurnakovita
Kyanita
Labradorita
Leucofana
Magnesioaxinita
Manganaxinita
Microclina
Montebrasita
Nambulita
Natromontebrasita
Oligoclasa
Pectolita
Peristerita
Piedra de sol
Pirofilita
Piroxmanguita
Rodonita
Sanidina
Serandita
Serendibita
Tinzenita
Turquesa
Ulexita
Ussingita
Weloganita
Wollastonita
Xonotlita

AMORFOS

Ámbar
Crisiocola
Dendrita
Moldavita
Obsidiana
Ópalo
Strass
Vidrio
Xilópalo

PROPIEDADES DE LAS PIEDRAS PRECIOSAS

Hay conocimientos sobre las propiedades más importantes de las piedras preciosas y ornamentales que son de incalculable valor tanto para el tallista de piedras preciosas y el especialista como para quienes las lucen y los coleccionistas. Sólo entonces es posible trabajar, cuidar y usar una piedra preciosa.

Dureza

De los diversos tipos de dureza entre los que distingue la técnica, sólo la dureza de rayado y la de tallado son relevantes para las piedras preciosas y ornamentales.

Dureza de rayado

El concepto de dureza de rayado fue desarrollado por el mineralogista vienés Friedrich Mohs (1773-1839) hace más de 150 años para la determinación de los minerales. Definió la dureza de rayado como la resistencia que opone un mineral a ser rayado por un objeto de aristas afiladas.
Mohs diseñó una escala comparativa a partir de 10 minerales de diferente dureza (la escala de Mohs), que a día de hoy se utiliza en todo el mundo.
El número 1 es el grado más blando, el 10 el más duro. Los minerales comprendidos entre estos dos extremos rayan el mineral al que se ha atribuido una dureza de rayado menor y son rayados por el siguiente mineral de mayor dureza de la escala. Los minerales de igual dureza no se rayan entre sí. Entretanto, en la práctica, los grados de dureza se han dividido en medios grados.
Todos los minerales y piedras preciosas conocidos tienen asignado un lugar en la escala de dureza de Mohs. Véase la tabla de las páginas 22 y 23.
Las piedras preciosas con una dureza de rayado (dureza de Mohs) entre 1 y 2 se consideran blandas, entre 3 y 5 grados semiduras y más de 6 grados, duras.
Anteriormente se hablaba de dureza de la piedra preciosa entre los 8 y los 10 grados. Pero esta designación se ha desechado porque existen muchas piedras preciosas de gran valor que no alcanzan estos niveles de dureza de Mohs.
El brillo y el bruñido de las piedras preciosas y ornamentales con grado de dureza de Mohs inferior a 7 son vulnerables al omnipresente polvo, pues contiene pequeñas partículas de cuarzo (con una dureza de 7). Debido a la exposición a los gránulos de cuarzo, las piedras se vuelven mate con el paso del tiempo. Por lo tanto, las piedras

ESCALAS DE DUREZA DE LOS MINERALES Y LAS PIEDRAS PRECIOSAS

DUREZA DE MOHS	MINERAL PATRÓN	MEDIOS SENCILLOS PARA COMPROBAR LA DUREZA	DUREZA DE TALLADO
1	Talco	Se raspa con la uña	0,03
2	Yeso	Se raya con la uña	1,25
3	Calcita	Se raya con una moneda de cobre	4,5
4	Fluorita	Se raya fácilmente con una navaja	5,0
5	Apatito	Se raya con una navaja	6,5
6	Ortosa	Se raya con la lima de acero	37
7	Cuarzo	Raya el vidrio	120
8	Topacio		175
9	Corindón		1000
10	Diamante		140000

preciosas y ornamentales con un grado de dureza menor a 7 exigen un cuidado y manejo especiales al llevarlas y guardarlas.
La escala de dureza de Mohs es una escala relativa. Con ella sólo puede determinarse qué piedra preciosa es más dura que otra. No aporta información del incremento en la dureza dentro de la escala. Ello sólo es posible con escalas de dureza absolutas, como la dureza de tallado. Véase tabla de la página 20.

Prueba de dureza En la identificación de las piedras preciosas y ornamentales, la prueba de la dureza de rayado desempeñaba un importante papel en tiempos pasados, cuando los métodos ópticos de investigación no estaban tan desarrollados. Hoy en día, esta prueba sólo se practica en piedras preciosas y ornamentales de poco valor. Para una comprobación científica de la dureza es demasiado imprecisa, y el peligro de dañar la piedra es demasiado grande.
El comercio proporciona muestras de prueba e instrumental de rayado para comprobar la dureza. En la prueba de rayado es preciso asegurarse de que la comprobación se efectúa sólo con objetos afilados sobre facetas pulimentadas y no alteradas del cristal. Las estructuras estriadas o foliadas aparentan una dureza menor de la que les corresponde. Se debe empezar siempre con instrumentos de poca dureza para no dañar innecesariamente la piedra preciosa. Las piedras pulidas en lo posible no se deben rayar. Y en caso de que sea necesario, hacerlo en sitios poco visibles.

Dureza de tallado

Para el tallista la dureza de una piedra en el tallado desempeña, naturalmente, un papel importante, pues hay piedras preciosas y ornamentales que en diferentes caras cristalinas y en direcciones distintas tienen durezas diferentes. Para el coleccionista de piedras la pequeñas diferencias de dureza son de una importancia secundaria. En la kyanita (véanse figs. de abajo y pág. 212), por ejemplo, la dureza de Mohs en las cara correspondiente a la dirección longitudinal del cristal es de 4-41/2, en la dirección transversal, sin embargo, está entre 6 y 7. En el diamante también hay grandes diferencias de dureza entre las distintas caras cristalinas (véase fig. abajo). Sobre el tallado del diamante, véase la página 78.
Para el tallista de piedras preciosas sería de gran ayuda disponer de valores absolutos sobre la dureza de tallado de las piedras preciosas y ornamentales.
Sin embargo, no se dispone aquí de material numérico. El tallista tiene que encontrar la guía en la práctica misma y basarse en su experiencia.
Tallar piedras preciosas y ornamentales blandas es un verdadero arte que sólo dominan unos pocos especialistas. Cuando, además, las caras cristalinas o facetas de una piedra presentan diferentes durezas se requiere una gran pericia para formar aristas afiladas y homogéneas.
En el tallado de las piedras preciosas y ornamentales la dureza es muy importante.

DIFERENTES DUREZAS EN DOS EJEMPLOS

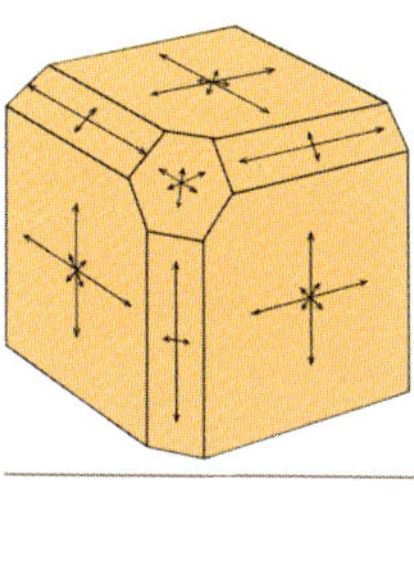

Izquierda: diferentes durezas del diamante. Cuanto más corta es la flecha, mayor es la dureza del tallado en esa dirección (según E. M. y J. Wilks).

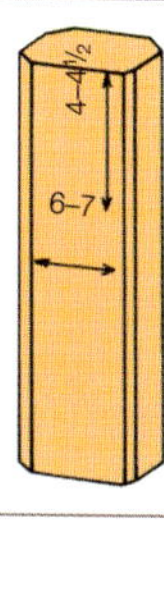

Derecha: diferentes durezas en la kyanita. Las durezas de Mohs son claramente diferentes en las direcciones longitudinal y transversal.

ESCALA DE DUREZA DE MOHS DE LAS PIEDRAS PRECIOSAS (Selección)

Diamante	10
Moissanita sint.	9½
Rubí	9
Zafiro	9
Alexandrita	8½
Crisoberilo	8½
Holtita	8½
YAG	8½
Zirconio	8½
Rodicita	8-8½
Taafeíta	8-8½
Espinela	8
Topacio	8
Aguamarina	7½-8
Berilo noble	7½-8
Bixbita	7½-8
Esmeralda	7½-8
Fenaquita	7½-8
Gahnita	7½-8
Galaxita	7½-8
Painita	7½-8
Andalucita	7½
Euclasa	7½
Hambergita	7½
Zafirina	7½
Dumortierita	7-8½
Almandino	7-7½
Boracita	7-7½
Chorlomita	7-7½
Cordierita	7-7½
Danburita	7-7½
Espesartita	7-7½
Estaurolita	7-7½
Grandierita	7-7½
Piropo	7-7½
Sekaninaíta	7-7½
Simpsonita	7-7½
Turmalina	7-7½
Uvarovita	7-7½
Amatista	7
Aventurina	7
Chambersita	7
Citrino	7
Cristal de roca	7
Cromdravita	7
Cuarzo	7
Cuarzo ahumado	7
Cuarzo rosado	7
Forsterita	7
Povondraíta	7
Zunyita	7
Granate	6½-7½
Jeremejevita	6½-7½
Sillimanita	6½-7½
Zircón	6½-7½
Axinita	6½-7
Calcedonia	6½-7
Cornerupina	6½-7
Crisoprasa	6½-7
Diásporo	6½-7
Espodúmena	6½-7
Ferroxianita	6½-7
Gadolinita	6½-7
Grosularia	6½-7
Hiddenita	6½-7
Jaspe	6½-7
Kunzita	6½-7
Jadeíta	6½-7
Manganaxinita	6½-7
Peridoto	6½-7
Polucita	6½-7
Serendibita	6½-7
Sinhalita	6½-7
Tanzanita	6½-7
Tinzenita	6½-7
Torianita	6½-7
GGG	6½
Magnesioaxinita	6½
Nambulita	6½
Vesubianita	6½
Casiterita	6-7
Clinozoisita	6-7
Epidoto	6-7
Hancockita	6-7
Pirolusita	6-7
Sogdialita	6-7
Amazonita	6-6½
Andesina	6-6½
Anortoclasa	6-6½
Benitoíta	6-6½
Bixbyíta	6-6½
Bitownita	6-6½
Condrodita	6-6½
Esmeraldita	6-6½
Helvina	6-6½
Hialofana	6-6½
Labradorita	6-6½
Marcasita	6-6½
Microclina	6-6½
Nefrita	6-6½
Norbergita	6-6½
Oligoclasa	6-6½
Ortosa	6-6½
Petalita	6-6½
Pirita	6-6½
Prehnita	6-6½
Rutilo	6-6½
Sanidina	6-6½
Sugilita	6-6½
Tantalita	6-6½
Xonotlita	6-6½
Zoisita	6-6½
Aerinita	6
Ambligonita	6
Clinohumita	6
Humita	6
Hurlbutita	6
Lawsonita	6
Pumpellyíta	6
Tefroíta	6
Vlasovita	6
Zektzerita	6
Hedenbergita	5½-6½
Hematites	5½-6½
Magnetita	5½-6½
Manganotantalita	5½-6½
Ópalo	5½-6½
Rodonita	5½-6½
Actinolita	5½-6
Allanita	5½-6
Anatasa	5½-6
Berilonita	5½-6
Brookita	5½-6
Bustamita	5½-6
Canasita	5½-6
Cobaltina	5½-6
Escapolita	5½-6
Escorzalita	5½-6
Euxenita	5½-6
Fabulita	5½-6
Fergusonita	5½-6
Haunita	5½-6
Leucita	5½-6
Marialita	5½-6
Meionita	5½-6
Milarita	5½-6
Montebrasita	5½-6
Natromontebras.	5½-6
Periclasa	5½-6
Piroxmanguita	5½-6
Sarcolita	5½-6
Sodalita	5½-6
Tugtupita	5½-6
Brasilianita	5½
Breithauptita	5½
Cromita	5½
Enstatita	5½
Linobato	5½
Magnesiocrom.	5½
Moldavita	5½
Willemita	5½
Broncita	5-6
Cancrinita	5-6
Catapleíta	5-6
Cerulita	5-6
Clinoenstatita	5-6
Davidit	5–6
Diópsido	5-6
Eschinita	5-6
Estibiotantalita	5-6
Ferrosilita	5-6
Hiperstena	5-6
Hornblenda	5-6
Ilmenita	5-6

Lapislázuli	5-6
Lazulita	5-6
Nefelita	5-6
Nepunita	5-6
Pargasita	5-6
Richterita	5-6
Samarskita	5-6
Tremolita	5-6
Turquesa	5-6
Analcita	5-5½
Datolita	5-5½
Durangita	5-5½
Escolecita	5-5½
Eudialita	5-5½
Goethita	5-5½
Herderita	5-5½
Hidroxilherderita	5-5½
Itrotantalita	5-5½
Melinofana	5-5½
Mesolita	5-5½
Microlita	5-5½
Monacita	5-5½
Natrolita	5-5½
Niquelina	5-5½
Papagoíta	5-5½
Psilomelana	5-5½
Sellaíta	5-5½
Thomsonita	5-5½
Titanita	5-5½
Wolframita	5-5½
Apatito	5
Bismutotantalita	5
Childrenita	5
Cloroapatito	5
Dioptasa	5
Eosfarita	5
Espurrita	5
Fluorapatito	5
Hemimorfita	5
Hidroxilapatito	5
Manganoapatito	5
Odontolita	5
Rinkita	5
Schlossmacherita	5
Smithsonita	5
Strass	5
Väyrinenita	5
Ekanita	4½-6½
Apofilita	4½-5
Augelita	4½-5
Caroíta	4½-5
Gaspeíta	4½-5
Hodgkinsonita	4½-5
Legrandita	4½-5
Pectolita	4½-5
Scheelita	4½-5
Wardita	4½-5
Wollastonita	4½-5
Baildonita	4½
Colemanita	4½
Parisita	4½
Prosopita	4½
Yugawaralita	4½
Kyanita	4-7
Serandita	4-5½
Chabasita	4-5
Friedelita	4-5
Litofilita	4-5
Mordenita	4-5
Trifilita	4-5
Variscita	4-5
Zincita	4-5
Carletonita	4-4½
Hübnerita	4-4½
Purpurita	4-4½
Algodonita	4
Amiolita	4
Baritocalcita	4
Fluorita	4
Leucofana	4
Libethenita	4
Rodocrosita	4
Magnesita	3½-4½
Siderita	3½-4½
Ankerita	3½-4
Aragonito	3½-4
Azurita	3½-4
Calcopirita	3½-4
Creedita	3½-4
Cuprita	3½-4
Dickinsonita	3½-4
Escorodita	3½-4
Esfalerita	3½-4
Espato dolomita	3½-4
Eucroíta	3½-4
Langbeinita	3½-4
Malaquita	3½-4
Mimetesita	3½-4
Pentlandita	3½-4
Powellita	3½-4
Shungita	3½-4
Shattuckita	3½-4
Wavellita	3½-4
Wurtzita	3½-4
Adamina	3½
Chiolita	3½
Espato anhidrita	3½
Estroncianita	3½
Huréaulita	3½
Taumasita	3½
Weloganita	3½
Cacoxenita	3-4
Coral	3-4
Ludlamita	3-4
Anglesita	3-3½
Barita	3-3½
Boleíta	3-3½
Celestina	3-3½
Cerusita	3-3½
Descloizita	3-3½
Fosfofilita	3-3½
Greenockita	3-3½
Howlita	3-3½
Millerita	3-3½
Witherina	3-3½
Bornita	3
Calcita	3
Kurnakovita	3
Shortita	3
Wulfenita	3
Serpentina	2½-5½
Perlas	2½-4½
Azabache	2½-4
Chalcocita	2½-3
Crocoíta	2½-3
Gaylusita	2½-3
Inderita	2½-3
Lepidolita	2½-3
Oro	2½-3
Pirargirita	2½-3
Plata	2½-3
Stolzita	2½-3
Vanadinita	2½-3
Whewelita	2½-3
Brucita	2½
Criolita	2½
Linarita	2½
Lizardita	2½
Proustita	2½
Sturmantita	2½
Crisocola	2-4
Clinocrisotilo	2-3
Fosgenita	2-3
Fucsita	2-3
Moscovita	2-3
Shomiokita	2-3
Ámbar	2-2½
Cinabrio	2-2½
Ettringita	2-2½
Kammererita	2-2½
Mellita	2-2½
Senarmontita	2-2½
Ulexita	2-2½
Villaumita	2-2½
Yeso	2
Azufre	1½-2½
Stichtita	1½-2½
Covellina	1½-2
Melonita	1½-2
Rejalgar	1½-2
Vivianita	1½-2
Paligorskita	1-2
Pirofilita	1-2
Talco	1

Exfoliación y fractura

Muchas piedras preciosas pueden escindirse en caras planas en una o incluso en más direcciones. El técnico habla entonces de exfoliación. La exfoliación depende de la estructura reticular de los cristales, de las fuerzas de cohesión entre los átomos. En función de la facilidad con que se escinda una piedra, se diferencian tres grados cualitativos:

- exfoliación perfecta, buena
- exfoliación,
- exfoliación imperfecta.

Hay piedras que no se pueden escindir en absoluto. De ellas se dice que no son exfoliables. Por desgracia, en la caracterización de la exfoliación no se dispone de ninguna definición unitaria, de tal modo que en la literatura científica son usados conceptos totalmente diferentes.
La separación de maclas dobles no se considera exfoliación sino división.
Tanto el tallista como el engarzador de piedras preciosas deben tener en cuenta la exfoliación. Una fuerte presión puede desencadenarla; a menudo es suficiente con un pequeño golpe o una presión excesiva al realizar la prueba de la dureza. En la soldadura pueden originarse grietas en las superficies de exfoliación de la piedra debido a las tensiones provocadas por la temperatura, por lo cual la piedra terminará rompiéndose.
Las piedras preciosas de perfecta exfoliación talladas en facetas se consideran pequeñas obras de arte y están muy valoradas entre los coleccionistas. Las facetas de este tipo de piedras deben ser oblicuas a las superficies planas de exfoliación; en caso contrario, la piedra podría deshacerse en forma de hojuelas.
Las perforaciones deberían realizarse a ser posible perpendicularmente a las superficies de exfoliación.
En el pasado, se partieron grandes piedras preciosas o se eliminaron partes taradas con ayuda de la exfoliación. El mayor diamante con calidad de piedra preciosa jamás encontrado, el Cullinan de 3.106 ct, se dividió en 1908 en tres grandes partes y posteriormente en otras muchas pequeñas.
Actualmente se prefiere serrar las piedras en bruto no sólo para evitar exfoliaciones indeseadas sino para aprovechar mejor la forma de la piedra.
La rotura de una piedra preciosa en superficies irregulares a causa de un golpe se denomina fractura. La fractura puede ser concoidea (como la huella de una concha), desigual, lisa, fibrosa, ganchuda, astillosa o granuda.
En ocasiones, la fractura sirve para distinguir piedras en bruto de aspecto parecido. La fractura concoidea, por ejemplo, es típica de todos los cuarzos y piedras preciosas vítreas.

Fractura concoidea con cavidades llanas y de poca profundidad (obsidiana).

Densidad y peso específico

Según la nueva nomenclatura física, la unidad de medida «peso específico», que expresa el peso de un material por unidad de volumen, debe sustituirse por la unidad de medida «densidad».
El peso, de hecho, no es una medida constante. Depende de la fuerza de gravedad del lugar concreto donde se realice la medición, es decir, varía en función de la ubicación. Sin embargo, para determinar el peso de las piedras preciosas esto carece de importancia, pues siempre realizamos las medidas en el mismo lugar, es decir, bajo las mismas condiciones gravitatorias.
La densidad es una medida independiente del lugar. Se define como la masa por unidad de volumen, expresada en g/cm^3 o kg/m^3. Sus valores expresan la relación entre una piedra del caso y el mismo volumen de agua.
En la práctica, en el comercio y en la economía, en la gemología y entre los aficionados a las piedras preciosas, por regla general no se hace una diferenciación estricta entre densidad y peso específico ni entre masa y peso. Pero esto no es tan grave, pues numéricamente la nueva nomenclatura no varía en absoluto los valores atribuidos a una piedra determinada. No obstante, a partir de ahora se utilizará el término «densidad» en lugar de «peso específico».
Para el peso de una piedra preciosa hablaremos de «peso» y no de «masa». Esto se corresponde con la práctica en el comercio de piedras preciosas.
La densidad de las piedras preciosas oscila entre los valores 1 y 8. Encontraremos ligeras las piedras con valores inferiores a 2 (por ejemplo, el ámbar, 1 aproximadamente), normales las que se encuentran entre los valores 2 y 4 (cuarzo 2,6) y pesadas los que son superiores a 4 (casiterita 7). Las piedras valiosas (como el diamante, el rubí o el zafiro) tienen una densidad superior a la de los minerales que conforman las rocas, en especial el cuarzo y el feldespato. Por este motivo, se depositan en las aguas de los ríos antes que las arenas ricas en cuarzo y, por acumulación, forman los denominados placeres (véase pág. 63).

Determinación de la densidad

La determinación de la densidad puede ser de gran utilidad para identificar una piedra preciosa. Sin embargo, en los círculos especializados es más frecuente recurrir a métodos ópticos, si bien exigen aparatos muy costosos.
Para la determinación de la densidad de las piedras preciosas se utilizan dos métodos: el de la fuerza de ascensión, medida por una balanza hidrostática, y el método de la suspensión. La balanza hidrostática requiere más tiempo pero los costes son muy asequibles. El método de la suspensión es más caro pero permite obtener valores fiables en poco tiempo, sobre todo con grandes partidas de piedras preciosas desconocidas.
La balanza hidrostática El procedimiento de medida con una balanza hidrostática se basa en el principio de Arquímedes. De esta forma se determina el volumen de la piedra preciosa desconocida. Al determinar el volumen, la densidad es entonces fácil de calcular.
Cualquiera puede fabricarse una balanza hidrostática (véase fig. pág. 26). Para el principiante basta con un pesacartas transformado. El especialista debería utilizar una balanza de precisión, como la de un químico o un farmacéutico.
El objeto de estudio se pesa primero en el aire (sobre el platillo) y luego en el agua (en el cesto dentro del recipiente). La diferencia de peso equivale al peso del agua desplazada y numéricamente al volumen de la piedra. Incluso el principiante puede determinar de esta forma la densidad, si adquiere un poco de práctica, con una precisión de dos decimales.

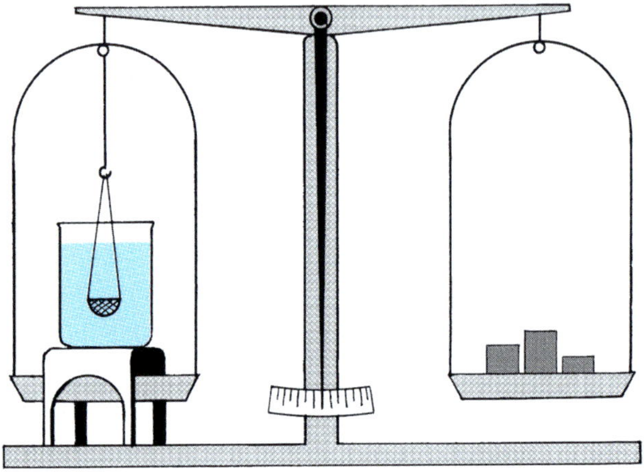

Balanza hidrostática para la determinación del volumen de las piedras preciosas.

De todos modos, es importante asegurarse de que la piedra preciosa no contiene materiales extraños ni está engarzada y de que está seca al pesarla en el aire.

EJEMPLO:

Masa (peso) en el aire	5,2 g
Masa (peso) en el agua	3,3 g
Diferencia = volumen	1,9

$$\text{Densidad} = \frac{\text{Masa}}{\text{Volumen}} = \frac{5{,}2}{1{,}9} = 2{,}7\text{g/cm}^3$$

Método de la suspensión El principio del método de la suspensión es el hecho conocido de que los objetos sumergidos en líquidos de igual densidad no se hunden ni suben a la superficie.
En la investigación se coloca la piedra desconocida en un líquido de mayor densidad (líquido pesado), que va haciéndose cada vez más ligero por dilución hasta que, por último, alcanza la misma densidad que el objeto estudiado, hecho reconocible porque el objeto queda en suspensión.
En los círculos especializados, la determinación de la densidad de las disoluciones mientras se van haciendo más ligeras se realiza con una balanza especialmente construida para ello (balanza de Westphal, véase pág. 27), pero entre los profanos es mejor utilizar indicadores. Se trata de piezas de vidrio o de minerales de distintas densidades conocidas. Cuando uno de estos indicadores queda en suspensión en el líquido, su densidad es igual a la del líquido y por ello igual a la del objeto investigado.
Existen líquidos de distintos pesos. Son adecuados los líquidos pesados que se pueden hacer más ligeros con agua destilada. Entre éstos, se encuentra el líquido de Thoulet (una disolución de yoduro de potasio y de mercurio) con una densidad de 3,20. Con este líquido pesado pueden identificarse casi la mitad de todas las piedras preciosas.
Para piedras más pesadas, resulta adecuado el líquido de Clerici (una disolución de formiato y malonato de talio) con una densidad de 4,25. Engloba con su densidad casi toda la gama de las piedras preciosas a excepción de unas dos docenas. Sin embargo, es caro, muy venenoso y cáustico. A ser posible, los principiantes no deberían utilizarlo.

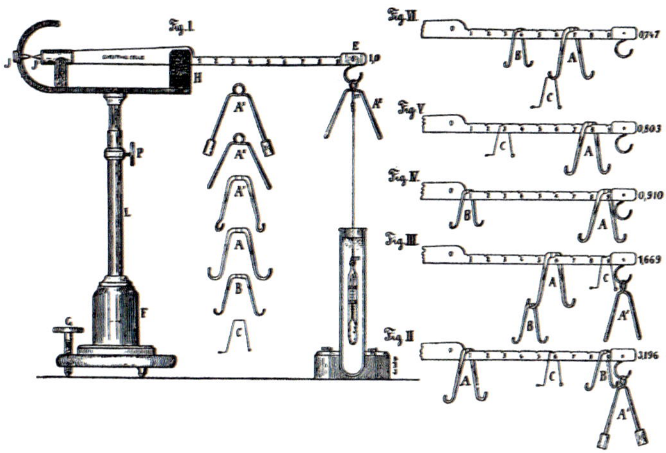

Balanza de Westphal para la determinación de la densidad de líquidos pesados con el método de la suspensión. Dibujo original del taller de G. Westphal, Celle, alrededor de 1890. Arriba brazo de la balanza con muescas numeradas, en las cuales se cuelgan unas horquillas (mostradas a la derecha del pie), y un cuerpo de inmersión de cristal con un termómetro de mercurio dentro. A la derecha de la ilustración aparecen algunos ejemplos de contrapeso (figs. VI a II).

Para una densidad de hasta 3,5, puede recurrirse al líquido de Rohrbach (una disolución de yoduro de bario y de mercurio, densidad 3,59).

El método de trabajo más rápido y sencillo es aquel en el que se dispone de una serie completa de líquidos pesados con su densidad ya fijada. En la práctica es el que más se utiliza, aunque para el profano resulta demasiado costoso.

Los líquidos hechos más ligeros no tienen por qué tirarse. Pueden recuperar su densidad pesada inicial por evaporación con un baño de agua. Todos los líquidos pesados mencionados son tóxicos, por lo que deben manipularse con extremada precaución y no deben respirarse los vapores que emanan; tampoco hay que comer mientras se está trabajando con ellos.

El método de suspensión se aconseja cuando deben seleccionarse determinadas piedras entre una partida cuya identidad se desconoce, o cuando interesa diferenciar piedras sintéticas o imitaciones de piedras preciosas verdaderas.

Para la identificación de piedras preciosas y ornamentales los métodos ópticos han ido sustituyendo a los métodos de determinación de la densidad.

DETERMINACIÓN DE LA DENSIDAD CON EL MÉTODO DE FLOTACIÓN

Determinación de la densidad de una piedra preciosa con la ayuda de líquidos pesados (aquí, p. ej., con el líquido de Thoulet, con densidad de 3,20). Las piedras más ligeras flotan, las más pesadas se hunden hasta el fondo, mientras que las que tienen una densidad igual a la del líquido se quedan suspendidas en él.

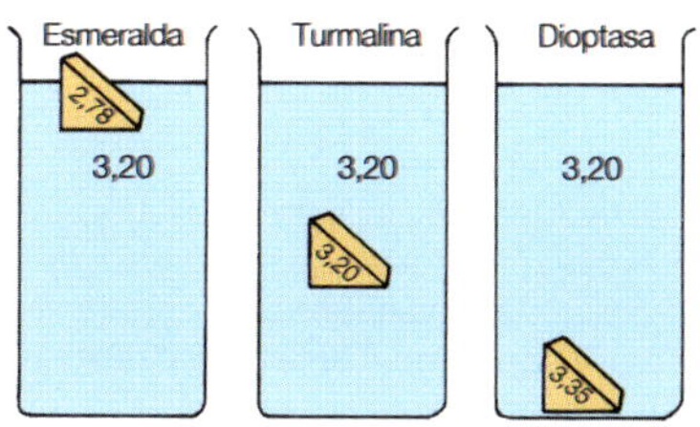

DENSIDAD DE LAS PIEDRAS PRECIOSAS Y ORNAMENTALES (selección)

Oro	15,5-19,3	Pirolusita	4,5-5,0	Titanita	3,52-3,54
Torianita	9,7-9,8	Cromita	4,5-4,8	Allanita	3,5-4,2
Plata	9,6-12,0	Davidita	4,5	Aerinita	3,50-3,60
Algodonita	8,38	Baritina	4,43-4,46	Hedenbergita	3,50-3,56
Bismutotant.	8,15-8,85	Magnesiocr.	4,39-4,67	Diamante	3,50-3,53
Cinabrio	8,0-8,2	Baildonita	4,35	Topacio	3,49-3,57
Stolzita	7,9-8,34	Parisita	4,33-4,42	Chambersita	3,49
Niquelina	7,78	Microlita	4,3-5,7	Sinhalita	3,46-3,50
Manganotant.	7,73-7,97	Adamina	4,30-4,68	Rodocrosita	3,45-3,70
Melonita	7,72	Witherita	4,27-4,79	Piemontita	3,45-3,52
Breithauptita	7,59-8,23	Galaxita	4,23	Eucroíta	3,44
Estibiotant.	7,53	Powellita	4,23	Rodicita	3,44
Mimetesita	7,24	Rutilo	4,20-4,30	Serendibita	3,42-3,52
Hübnerita	7,12-7,18	Espesartita	4,12-4,18	Uvarovita	3,41-3,52
Wolframita	7,1-7,6	Shattuckita	4,11	Rodonita	3,40-3,74
GGG	7,00-7,09	Calcopirita	4,10-4,30	Litofilita	3,4-3,6
Casiterita	6,7-7,1	Wurtzita	4,09	Zafirina	3,40-3,74
Wulfenita	6,5-7,0	Brookita	4,08-4,18	Egirinaugita	3,40-3,55
Vanadinita	6,6-7,1	Hancockita	4,03	Hiperstena	3,4-3,5
Cerusita	6,46-6,57	Painita	4,01	Cromdravita	3,40
Cobaltina	6,33	Gadolinita	4,00-4,65	Escorzalita	3,38
Anglesita	6,30-6,39	Smithsonita	4,00-4,65	Tinzenita	3,36-3,43
Fosgenita	6,13	Gahnita	4,00-4,62	Tanzanita	3,35
Simpsonita	5,92-6,84	Legrandita	3,98-4,04	Trifilita	3,34-3,58
Scheelita	5,9-6,3	Rubí	3,97-4,05	Dickinsonita	3,34-3,41
Crocoíta	5,9-6,1	Celestina	3,97-4,00	Vesubianita	3,32-3,47
Cuprita	5,85-6,15	Libethenita	3,97	Bustamita	3,32-3,43
Pirargirita	5,85	Ferrosilita	3,96	Serandita	3,32
Itrotantalita	5,7	Zafiro	3,95-4,03	Manganaxin.	3,31
Zincita	5,66	Durangita	3,95-4,07	Epidoto	3,3-3,5
Proustita	5,51-5,64	Zircón	3,93-4,73	Hemimorfita	3,30-3,50
Descloizita	5,5-6,2	Almandino	3,93-4,30	Diásporo	3,30-3,39
Calcocita	5,5-5,8	Hodgkinson.	3,91-3,99	Jadeíta	3,30-3,38
Zirconio	5,50-6,00	Esfalerita	3,90-4,10	Peridoto	3,28-3,48
Millerita	5,5	Willemita	3,89-4,18	Dioptasa	3,28-3,35
Fergusonita	5,34-5,44	Tefroíta	3,87-4,12	Ekanita	3,28-3,32
Euxenita	5,3-5,9	Siderita	3,83-3,96	Jeremejevita	3,28-3,31
Linarita	5,30	Anatasa	3,82-3,97	Escorodita	3,28-3,29
Senarmontita	5,2-5,5	Goethita	3,8-4,3	Forsterita	3,28
Magnetita	5,2	Gaspeíta	3,71	Cornerupina	3,27-3,45
Eschinita	5,19	Andradita	3,7-4,1	Dumortierita	3,26-3,41
Tantalita	5,18-8,20	Azurita	3,7-3,9	Axinita	3,26-3,36
Hematites	5,12-5,28	Periclasa	3,7-3,9	Povondraíta	3,26
Fabulita	5,11-5,15	Crisoberilo	3,70-3,78	Malaquita	3,25-4,20
Bornita	5,06-5,08	Chorlomita	3,69-3,88	Ferroaxinita	3,25-3,28
Boleíta	5,05	Baritocalcita	3,66	Papagoíta	3,25
Samarskita	5,0-5,69	Estaurolita	3,65-3,77	Esmeraldita	3,24-3,50
Pirita	5,00-5,20	Benitoíta	3,64-3,68	Sillimanita	3,23-3,27
Monacita	4,98-5,43	Estroncianita	3,63-3,79	Diópsido	3,22-3,38
Bixbyíta	4,95	Piropo	3,62-3,87	Väyrinenita	3,22
Marcasita	4,85-4,92	Piroxmangita	3,61-3,80	Weloganita	3,22
Greenockita	4,73-4,79	Holtita	3,60-3,90	Clinozoisita	3,21-3,38
Psilomelana	4,70-4,74	Taafeíta	3,60-3,62	Helvina	3,20-3,44
Linobato	4,64-4,66	Grosularia	3,56-3,73	Purpurita	3,2-3,4
Pentlandita	4,6-5,0	Rejalgar	3,56	Humita	3,20-3,32
Covellina	4,6-4,76	Espinela	3,54-3,63	Enstatita	3,20-3,30
YAG	4,55-4,65	Kyanita	3,53-3,70	Neptunita	3,29-3,23
Ilmenita	4,5-5,0	Nambulita	3,53	Clinoenstatita	3,29

Rinkita	3,28-3,44
Pumpellyíta	3,28-3,33
Magnesioaxin.	3,28
Norbergita	3,28
Cloroapatito	3,27-3,18
Condrodita	3,16-3,26
Apatito	3,16-3,23
Strass	3,15-4,20
Zoisita	3,15-3,36
Hiddenita	3,15-3,21
Kunzita	3,15-3,21
Espodúmena	3,15-3,21
Huréaulita	3,15-3,19
Sellaíta	3,15
Clinohumita	3,13-3,75
Fluorapatito	3,1-3,25
Moissanita sint.	3,10-3,22
Ludlamita	3,1-3,2
Euclasa	3,10
Lawsonita	3,08-3,09
Fosfofilita	3,07-3,13
Friedelita	3,06-3,19
Andalucita	3,05-3,20
Eosforita	3,05-3,08
Pargasita	3,04-3,17
Lazulita	3,04-3,14
Actinolita	3,03-3,07
Espurrita	3,02
Ambligonita	3,01-3,11
Natromontebr.	3,01-3,06
Fluorita	3,00-3,25
Melinofana	3,00-3,03
Leucofana	3,00
Schlossmacherita	3,00
Chiolita	2,99-3,01
Montebrasita	2,98-3,11
Brasilianita	2,98-2,99
Richterita	2,97-3,45
Danburita	2,97-3,03
Ankerita	2,97
Criolita	2,97
Magnesita	2,96-3,12
Tremolita	2,95-3,07
Herderita	2,95-3,02
Fenaquita	2,95-2,97
Boracita	2,95-2,96
Aragonito	2,94
Vlasovita	2,92-2,97
Sarcolita	2,91-2,96
Hornblenda	2,9-3,4
Nefrita	2,90-3,03
Datolita	2,90-3,00
Esp. anhidrita	2,90-2,98
Prosopita	2,88-2,89
Hurlbutita	2,88
Zunyita	2,87
Wollastonita	2,86-3,09
Grandierita	2,85-3,00
Polucita	2,85-2,94
Langbeinita	2,83
Turmalina	2,82-3,32
Prehnita	2,82-2,94
Wardita	2,81-2,87
Esp. dolomita	2,80-2,95
Lepidolita	2,80-2,90
Berilonita	2,80-2,87
Zektzerita	2,79
Moscovita	2,78-2,88
Sogdialita	2,76-2,90
Sugilita	2,76-2,80
Sekaninaíta	2,76-2,77
Amiolita	2,75-2,80
Eudialita	2,74-2,98
Pectolita	2,74-2,88
Meionita	2,74-2,78
Bitownita	2,72-2,74
Creedita	2,72
Catapleíta	2,72
Xonotlita	2,71-2,72
Canasita	2,71
Cerulita	2,70-2,80
Augelita	2,70-2,75
Calcita	2,69-2,71
Aguamarina	2,68-2,74
Esmeralda	2,67-2,78
Berilo noble	2,66-2,87
Pirofilita	2,65-2,90
Labradorita	2,65-2,75
Andesina	2,65-2,69
Amatista	2,65
Citrino	2,65
Cristal de roca	2,65
Cuarzo	2,65
Cuarzo ahumado	2,65
Cuarzo rosado	2,65
Prasiolita	2,65
Vivianita	2,64-2,70
Aventurina	2,64-2,69
Kammererita	2,64
Oligoclasa	2,62-2,67
Feld. aventurina	2,62-2,65
Perlas	2,60-2,85
Coral	2,60-2,70
Ágata	2,60-2,64
Shortita	2,60
Peristerita	2,59-2,68
Xilópalo	2,58-2,91
Jaspe	2,58-2,91
Cordierita	2,58-2,66
Calcedonia	2,58-2,64
Crisoprasa	2,58-2,64
Ágata musgosa	2,58-2,64
Ojo de tigre	2,58-2,64
Escapolita	2,57-2,74
Anortoclasa	2,57-2,60
Piedra de luna	2,56-2,59
Amazonita	2,56-2,58
Ortosa	2,56-2,58
Sanidina	2,56-2,58
Talco	2,55-2,80
Nefelina	2,55-2,65
Lizardita	2,55
Caroíta	2,54-2,78
Microlita	2,54-2,57
Clinocrisotilo	2,53
Lapislázuli	2,50-3,00
Marialita	2,50-2,62
Milarita	2,46-2,61
Howlita	2,45-2,58
Leucita	2,45-2,50
Carletonita	2,45
Serpentina	2,44-2,62
Variscita	2,42-2,58
Cancrinita	2,42-2,51
Haunita	2,4-2,5
Colemanita	2,40-2,42
Petalita	2,40
Brucita	2,39
Tugtupita	2,36-2,57
Wavellita	2,36
Obsidiana	2,35-2,60
Hambergita	2,35
Moldavita	2,32-2,38
Turquesa	2,31-2,84
Apofilita	2,30-2,50
Mesolita	2,26-2,40
Thomsonita	2,23-2,39
Analcita	2,22-2,29
Escolecita	2,21-3,29
Paligorskita	2,21
Cacoxenita	2,2-2,6
Yeso	2,20-2,40
Natrolita	2,20-2,26
Whewelita	2,19-2,25
Yugavaralita	2,19-2,23
Stichtita	2,16-2,18
Sodalita	2,14-2,40
Mordenita	2,12-2,15
Chabasita	2,05-2,20
Azufre	2,05-2,08
Vidrio	2,0-4,5
Crisocola	2,00-2,40
Sepiolita	2,0-2,1
Gaylusita	1,99
Ópalo	1,88-2,50
Taumasita	1,91
Kurnakovita	1,86
Sturmanita	1,85
Inderita	1,78-1,86
Ettringita	1,77
Ulexita	1,65-1,95
Mellita	1,58-1,60
Azabache	1,19-1,35
Ámbar	1,05-1,09

Unidades de peso en el comercio de piedras preciosas

En el ámbito internacional del comercio de piedras preciosas, se emplean como unidades de peso: quilate, gramo, grano y momme.

Quilate El quilate (abreviado ct) se ha utilizado desde la antigüedad como unidad de peso en el comercio de las piedras preciosas. El nombre proviene de un grano («Kuara») del árbol de coral africano o bien de la semilla (griego: «keration») del algarrobo. A partir de 1907, ha ido implantándose paulatinamente el uso del quilate métrico (mct) de 200 mg o 0,2 g tanto en Europa como en América. Los valores del quilate eran anteriormente distintos en los diferentes grandes mercados. Oscilaban entre 188 y 213 mg.

La subdivisión del quilate puede hacerse mediante quebrados (p. ej., 1/10 ct) o mediante decimales (p. ej., 1,25) con dos cifras detrás de la coma. Los diamantes pequeños se pesan en «puntos» (en inglés «point»), lo que equivale a 1/100 quilates (0,01 ct). Los brillantes más pequeños, con un peso de 0,07-0,15, se denominan internacionalmente melé (del francés «mezcla»); los más pesados, entre 0,12-0,15, melange.

En la figura a pie de página se representan los diámetros y los pesos correspondientes en quilates de diamantes tallados en brillante según la talla moderna (véase pág. 97). Las piedras preciosas con otra densidad y otras formas de talla tienen naturalmente otros diámetros.

En joyería, el precio de las piedras preciosas se expresa siempre «por quilate».

El precio de la pieza se obtiene con una simple conversión numérica a partir de su peso, aunque es más frecuente que se nombre el precio total de la pieza.

El valor del quilate aumenta en función del tamaño de la piedra. Véase para ello las consideraciones de la página 85.

¡El peso en quilates de las piedras preciosas no debe confundirse con el número de quilates como expresión de la ley del oro! En el oro, el quilate no es una unidad de peso sino un índice de calidad. Cuanto mayor sea el número de quilates, tanto más oro fino contiene una determinada joya. El peso puede ser diferente para piezas con el mismo número de quilates.

Gramo Para piedras preciosas y ornamentales de menor valor, y en especial para el material en bruto, la unidad de peso en joyería suele ser el gramo.

Grano Anteriormente, la unidad de peso para las perlas solía ser el grano. Equivale a 0,05 gramos = 0,25 o 1/4 de quilate. Hoy en día, va siendo cada vez más sustituida por el quilate.

Momme La medida japonesa «momme» (= 3,75 g = 18,75 ct) apenas se utiliza en el comercio europeo de perlas.

DIÁMETROS Y PESOS DE DIAMANTES TALLADOS EN BRILLANTE.

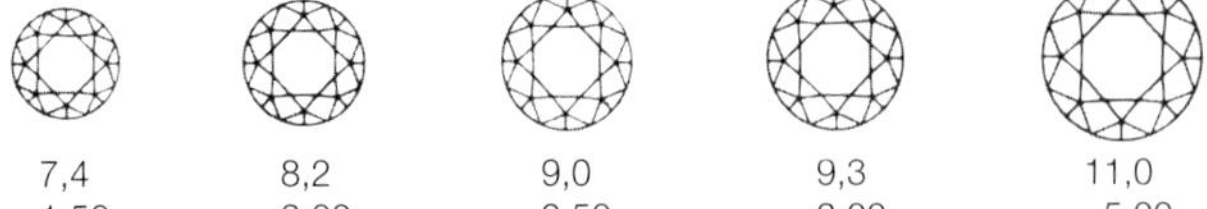

Diámetro en mm	2,2	3,0	4,1	5,2	6,5	7,4	8,2	9,0	9,3	11,0
Peso en ct	0,04	0,10	0,25	0,50	1,00	1,50	2,00	2,50	3,00	5,00

Agregado de cristales de amatista; México (algo reducido).

Propiedades ópticas

Entre las propiedades de las piedras preciosas y ornamentales son las ópticas las que adquieren un carácter primordial. Se manifiestan en el color y el brillo, el fuego y la luminiscencia, las figuras lumínicas y la irisación de las caras. En la identificación de las piedras preciosas y ornamentales, cada vez se utilizan más los conocimientos sobre las propiedades ópticas.

Color

Es la primera propiedad que se aprecia al contemplar una piedra preciosa u ornamental. En la mayoría de las piedras no constituye ninguna característica diferencial, pues muchas piedras tienen el mismo color y, por otra parte, muchas variedades de una misma piedra presentan colores totalmente diferentes.

Los colores de las piedras preciosas y ornamentales se originan en la percepción por el ojo de ondas electromagnéticas de determinada longitud de onda.

El ojo humano sólo es capaz de percibir el espectro de ondas que va de los 750 a los 380 nm. Este espectro se divide en varias secciones con una longitud de onda determinada y con sus correspondientes colores, los conocidos como colores del espectro: rojo, naranja, amarillo, verde, azul y violeta (pág. 41).

La mezcla de todos estos colores forma el blanco. Pero sólo con que sea absorbida una determinada longitud de ondas (y, por lo tanto, su color correspondiente) del espectro entero, la mezcla de las restantes ya no da blanco, sino un color determinado. Si la piedra preciosa permite el paso de todas las longitudes de onda, la piedra es incolora. Si, por el contrario, toda la luz es absorbida, la piedra preciosa será negra. Si se absorbe la misma cantidad de cada longitud de onda, el color resultante será un blanco turbio o gris.

En las piedras preciosas y ornamentales los que absorben determinadas longitudes de onda de la luz blanca y que deciden, por lo tanto, sobre su color son principalmente los metales y sus compuestos, concretamente el cromo, el hierro, el cobalto, el cobre, el manganeso, el níquel y el vanadio.

En el zircón y el cuarzo ahumado no es ninguna sustancia adicional la responsable de su color, sino una deformación de su estructura interna (de la red cristalina) debida a las radiaciones de onda corta de la atmósfera (conocidas como radiaciones cósmicas), por las cuales hace una absorción selectiva y modifica, por lo tanto, su color original. También la longitud del recorrido de la luz a través del cristal influye en la absorción, y por tanto en el color. Y éste es un hecho del que se debe sacar partido en el tallado. En piedras de color claro, un tamaño mayor y/o una buena disposición de las facetas redundará, por causa del mayor recorrido de absorción, en un color más intenso. Con colores oscuros se debe tallar la piedra más fina. El granate almandino de color rojo oscuro, por ejemplo, se ahueca por la parte inferior.
La luz artificial influye de un modo distinto en el color de las piedras preciosas y ornamentales, ya que tiene una composición distinta a la de la luz natural. Hay piedras preciosas cuyo color desmerece bajo la luz artificial (p. ej., el zafiro) y otras que tienen un color especialmente brillante bajo luz artificial (p. ej., el rubí y la esmeralda). Un caso muy llamativo de estas diferencias de color lo encontramos en la alexandrita, que es verde bajo la luz del día y roja con la luz artificial.
Aunque el color juega un papel muy importante en las piedras preciosas, no se conoce (excepto para el diamante, véase pág. 92) ningún método práctico para una determinación objetiva del color. Las tablas comparativas de colores sólo son un pobre sustituto, pues el margen para la subjetividad es demasiado grande. Los métodos científicos de medición para la determinación de los colores son para el comercio demasiado costosos.

Color de rayado

La apariencia del color de las piedras preciosas y ornamentales puede ser, para un mismo mineral, muy diferente. Así el berilo aparece con todos los colores del espectro aunque es normalmente incoloro. Esta ausencia de color es el auténtico color original y se denomina color propio. Todos los demás son colores ajenos, originados por la mezcla de otra sustancia que impone su color.
Los colores propios, como son constantes, pueden ayudar a identificar las piedras preciosas y ornamentales. Con una enérgica raya sobre una pieza de porcelana (véase fig. abajo) se da a conocer sobre la tablilla el color original de la piedra. El fino polvo actúa como delgadas plaquitas translúcidas, con lo cual el color ajeno de la piedra es abstraído. La hematites de color acero, por ejemplo, tiene el color de rayado (abreviadamente raya) rojo, la pirita color latón lo tiene negro, la sodalita azul, blanco. Cuando al fregar sobre la tablilla no aparece ningún color de rayado se dice que la raya es incolora o blanca.
Con minerales que sean más duros que la tablilla, es decir, con una dureza de Mohs superior a 6, se debe pulverizar con un pisón un pequeño ejemplar de la piedra por identificar y luego extenderlo sobre la tablilla.
El método de identificación de las piedras preciosas y ornamentales sólo es adecuado para los coleccionistas de piedras en bruto. Una piedra preciosa tallada no se debería

Prueba de la raya sobre una tablilla de rayado. La pirita color amarillo latón da una raya negro verdoso.

Ópalo en la roca madre, el ópalo rodado; Queensland/Australia (casi el tamaño natural).

someter a esta prueba, pues podría resultar dañada. Tabla de los colores de rayado en las páginas 34 y 35.

Cambio de color

El color de las piedras preciosas y ornamentales puede cambiar. Cuando el cambio es sólo temporal hablamos de cambio de color, cuando es un cambio duradero podemos hablar de una modificación del color. Cambios temporales se dan, por ejemplo, en las figuras lumínicas y los reflejos de las caras de las piedras preciosas. El cambio de color según si la luz es natural o artificial, visible claramente en la alexandrita (pág. 114) ya ha sido descrito.

Una modificación del color (o quizás solamente una ilusión óptica) la experimentan los turistas cuando viajan a los trópicos. Algunas de las piedras preciosas y ornamentales adquiridas en el lugar donde fueron encontradas, adquieren aquí, en esas regiones fuertemente iluminadas por el sol, un color más vivo y brillante que en casa. Si aquí hay de hecho diferencias cualitativas o sólo impresiones «sentidas» en las vacaciones, no está documentado científicamente. En todo caso algunos compradores de los países industrializados occidentales utilizan colecciones de muestra reunidas en sus países cuando compran piedras preciosas en los países tropicales y subtropicales.

También hay piedras preciosas y ornamentales, cuyo color se modifica duraderamente con el paso del tiempo. La amatista, el cuarzo rosado y la kunita, por ejemplo, van palideciendo por influjo de los rayos solares hasta tornarse incoloras. Aunque en general estas modificaciones del color por causas naturales son raras.

Mucho más frecuente es la intervención del hombre para la modificación duradera del color de las piedras preciosas y ornamentales, de tal modo que reluzcan lo más posible y en concordancia con los tiempos. Hoy en día un completo repertorio de técnicas permite conseguir modificaciones de color de las piedras preciosas y ornamentales en todos los matices.

Para consideraciones más detalladas sobre la modificación técnica del color de las piedras preciosas véase la página 271.

COLOR DE LA RAYA DE LAS PIEDRAS PRECIOSAS Y ORNAMENTALES (selección)

RAYA BLANCA + INCOLORA + GRIS

Acroíta
Actinolita
Adamina
Ágata
Ágata musgosa
Aguamarina
Alabastro
Albita
Alexandrita
Almandino
Amatista
Amazonita
Ámbar
Ambligonita
Ametrina
Analcita
Anatasa
Andalucita
Andesina
Andradita
Anglesita
Ankerita
Anortita
Anortoclasa
Apatito
Apofilita
Aragonito
Augelita
Aventurina
Axinita
Azufre
Barita
Baritocalcita
Benitoíta
Berilo
Berilo dorado
Berilo noble
Berilonita
Bixbita
Boracita
Brasilianita
Broncita
Brookita
Brucita
Buergerita
Bustamita
Bitownita
Calcedonia
Calcita
Canasita
Cancrinita
Carletonita
Carneola
Caroíta
Casiterita
Catapleíta
Catoíta
Celestina
Cerusita
Chabasita
Chambersita
Childrenita
Chiolita
Chorlo
Citrino
Clinocrisotilo
Clinoenstatita
Clinohumita
Clinozoisita
Cloroapatito
Colemanita
Coral
Cordierita
Corindón
Cornerupina
Creedita
Criolita
Crisoberilo
Crisoprasa
Cristal de roca
Cuarzo
Cuarzo ahumado
Cuarzo amatista
Cuarzo azul
Cuarzo ojo de gato
Cuarzo rosado
Danburita
Datolita
Demantoide
Diamante
Diásporo
Dickinsonita
Diópsido
Dravita
Dumortierita
Ekanita
Elbaíta
Enstatita
Eosforita
Epidoto
Escapolita
Escolecita
Escorodita
Escorzalita
Esmeralda
Esmeraldita
Espato anhidrita
Espato dolomita
Espectrolita
Espesartita
Espinela
Espinela sint.
Espodúmena
Espurrita
Estaurolita
Estroncianita
Ettringita
Euclasa
Eudialita
Fabulita
Feldespato
aventurina
Fenaquita
Ferroaxinita
Fluorapatito
Fluorita
Forsterita
Fosfofilita
Fosgenita
Fucsita
Gadolinita
Gahnita
Gaylusita
GGG
Goshenita
Granate
Grandierita
Grosularia
Haunita
Hedenbergita
Heliodoro
Helvina
Hemimorfita
Herderita
Hessonita
Hialofana
Hiddenita
Hidroxilapatito
Hidroxilherderita
Hiperstena
Hodgkinsonita
Holtita
Howlita
Humita
Huréaulita
Hurlbutita
Inderita
Indigolita
Jacinto
Jade
Jadeíta
Jaspe
Jeremejevita
Kammererita
Kunzita
Kurnakovita
Kyanita
Labradorita
Langbeinita
Lawsonita
Lazulita
Legrandita
Lepidolita
Leucita
Leucofana
Leucogranate
Liddicoatita
Linobato
Litofilita
Lizardita
Ludlamita
Magnesioaxinita
Magnesita
Manbergita
Manganaxinita
Marfil
Marialita
Meionita
Melanita
Melinofana
Mellita
Mesolita
Microclina
Microlita
Milarita
Mimetesita
Moissanita sint.
Moldavita
Monacita
Montebrasita
Mordenita
Morganita
Morión
Moscovita
Natrolita
Natromontebrasita
Nefelina
Nefrita
Norbergita
Obsidiana
Ojo de tigre
Oligoclasa
Ópalo
Ópalo de fuego
Ortosa
Painita
Paligorskita
Pargasita
Parisita
Pectolita
Periclasa
Peridoto
Peristerita
Perlas
Petalita
Piedra de luna
Pirofilita
Piropo
Piroxmanguita

Plata
Polucita
Powellita
Prasio
Prasiolita
Prehnita
Prosopita
Richterita
Rodicita
Rodocrosita
Rodolita
Rodonita
Rubelita
Rubí
Rutilo sint.
Sanidina
Sarcolita
Scheelita
Schlossmacherita
Sekaninaíta
Sellaíta
Senarmontita
Sepiolita
Sérandita
Serendibita
Serpentina
Shomiokita
Shortita
Siberita
Siderita
Sillimanita
Simpsonita
Sinhalita
Smithsonita
Sodalita
Stichtita
Stolzita
Strass
Sugilita
Taafeíta
Talco
Tanzanita
Taumasita
Tefroíta
Thomsonina
Titanita
Topacio
Topaciolita
Torianita
Tremolita
Trifilita
Tsavorita
Tsilaisita
Tugtupita
Turmalina
Turquesa
Ulexita
Uvarovita
Uvita
Vanadinita
Variscita
Verdelita
Vesubianita
Vidrio
Villaumita
Vivianita
Vlasonita
Wardita
Wavellita
Weloganita
Whewelita
Willemita
Witherita
Wollastonita
Wulfenita
Xilópalo
Xonotlita
YAG
Yeso
Yugawaralita
Zafirina
Zafiro
Zektzerita
Zircón
Zirconio
Zoisita
Zunyita

RAYA ROJA + ROSA + NARANJA

Chambersita
Cinabrio
Crocoíta
Cuprita
Friedelita
Greenockita
Hematites
Hübnerita
Jaspe
Manganotantalita
Piemontita
Pirargirita
Proustita
Purpurita
Rejalgar
Samarskita

RAYA AMARILLA +NARANJA + PARDA

Aerinita
Allanita
Apatito
Azabache
Bismutotantalito
Breithauptita
Broncita
Cacoxenita
Casiterita
Condrodita
Chorlomita
Crocoíta
Cromita
Cuprita
Descloizita
Durangita
Eschinita
Esfalerita
Estibiotantalita
Euxenita
Fergusonita
Galaxita
Goethita
Greenockita
Hancockita
Hematites
Hornblenda
Hübnerita
Jaspe
Nambulita
Neptunita
Niquelina
Oro
Pentlandita
Povondraíta
Psilomelana
Rejalgar
Rinkita
Rutilo
Samarskita
Sturmanita
Tantalita
Torianita
Vanadinita
Wolframita
Wurtzita
Xilópalo
Zincita

RAYA VERDE + VERDE AMARILLO + VERDE AZUL

Baildonita
Calcopirita
Crisocola
Cromdravita
Dioptasa
Egirinaugita
Eucroíta
Fucsita
Gadolinita
Gaspeíta
Hornblenda
Libethenita
Malaquita
Millerita
Pirita
Pumpelita

RAYA AZUL + VERDE AZUL + ROJO AZUL

Azurita
Boleíta
Ceruleíta
Haunita
Lapislázuli
Lazurita
Linarita
Papagoíta
Pumpellita
Purpurita
Shattuckita
Vivianita

RAYA NEGRA + GRIS

Azabache
Bismutotantalita
Bixbyíta
Bornita
Calcopirita
Chalcocita
Clinozoisita
Cobaltina
Covellina
Davidita
Egirinaugita
Epidoto
Hedenbergita
Ilmenita
Itrotantalita
Magnesiocromita
Magnetita
Marcasita
Melonita
Millerita
Niquelina
Pentlandita
Pirita
Pirolusita
Powellita
Psilomelana
Shungita
Tantalita
Wolframita

Refracción de la luz

Todos hemos podido observar de niños cómo un palo introducido oblicuamente en el agua se «quebraba» al nivel de la superficie del agua. La mitad inferior del palo tenía una dirección diferente que la mitad superior. Lo que aquí experimentamos no es otra cosa que el principio de refracción de la luz, que tiene lugar siempre que un rayo de luz pasa de un medio (p. ej., el aire) a otro (p. ej., el agua o un cristal), es decir, en la superficie que hace de límite entre dos medios.

El grado de refracción de la luz es constante en los cristales de las diferentes piedras preciosas y ornamentales. Y es por eso que se utiliza para su identificación. La medida numérica de la refracción de la luz se denomina índice de refracción (a menudo expresado abreviadamente como «refracción de la luz»). Este índice expresa la relación entre la velocidad de la luz a través del aire y a través del cristal. El recorrido del rayo lumínico a través de la piedra preciosa comporta una reducción de su velocidad.

EJEMPLO

Velocidad de la luz en el aire (V_1)	300.000 km/s
Velocidad de la luz en el diamante (V_2)	124.120 km/s

$$\text{Índice de refracción} = \frac{V_1\ \text{(aire)}}{V_2\ \text{(diamante)}} = \frac{300.000}{124.120} = 2{,}417$$

En el diamante la proporción (= índice de refracción) entre la velocidad de la luz en el aire y la velocidad de la luz en el diamante es de 2,4.

Los índices de refracción en las piedras preciosas y ornamentales se encuentran entre 1,4 y 3,2. Y son siempre algo distintos según el color y según la piedra.

En las piedras birrefringentes (véase pág. 40 para más detalles) hay dos índices de refracción. Tabla de los índices de refracción en las páginas 38 y 39.

Refractómetro La medición de la refracción de la luz se realiza en la práctica con el refractómetro. Los valores se pueden leer directamente sobre una escala. Aunque con un refractómetro normal sólo se pueden identificar piedras con un índice de hasta 1,81 y que posean además una cara plana o facetas. La determinación del índice de refracción de otras piedras y para valores superiores a 1,81 exige la utilización de instrumentos especiales.

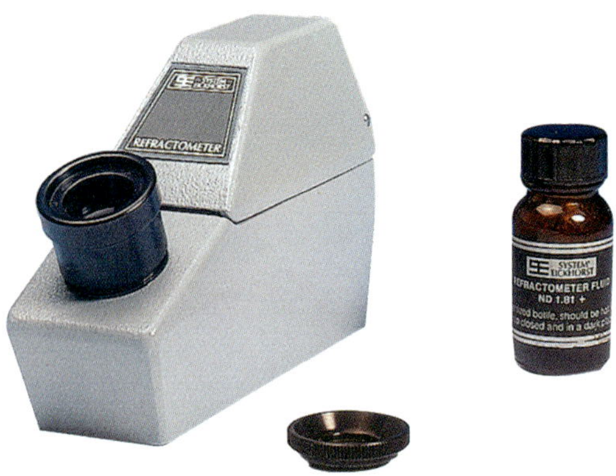

Refractómetro compacto.
En los frascos de al lado el denominado líquido de contacto.

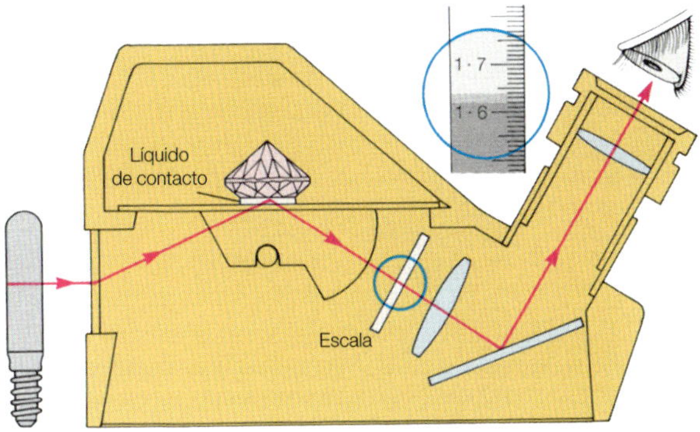

Esquema de un refractómetro corriente con un detalle de la escala de los índices de refracción.

El experto puede obtener valores aproximados en el cabujón valiéndose de algunos trucos.

Método de inmersión Sin aparatos demasiado costosos es posible realizar una medición aproximada del índice de refracción con el método de inmersión. La piedra preciosa se examina inmersa en un líquido con índice de refracción conocido. En función de la claridad, la definición y la anchura de los contornos, así como de las aristas de las facetas se pueden conseguir valores aproximados del índice de refracción.

LÍQUIDOS DE INMERSIÓN CON ÍNDICE DE REFRACCIÓN CONOCIDO

1,409	Alcohol amílico	1,586	Anilina
1,45	Queroseno	1,618	Quinoleína
1,473	Glicerina	1,633	Cloronaftaleno
1,498	Benceno	1,663	o-Bromoyodobenceno
1,516	Yoduro de etilo	1,740	Diyoduro de metano
1,525	Clorobenceno	1,778	Diyoduro de metano + azufre
1,544	Eugenol	1,810	Tetrayodoetileno
1,559	Dimetilanilina	1,843	Fenildiyodoarsina
1,569	Éter bencilbenzoico	2,06	Diyoduro de metano + S + P

PIEDRAS PRECIOSAS EN UN LÍQUIDO DE INMERSIÓN

1. Contorno blanco + aristas de las facetas negras: refracción de la piedra preciosa menor que la del líquido.
2. Contorno negro + aristas de las facetas blancas: refracción de la piedra mayor que la del líquido.
3. Contorno ancho: refracción de la piedra muy diferente de la del líquido.
4. Contorno difuso: refracción de la piedra igual a la del líquido.

(Según Dragstedt et al.)

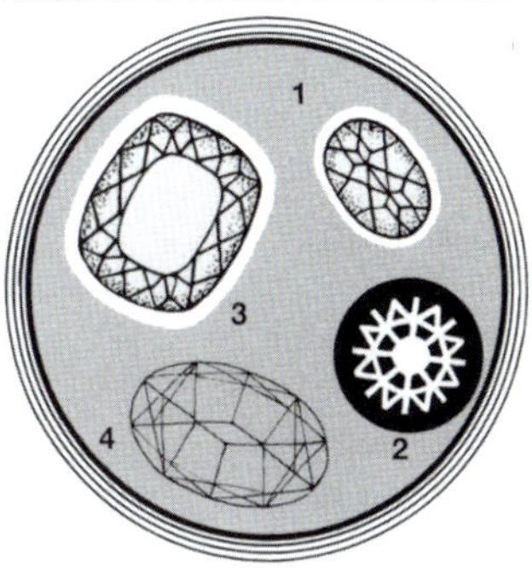

REFRACCIONES Y BIRREFRINGENCIAS DE LA LUZ DE LAS PIEDRAS PRECIOSAS Y ORNAMENTALES (selección)

	Refracción	Birrefrigencia
Hematites	2,940-3,220	0,287
Cinabrio	2,905-3,256	0,351
Proustita	2,881-3,084	0,203
Pirargirita	2,88-3,08	0,200
Cuprita	2,849	ninguna
Rutilo	2,616-2,903	0,287
Brookita	2,583-2,700	0,117
Anatasa	2,488-2,564	0,046-0,067
Diamante	2,417-2,419	anormal
Fabulita	2,409	ninguna
Estibiotantalita	2,370-2,450	0,080
Esfalerita	2,368-2,371	ninguna
Crocoíta	2,29-2,66	0,270
Wulfenita	2,280-2,400	0,120
Tantalita	2,26-2,43	0,160
Linobato	2,21-2,30	0,090
Manganotantalita	2,19-2,34	0,150
Zirconio	2,150-2,180	ninguna
Mimetesita	2,120-2,135	0,015
Fosgenita	2,114-2,145	0,028
Senarmontita	2,087	ninguna
Boleíta	2,03-2,05	ninguna
Zincita	2,013-2,029	0,016
Casiterita	1,997-2,098	0,096-0,098
Simpsonita	1,994-2,040	0,058
GGG	1,970-2,020	ninguna
Azufre	1,958-2,245	0,0291
Baildonita	1,95-1,99	0,040
Scheelita	1,918-1,937	0,010-0,018
Andradita	1,88-1,94	ninguna
Anglesita	1,878-1,895	0,017
Uvarovita	1,865	ninguna
Purpurita	1,85-1,92	0,007
Titanita	1,843-2,110	0,100-0,192
YAG	1,833-1,835	ninguna
Zircón	1,810-2,024	0,002-0,059
Cerusita	1,804-2,079	0,274
Gahnita	1,791-1,818	ninguna
Espesartita	1,790-1,820	ninguna
Painita	1,787-1,816	0,029
Monacita	1,774-1,849	0,049-0,055
Almandino	1,770-1,820	ninguna
Gadolinita	1,77-1,82	0,01-0,04
Rubí	1,762-1,778	0,008
Zafiro	1,762-1,778	0,008
Benitoíta	1,757-1,804	0,047
Shattuckita	1,752-1,815	0,063
Crisoberilo	1,746-1,763	0,007-0,011
Periclasa	1,74	ninguna
Escorodita	1,738-1,816	0,027-0,030
Estaurolita	1,736-1,762	0,010-0,015
Grosularia	1,734-1,759	ninguna
Chambersita	1,732-1,744	0,012
Hesonita	1,730-1,757	ninguna
Epidoto	1,729-1,768	0,015-0,049
Piroxmanguita	1,726-1,764	0,016-0,020
Azurita	1,720-1,848	0,108-0,110
Piropo	1,720-1,756	ninguna
Hodgkinsonita	1,719-1,748	0,022-0,026
Taafeíta	1,719-1,730	0,004-0,009
Rodonita	1,716-1,752	0,010-0,014
Gahnoespinela	1,715-1,754	ninguna
Espinela	1,712-1,762	ninguna
Kyanita	1,710-1,734	0,015-0,033
Adamina	1,708-1,760	0,048-0,050
Diásporo	1,702-1,750	0,048
Serendibita	1,701-1,743	0,005
Zafirina	1,701-1,734	0,004-0,007
Egirinaugita	1,700-1,800	0,030-0,050
Vesubianita	1,700-1,723	0,002-0,012
Tanzanita	1,691-1,700	0,009
Neptunita	1,690-1,736	0,029-0,045
Willemita	1,690-1,723	0,028-0,033
Rodicita	1,690	ninguna
Trifilita	1,689-1,702	0,006-0,008
Litofilita	1,68-1,70	0,01
Dumortierita	1,678-1,689	0,015-0,037
Legrandita	1,675-1,740	0,060
Hiperstena	1,673-1,731	0,010-0,016
Parisita	1,671-1,772	0,081-0,101
Clinozoisita	1,670-1,734	0,010
Sinhalita	1,665-1,712	0,036-0,042
Lawsonita	1,665-1,686	0,019-0,021
Diópsido	1,664-1,730	0,024-0,031
Bustamita	1,662-1,707	0,014-0,015
Cornerupina	1,660-1,699	0,012-0,017
Hiddenita	1,660-1,681	0,014-0,016
Kunzita	1,660-1,681	0,014-0,016
Boracita	1,658-1,673	0,010-0,011
Axinita	1,656-1,704	0,010-0,012
Malaquita	1,655-1,909	0,254
Sillimanita	1,655-1,684	0,014-0,021
Jadeíta	1,652-1,688	0,020
Peridoto	1,650-1,703	0,036-0,038
Ludlamita	1,650-1,697	0,038-0,044
Enstatita	1,650-1,680	0,009-0,012
Euclasa	1,650-1,677	0,019-0,025
Fenaquita	1,650-1,670	0,016
Dioptasa	1,644-1,709	0,051-0,053
Azabache	1,640-1,680	ninguna
Eosforita	1,638-1,671	0,028-0,035
Espurrita	1,637-1,681	0,039-0,040
Jeremejevita	1,637-1,653	0,007-0,013
Barita	1,636-1,648	0,012
Siderita	1,633-1,875	0,242
Danburita	1,630-1,636	0,006-0,008
Clinohumita	1,629-1,674	0,028-0,041
Apatito	1,628-1,649	0,002-0,006
Andalucita	1,627-1,649	0,007-0,013
Friedelita	1,625-1,664	0,030
Smithsonita	1,621-1,849	0,228
Datolita	1,621-1,675	0,040-0,050
Celestina	1,619-1,635	0,010-0,012
Turmalina	1,614-1,666	0,014-0,032

	Refracción	Birrefrigencia
Actinolita	1,614-1,653	0,020-0,025
Hemimorfita	1,614-1,636	0,022
Lazulita	1,612-1,646	0,031-0,036
Prehnita	1,611-1,669	0,021-0,039
Gaspeíta	1,61-1,81	0,22
Turquesa	1,610-1,650	0,040
Topacio	1,609-1,643	0,008-0,016
Sugilita	1,607-1,611	0,001-0,004
Sogdianita	1,606-1,608	0,002
Brasilianita	1,602-1,623	0,019-0,021
Rodocrosita	1,600-1,820	0,208-0,220
Odontolita	1,60-1,64	0,010
Nefrita	1,600-1,627	0,027
Pectolita	1,595-1,645	0,038
Montebrasita	1,594-1,633	0,22
Fosfofilita	1,594-1,621	0,021-0,033
Melinofana	1,593-1,612	0,019
Eudialita	1,591-1,633	0,003-0,010
Condrodita	1,592-1,646	0,028-0,034
Catapleíta	1,590-1,629	0,039
Wardita	1,590-1,599	0,009
Herderita	1,587-1,627	0,023-0,032
Colemanita	1,586-1,615	0,028-0,030
Howlita	1,586-1,605	0,019
Zektzerita	1,582-1,585	0,003
Ambligonita	1,578-1,646	0,024-0,030
Ekanita	1,572-1,573	0,001
Espato anhidrita	1,570-1,614	0,044
Augelita	1,570-1,590	0,014-0,020
Esmeralda	1,565-1,602	0,006
Aguamarina	1,564-1,596	0,004-0,005
Variscita	1,563-1,594	0,031
Berilo noble	1,562-1,602	0,004-0,010
Tremolita	1,560-1,643	0,017-0,027
Vivianita	1,560-1,640	0,050-0,075
Serpentina	1,560-1,571	0,008-0,014
Labradorita	1,559-1,570	0,008-0,010
Hambergita	1,553-1,628	0,072
Pirofilita	1,552-1,600	0,048
Moscovita	1,552-1,618	0,036-0,043
Berilonita	1,552-1,561	0,009
Caroíta	1,550-1,561	0,004-0,009
Amatista	1,544-1,553	0,009
Aventurina	1,544-1,553	0,009
Cristal de roca	1,544-1,553	0,009
Citrino	1,544-1,553	0,009
Prasiolita	1,544-1,553	0,009
Cuarzo ahumado	1,544-1,553	0,009
Cuarzo rosado	1,544-1,553	0,009
Andesina	1,543-1,551	0,008
Cordierita	1,542-1,578	0,008-0,012
Oligoclasa	1,542-1,549	0,007
Talco	1,54-1,59	0,050
Escapolita	1,540-1,579	0,006-0,037
Cuarzo amatista	1,54-1,55	0,009
Xilópalo	1,54	ninguna
Jaspe	1,54	ninguna

	Refracción	Birrefrigencia
Ámbar	1,539-1,545	ninguna
Marfil	1,535-1,570	ninguna
Apofilita	1,535-1,537	0,002
Ojo de tigre	1,534-1,540	ninguna
Aragonito	1,530-1,685	0,155
Ágata	1,530-1,540	0,004-0,009
Calcedonia	1,530-1,540	0,004-0,009
Crisoprasa	1,530-1,540	0,004-0,009
Ágata musgosa	1,530-1,540	0,004-0,009
Sepiolita	1,53	ninguna
Witherita	1,529-1,677	0,148
Milarita	1,529-1,551	0,003
Nefelita	1,526-1,546	0,004
Feldespato aventurina	1,525-1,548	0,010
Amazonita	1,522-1,530	0,008
Perla	1,52-1,69	0,156
Amiolita	1,52-1,68	0,155
Estroncianita	1,52-1,67	0,150
Yeso	1,520-1,529	0,009
Ortosa	1,518-1,530	0,008
Sanidina	1,518-1,530	0,008
Piedra de luna	1,518-1,526	0,008
Polucita	1,517-1,525	ninguna
Carletonita	1,517-1,521	0,004
Stichtita	1,516-1,544	0,026
Thomsonita	1,515-1,542	0,006-0,025
Magnesita	1,509-1,717	0,208
Escolecita	1,509-1,525	0,007-0,012
Leucita	1,504-1,509	0,001
Mesolita	1,504-1,508	0,001
Espato dolomita	1,502-1,698	0,185
Petalita	1,502-1,519	0,012-0,017
Lapislázuli	1,50	ninguna
Haunita	1,496-1,510	ninguna
Tugtupita	1,496-1,502	0,006
Cancrinita	1,495-1,528	0,024-0,029
Celuloide	1,495-1,520	ninguna
Ulexita	1,491-1,520	0,029
Yugavaralita	1,490-1,509	0,011-0,014
Whewelita	1,489-1,651	0,159-0,163
Kurnakovita	1,488-1,525	0,036
Inderita	1,486-1,507	0,017-0,020
Calcita	1,486-1,658	0,172
Coral	1,486-1,658	0,160-0,172
Moldavita	1,48-1,54	ninguna
Natrolita	1,480-1,493	0,013
Sodalita	1,48	ninguna
Analcita	1,479-1,489	ninguna
Taumasita	1,464-1,507	0,036
Creedita	1,641-1,485	0,024
Crisocola	1,460-1,570	0,023-0,040
Obsidiana	1,45-1,55	ninguna
Gaylusita	1,443-1,523	0,080
Vidrio	1,44-1,90	ninguna
Fluorita	1,434	ninguna
Sellaíta	1,378-1,390	0,012
Ópalo	1,37-1,52	ninguna

Birrefringencia

En todas las piedras preciosas y ornamentales, con excepción del ópalo, de los vidrios y de aquellas que pertenecen al sistema cúbico, el rayo lumínico normalmente se quiebra al entrar en el cristal y a la vez se divide en dos. Este fenómeno se conoce como birrefringencia.

Donde más claramente se puede observar la birrefringencia es en el espato de Islandia (v. fig. abajo). Igualmente manifiesta tiene lugar en el zircón, la titanita, la turmalina y el peridoto. A simple vista, en las piedras transparentes y talladas se puede observar una duplicación de las aristas de las facetas inferiores.

Es una tarea del tallista trabajar la piedra de tal modo que la birrefringencia no sea molesta.

La birrefringencia ayuda a la identificación de las piedras preciosas y ornamentales. Numéricamente expresa la diferencia entre los valores mayor y menor del índice de refracción. También aquí hablamos de valores de birrefringencia máximos.

El especialista diferencia en las piedras preciosas birrefringentes entre un «carácter óptico» positivo y uno negativo.

En las tablas de cada piedra preciosa se expresa el carácter positivo o negativo de la birrefringencia con los signos, respectivamente, + y –. En la tabla «Refracciones y birrefringencias de la luz» (págs. 38 y 39), igual que en las tablas de identificación (págs. 296-311), se ha tenido que renunciar, por motivos de espacio, a esta indicación. En dichas tablas los valores de la birrefringencia se dan como una simple media aritmética, de modo que deben ser entendidos como una orientación, pero no como un número cualificado.

Birrefringencia anormal Tal como se mencionó, los cristales cúbicos no presentan normalmente birrefringencia. De hecho se dan casos de piedras preciosas cúbicas con lo que se conoce como birrefringencia anormal. Entre éstas se encuentran la espinela (¡importante señal para su identificación!), el YAG, el granate y la mayoría de diamantes. Es típica de los diamantes parduscos una alta birrefringencia. Incluso en los vidrios amorfos se ha observado esta birrefringencia anormal.

La causa de la birrefringencia anormal son algunas peculiaridades (anomalías) en la red cristalina, por ejemplo, crecimiento desigual, errores en la formación del cristal, átomos extraños, inclusiones, alteraciones mecánicas, como microfisuras y fracturas. Estas anomalías generan fuertes tensiones en el cristal (de aquí también que reciba el nombre de «birrefringencia por tensión»), las cuales por un manejo inadecuado pueden ser desencadenadas y hacer que la piedra se rompa. Conocer esto es importante para todos los que trabajen con piedras preciosas.

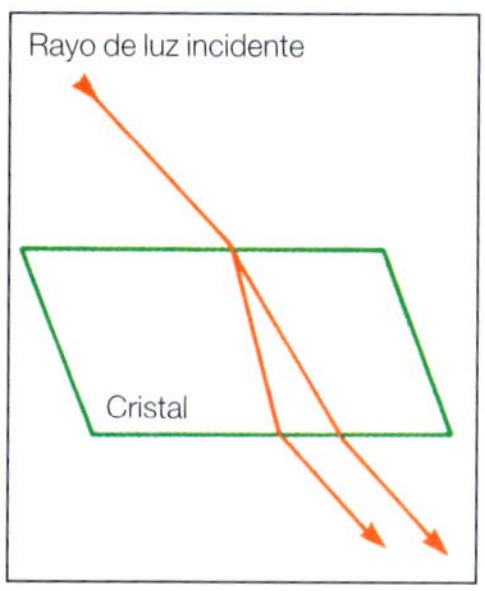

La birrefringencia se aprecia claramente en el espato de Islandia (izquierda). Esquema de la birrefringencia (derecha).

Dispersión de la luz blanca original al atravesar un prisma y su descomposición en los colores del espectro.

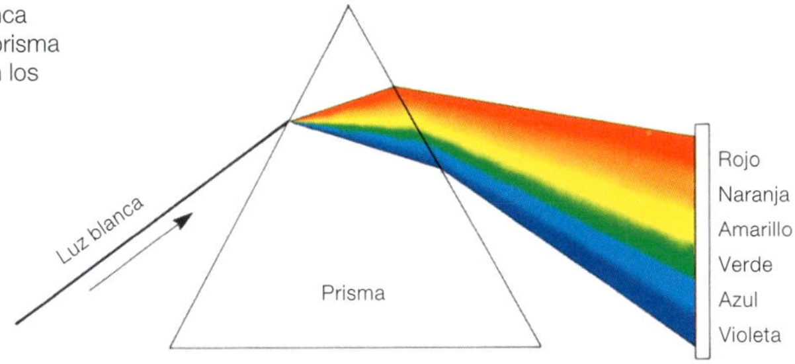

Dispersión

En piedras preciosas y ornamentales incoloras y talladas se puede observar a menudo una irisación que se origina por descomposición de la luz blanca en los colores del espectro. Este fenómeno se conoce como dispersión.

La luz blanca, al atravesar un cristal, no es sólo refractada sino descompuesta en los colores de su espectro, porque la refracción de los diversos colores es diferente. Al violeta, por ejemplo, le corresponde una mayor refracción que al rojo (véase fig. arriba).

La dispersión es diferente en las diversas piedras preciosas y ornamentales.

Sólo se puede observar con claridad en piedras incoloras o de tonalidad muy clara.

Las facetas pueden potenciar la dispersión. Las piedras preciosas y ornamentales de color apagan el efecto de la dispersión.

En los diamantes, en los cuales la descomposición en colores es especialmente grande, se produce un rico y variado juego cromático, el denominado «fuego».

Las piedras preciosas, naturales o sintéticas, con un alto grado de dispersión (p. ej., fabulita, rutilo, esfalerita, titanita, zircón) son utilizadas como sustitutos del diamante, aveces con fines engañosos (véase pág. 91).

La medición de la dispersión es bastante útil. Se realiza con el refractómetro, con la ayuda de medios especiales.

Numéricamente, la dispersión se da como la diferencia entre los índices de refracción del rojo y del violeta. Pero como estos colores del espectro abarcan una franja muy ancha, es frecuente recurrir a determinadas líneas del espectro (líneas de Fraunhofer) para las mediciones.

En la literatura gemológica se han sentado como base las líneas de Fraunhofer B y G para los valores de dispersión (dispersión BG), aunque también se utilizan a veces las líneas C y F (dispersión CF).

Los valores de dispersión pueden ser utilizados para la identificación de las piedras preciosas y ornamentales.

En la tabla de las páginas 42 y 43 se muestran, junto a los valores de dispersión BG, los valores CF, siempre que sean conocidos.

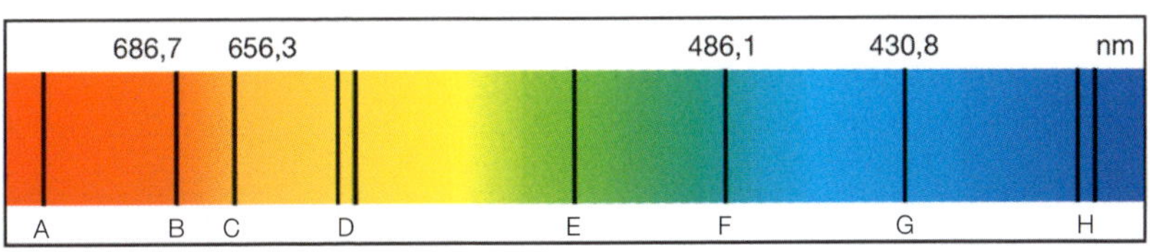

Espectro con las líneas de Fraunhofer. Los valores de dispersión se refieren a la zona B-G o bien a la zona C-F.

DISPERSIÓN DE LAS PIEDRAS PRECIOSAS Y ORNAMENTALES (selección)

	B-G	C-F
Cinabrio	0,40	
Rutilo sint.	0,330	0,190
Rutilo	0,280	0,120-0,180
Anatasa	0,213-0,259	
Wulfenita	0,203	0,133
Vanadinita	0,202	
Fabulita	0,190	0,109
Esfalerita	0,156	0,088
Azufre	0,155	
Estibiotantalita	0,146	
Goethita	0,14	
Brookita	0,131	0,12-1,80
Zincita	0,127	
Linobato	0,13	0,075
Moissanita sint.	0,104	
Casiterita	0,071	0,035
Zirconio	0,060	0,035
Powellita	0,058	
Andradita	0,057	
Demantoide	0,057	0,034
Cerusita	0,055	0,033-0,050
Titanita	0,051	0,019-0,038
Benitoíta	0,046	0,026
Anglesita	0,044	0,025
Diamante	0,044	0,025
Vidrio de plomo	0,041	
Jacinto	0,039	
Jargón	0,039	
Estarlita	0,039	
Zircón	0,039	0,022
GGG 0,038	0,022	
Scheelita	0,038	0,026
Dioptasa	0,036	0,021
Whewelita	0,034	
Alabastro	0,033	
Yeso	0,033	0,008
Epidoto	0,030	0,012-0,027
Tanzanita	0,030	0,011
Thulita	0,03	0,011
Zoisita	0,03	
YAG 0,028	0,015	
Almandino	0,027	0,013-0,016
Hesonita	0,027	0,013-0,016
Espesartita	0,027	0,015
Uvarovita	0,027	0,014-0,021
Willemita	0,027	
Pleonasto	0,026	
Rodolita	0,026	
Boracita	0,024	0,012
Criolita	0,024	
Estaurolita	0,023	0,012-0,013
Piropo	0,022	0,013-0,016
Diásporo	0,02	
Grosularia	0,020	0,012
Hemimorfita	0,020	0,013
Kyanita	0,020	0,011
Peridoto	0,020	0,012-0,013
Espinela	0,020	0,011
Espinela sint.	0,020	0,010
Vesubianita	0,019-0,025	0,014
Clinozoisita	0,019	0,011-0,014
Labradorita	0,019	0,010
Axinita	0,018-0,020	0,011
Ekanita	0,018	0,012
Cornerupina	0,018	0,010
Corindón	0,018	0,011
Leucozafiro	0,018	
Rodicita	0,018	
Rubí	0,018	0,011
Zafiro	0,018	0,011
Sinhalita	0,018	0,010
Sodalita	0,018	0,009
Corindón sint.	0,018	0,011
Diópsido	0,017-0,020	0,012
Acroíta	0,017	
Cordierita	0,017	0,009
Danburita	0,017	0,009
Dravita	0,017	
Elbaíta	0,017	
Herderita	0,017	0,008-0,009
Hiddenita	0,017	0,010
Indigolita	0,017	
Liddicoatita	0,017	
Kunzita	0,017	0,010
Rubelita	0,017	
Chorlo	0,017	
Escapolita	0,017	
Espodúmena	0,017	0,010
Turmalina	0,017	0,009-0,011
Verdelita	0,017	
Andalucita	0,016	0,009
Barita	0,016	0,009
Euclasa	0,016	0,009
Alexandrita	0,015	0,011
Crisoberilo	0,015	0,011
Hambergita	0,015	0,009-0,010
Fenaquita	0,015	0,009
Rodocrosita	0,015	0,010-0,020
Sillimanita	0,015	0,009-0,012
Smithsonita	0,014-0,031	0,008-0,017
Ambligonita	0,014-0,015	0,008
Aguamarina	0,014	0,009-0,013
Berilo	0,014	0,009-0,013
Bixbita	0,014	
Brasilianita	0,014	0,008
Celestina	0,014	0,008
Berilo noble	0,014	0,009-0,013
Goshenita	0,014	
Heliodoro	0,014	0,009-0,013
Morganita	0,014	0,009-0,013
Esmeralda	0,014	0,009-0,013
Topacio	0,014	0,008
Amatista	0,013	0,008
Cuarzo amatista	0,013	0,008

	B-G	C-F
Espato anhidrita	0,013	
Apatito	0,013	0,010
Aventurina	0,013	0,008
Cristal de roca	0,013	0,008
Citrino	0,013	0,008
Ojo de halcón	0,013	
Morión	0,013	
Prasiolita	0,013	0,008
Cuarzo	0,013	0,008
Cuarzo ahumado	0,013	0,008
Cuarzo rosado	0,013	0,008
Ojo de tigre	0,013	
Albita	0,012	
Bitownita	0,012	
Feldespato	0,012	0,008
Piedra de luna	0,012	0,008
Ortosa	0,012	0,008
Polucita	0,012	0,007
Sanidina	0,012	
Espato aventurina	0,012	
Berilonita	0,010	0,007
Cancrinita	0,010	0,008-0,009
Leucita	0,010	0,008
Obsidiana	0,010	
Estroncianita	0,008-0,028	
Calcita	0,008-0,017	0,013-0,014
Fluorita	0,007	0,004
Hematites		0,500
Casiterita sint.		0,041
Gahnita		0,019-0,021
Datolita		0,016
Piroxmanguita		0,015
Scheelita sint.		0,015
Espato dolomita		0,013
Magnesita		0,012
Esmeralda sint.		0,012
Alexandrita sint.		0,011

	B-G	C-F
Zafiro sint.		0,011
Fosfofilita		0,010-0,011
Enstatita		0,010
Vidrio		0,009-0,098
Anortita		0,009-0,010
Actinolita		0,009
Jeremejevita		0,009
Nefelita		0,008-0,009
Apofilita		0,008
Haunita		0,008
Natrolita		0,008
Cuarzo sint.		0,008
Aragonito		0,007-0,012
Augelita		0,007
Tremolita		0,006-0,007
Adamina	fuerte	
Covellina	fuerte	
Dickinsonita	fuerte	
Crocoíta	fuerte	
Lawsonita	fuerte	
Libethenita	fuerte	
Purpurita	fuerte	
Rejalgar	fuerte	
Creedita	media	
Pumpelita	media	
Agalmatolita	débil	
Broncita	débil	
Colemanita	débil	
Eucroíta	débil	
Fucsita	débil	
Lepidolita	débil	
Nambulita	débil	
Ópalo	débil	
Pirofilita	débil	
Sekaninaíta	débil	
Vivianita	débil	

Espectro de absorción

Entre los medios de identificación más importantes se encuentran los espectros de absorción, que son bandas, descompuestas en los colores del espectro, de la luz que sale de la piedra preciosa de color (véase fig. pág. 45).

Como todos sabemos, determinadas longitudes de onda (colores) son absorbidas al atravesar un cristal (especialmente al atravesar oligoelementos metálicos) (véase pág. 31). Y de la mezcla de los colores restantes de la luz, inicialmente blanca, surge el color de la piedra preciosa.

El ojo humano, sin embargo, no puede percibir todas las diferencias sutiles de color. Así, la turmalina roja nos parece igual que el granate rojo, pero, del mismo modo, podemos confundir el vidrio rojo con el caro rubí. Pero los espectros de absorción diferencian sin lugar a dudas las mencionadas piedras y los vidrios. La mayoría de piedras preciosas muestran un comportamiento, para ellas, general y muy característico en relación con la absorción, que se manifiesta (observado a través de un espectroscopio) en unas negras líneas verticales o bandas anchas en el espectro de absorción.

La ventaja especial de este método de investigación está en que piedras preciosas y ornamentales con igual densidad e índice de refracción semejante pueden ser diferenciadas con exactitud. Este método también permite la investigación de piedras en bruto, cabujones e incluso piedras engarzadas. La espectroscopia de absorción tiene un amplio campo de aplicación en la diferenciación entre las piedras preciosas naturales y las sintéticas, así como las imitaciones.

Los mejores resultados se obtienen con las piedras preciosas de tonos intensos y translúcidas. En las piedras opacas, la observación de sus relaciones de absorción sólo es posible en hojas muy finas (casi transparentes), en aristas translúcidas o con la ayuda de la luz reflejada en la superficie.

El instrumento de observación es el espectroscopio. Con él se puede determinar la longitud de onda de la luz eliminada, es decir, absorbida. La unidad de medida para las longitudes de onda es el nanómetro, de símbolo nm (1 nm = 10^{-9} m = 1 millonésima de milímetro). La unidad de medida anterior, el Ångström, símbolo Å (1 Å = 10^{-10} m = 0,1 nm), está aún bastante extendida en la literatura gemológica.

Como las líneas y bandas de los espectros de absorción aparecen con distintos grados de claridad, es usual expresar estas distinciones en las cifras de medidas con determinadas marcas. En el presente libro, las líneas de absorción muy claras serán subrayadas (por ejemplo, $\underline{653}$), las medianamente claras se presentarán en escritura normal (por ejemplo, 594), las líneas débiles entre paréntesis (por ejemplo, (432)).

La tabla de los espectros de absorción de una selección de piedras preciosas y ornamentales aparece en las páginas 46 y 47.

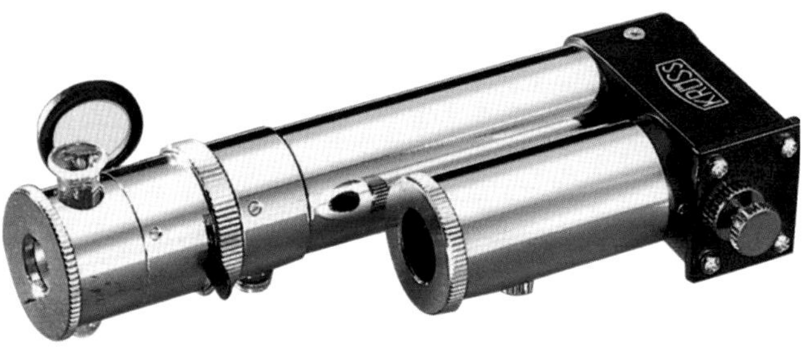

Espectroscopio manual con una escala de las longitudes de onda en el cilindro pequeño.

ESPECTRO DE ABSORCIÓN DE UNA SELECCIÓN DE PIEDRAS PRECIOSAS

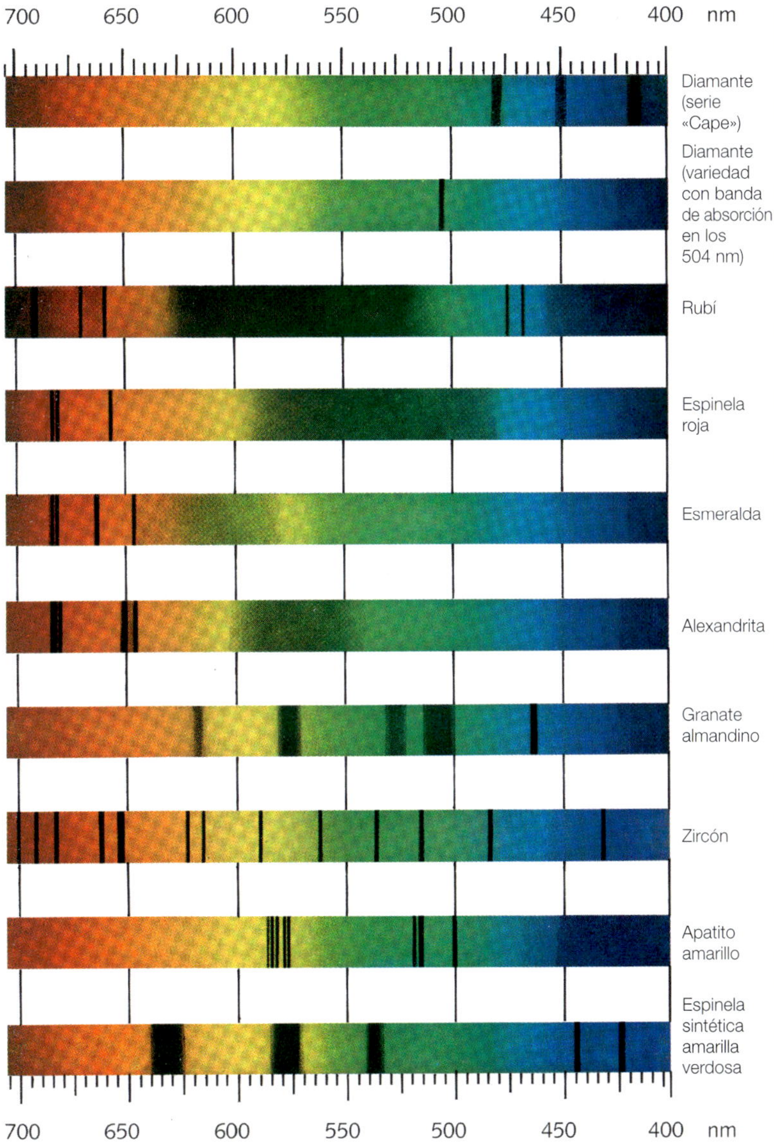

De *Gemmologist's Compendium* de R. Webster, editorial Butterworths & Co. Ltd., Londres. Tomado del *Edelsteinkundliches Handbuch* del profesor doctor Chudoba y del doctor Gübelin, editorial Stollfuss, Bonn, 1974. (Ligeramente modificado.)

ESPECTRO DE ABSORCIÓN DE LAS PIEDRAS PRECIOSAS Y ORNAMENTALES (selección)

Todos los datos en nanómetros (nm)
Las líneas de absorción intensas aparecen subrayadas; las débiles, entre paréntesis.

Actinolita: 503, 431
Ágata, teñida artificialmente de verde: 700, (665), (634)
Aguamarina: 537, 456, 427
Aguamarina de Maxixe: 695, 655, 628, 615, 581, 550
Alexandrita, sentido rojo: 680, 678, 655, 645, 605-540, (472)
Alexandrita, sentido verde: 680, 678, 665, 655, 649, 645, 640-555
Almandina: 617, 576, 526, 505, 476, 462, 438, 428, 404, 393
Amatista: (550-520)
Andalucita: 553, 550, 547, (525), (518), (495), 455, 447, 436
Andradita: 701, 693, 640, 622, 443
Apatito azul: 512, 507, 491, 464
Apatito, verde amarillo: 597, 585, 577, 533, 529, 527, 525, 521, 514, 469
Aventurina, verde: 682, 649
Axinita: 532, 512, 492, 466, 440, 415
Azurita: 500
Berilo noble, teñido artificialmente de azul: 705-685, 645, 625, 605, (587)
Bowenita: 492, 464
Broncita: 509, 506, 547, 502, 483, 459, 449
Calcedonia, teñida artificialmente de azul: 690-660, 627
Calcedonia, teñida artificialmente de verde: 705, 670, 645
Calcita: 582
Coral: 495
Cordierita: 645, 593, 585, 535, 492, 456, 436, 426
Corindón, sintético, color de la alexandrita: 687, (610-560), 570, 475
Corindón, sintético, color del peridoto: 688, 678, 645
Cornerupina: 540, 503, 463, 446, 430
Crisoberilo: 504, (495), 485, 445
Crisoberilo ojo de gato: 505, (495), 485, 460-450, 444
Crisoprasa, natural: 444
Crisoprasa, teñida artificialmente con níquel: 632, 444
Crocoíta: 555
Cuarzo, sintético azul: 645, 585, 540, 500-490
Danburita: 590, 586, 585, 584, 583, 582, 580, 578, 573, 571, 568, 566, 564
Demantoide: 701, 693, 640, 622, 443
Diamante, natural, incoloro a amarillo («Cape»): 478, 465, 451, 435, 423, 415, 401, 390
Diamante, natural, pardo amarillento: 576, 569, 564, 558, 550, 548, 523, 493, 480, 460
Diamante, natural, pardo verdoso: (537), 504, (498)
Diamante, teñido artificialmente de amarillo: 594, 504, 498, (478), (415)
Diamante, teñido artificialmente de pardo: (741), 594, 504, 498, 478, 465, 451, 435, 423, 415
Diamante, teñido artificialmente de verde: 741, 504, 498, 465, 451, 435, 423, 415
Diásporo: 701, 471, 463, 454
Diópsido: (505), (493), (446)
Diópsido cromífero: (690), (670), (655), (635), 508, 505, 490
Dioptasa: 550, 465
Ekanita: 665, (737)
Enstatita: 547, 509, 505, 502, 483, 459, 449
Enstatita cromífera: 688, 669, 506
Eosforita, pardusca, rosa: 490, 410
Epidoto: 475, 455, 435
Escapolita, color de la amatista: (495), (488), (450)
Escapolita, rosa: 663, 652
Esfalerita: 690, 667, 651
Esmeralda de trapiche: 683, 680, 637, (625-580)
Esmeralda, natural: 683, 681, 662, 646, 637, (606), (594), 630-580, 477, 472
Esmeralda, sintética: 683, 680, 662, 646, 637, 630-580, 606, 594, 477, 472, 430

Espesartita: 495, 485, 462, 432, 424, 412
Espinela, natural azul: 632, 585, 555, 508, 478, 458, 443, 433
Espinela, natural roja: 685, 684, 675, 665, 656, 650, 642, 632, 595-490, 465, 455
Espinela, sintética azul amarillo: 490, 445, 422
Espinela, sintética azul cobalto: 635, 580, 540, (478)
Espinela, sintética azul: 634, 580, 544, 485, 449
Espinela, sintética verde: 620, 580, 570, 550, 540
Euclasa: 706, 704, 650, 639, 468, 455
Fluorita, amarilla: 545, 515, 490, 470, 452
Fluorita, verde: 634, 610, 582, 445, 427
Friedelita: 556, (456)
Gahnita: 632, 592, 577, 552, 508, 480, 459, 443, 433
Grosularia: 697, 630, 605, 505
Hematites: (700), (640), (595), (570), (480), (450), (425), (400)
Hesonita: 547, 490, 454, 435
Hiddenita: 690, 686, 669, 646, 620, 437, 433
Hiperstena: 551, 547, 505, 482, 448
Jadeíta, natural, verde: 691, 655, 630, (495), 450, 437, 433
Jadeíta, teñida artificialmente de verde: 665, 655, 645
Kyanita: (706), (689), (671), (652), 446, 433
Nefrita: (689), 509, 490, 460
Obsidiana, verde: 680, 670, 660, 650, 635, 595, 555, 500
Ópalo, ópalo de fuego: 700-640, 590-400
Ortosa: 448, 420
Peridoto: 497, 495, 493, 473, 453
Petalita: (454)
Piropo: 687, 685, 671, 650, 620-520, 505
Prehnita: 438
Rodocrosita: 551, 440, 415
Rodonita: 548, 503, 455, (412), (408)
Rubí: 694, 693, 668, 659, 610-500, 476, 465, 468
Scheelita: 584
Sillimanita: 462, 441, 410
Sinhallita: 526, 492, 475, 463, 452
Sogdianita: (645-630), (493-488), 437, 419, 411
Stichtita: 665, 630
Sugilita: 570, 419, (411)
Taafeíta: 558, 553, 478
Tanzanita: 595, 528, 455
Titanita: 586, 582
Topacio, rosa: 682
Tremolita: 684, 650, 628
Turmalina, roja: 555, 537, 525-461, 456, 451, 428
Turmalina, verde: 497, 461, 415
Turquesa: (460), 432, (422)
Variscita: 688, (650)
Verdita: 700, 699, 698, 455
Vesubianita, parda: 591, 588, 584, 582, 577, 574
Vesubianita, verde: (528), 461
Vesubianita, verde amarillo: 465
Willemita: 583, 540, 490, 442, 431, 421
Zafiro, amarillo: 471, 460, 450
Zafiro, azul de Australia: 471, 460, 450
Zafiro, azul de Sri Lanka: (450)
Zafiro, verde: 471, 460-450
Zircón, tipo alto: 691, 689, 662, 660, 653, 621, 615, 589, 562, 537, 516, 484, 560, 433
Zircón, tipo bajo: 653, (520)
Zirconio, naranja: 640, 630, (540), (536), (533), (530), 520, 517, 515, 512, 510, (503), 482, 480, 477, 475, (449), (447), (446)

Transparencia

Para la mayoría de las piedras preciosas y ornamentales la transparencia es un valor. Las inclusiones de materiales extraños o burbujas de aire, así como las grietas en el interior del cristal enturbian la transparencia. Una fuerte absorción en el cristal también puede ser un impedimento para la transparencia.

Los agregados granulosos, columnares o filamentosos (como la calcedonia, el lapislázuli o la turquesa) son opacos porque la luz es refractada constantemente en las numerosas y pequeñas superficies de contacto hasta que es finalmente reflejada o absorbida del todo. Cuando la luz sale de la piedra preciosa fuertemente debilitada decimos que la piedra es translúcida. Aunque también se habla en la literatura gemológica de piedras semitransparentes.

Brillo

Muchas piedras preciosas y ornamentales poseen, ya sea talladas o en bruto, un brillo característico, que puede, por lo tanto, servir como medio de identificación.

El brillo de una piedra preciosa se produce por la reflexión de una parte de la luz incidente en la superficie. Depende del índice de refracción de la piedra y de la constitución de la superficie de la misma. Cuanto mayor sea la refracción, más intenso será el brillo. A la piedra sin brillo se la denomina mate. Sobre el influjo del color en el brillo hay opiniones encontradas.

El brillo no se puede medir. Se describe generalmente con la ayuda de cosas conocidas. En efecto, distinguimos las siguientes clases de brillo:

Brillo metálico El brillo más intenso de todos, como en metales pulidos o papel de aluminio. Se da sólo en piedras preciosas opacas, en especial en elementos nativos, sulfuros y algunos óxidos. Corresponde a un índice de refracción de entre 2,6 y 3.

Brillo adamantino Brillo reluciente como en el diamante tallado o en el cristal de plomo. Sólo se da en piedras preciosas transparentes o translúcidas.

Corresponde a un índice de refracción de entre 1,9 y 2,6.

Brillo graso Es como el brillo de las manchas de grasa sobre papel. Se da en piedras turbias con bajo índice de refracción. Poco extendido entre las piedras preciosas, excepto en superficies de exfoliación.

Brillo nacarado Es como el brillo del nácar, esto es, la capa más interior, muy iridiscente, de muchas conchas y caracolas. Se puede observar principalmente en superficies de exfoliación de piedras preciosas con una exfoliación perfecta.

Brillo sedoso Efecto lumínico ondulante, tal como se observa en la seda natural. Tiene lugar en piedras preciosas con las fibras en paralelo o agregados correspondientes.

Brillo céreo Brillo débil en piedras preciosas con importantes irregularidades, como, por ejemplo, el pedernal.

REFLEXIÓN DE DIAMANTE A BRILLANTE

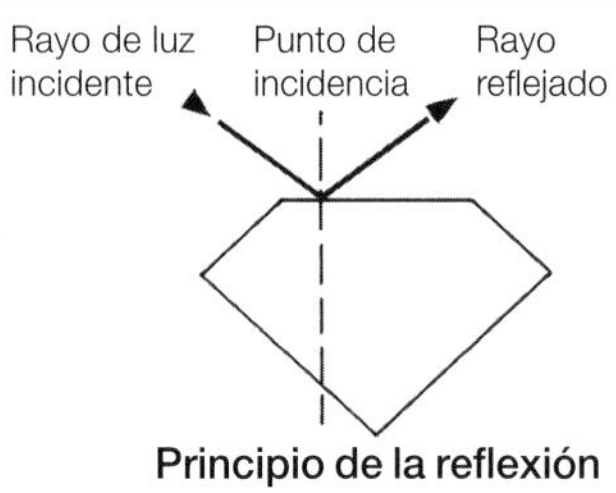

Principio de la reflexión

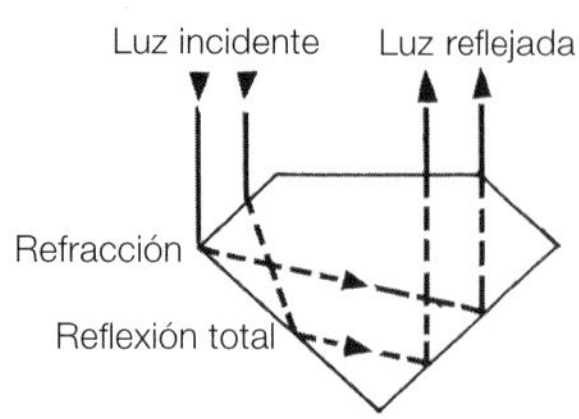

Recorrido de los rayos en el diamante talla brillante

Brillo resinoso Brillo menos intenso, como el del ámbar. Raro en piedras preciosas.
Brillo vítreo Es como el brillo de un sencillo cristal de ventana. Corresponde a un índice de refracción de alrededor de 1,3. En las imitaciones con vidrio el índice de refracción puede llegar, según la clase de vidrio, hasta 1,9, es decir, hasta tener brillo adamantino.
El más valorado es el brillo adamantino, el más común el brillo vítreo. El empañamiento, la oxidación y la meteorización pueden perjudicar al brillo. Es por eso que el brillo se debe determinar sólo en minerales no modificados y en superficies recientes.
El brillo puede ser diferente en caras cristalográficas, planos de exfoliación o caras talladas. El tallado y la pulidez aumentan el brillo natural.
En general se cuenta como brillo aquel efecto de luz surgido de una reflexión total. Las facetas inferiores de las piedras preciosas, en efecto, actúan como espejo y arrojan la luz que ha penetrado desde arriba de nuevo hacia arriba, y de este modo el brillo es intensificado. Este efecto de luz de conjunto en la superficie de la piedra se denomina luminosidad. En un diamante tallado se alcanza una reflexión total perfecta y, por tanto, el más alto grado de luminosidad.

Pleocroísmo

Algunas piedras preciosas y ornamentales transparentes presentan distintos colores o intensidades puestos en distinta orientación. La causa de ello es la desigual absorción de la luz en cristales birrefringentes. Cuando aparecen dos colores (sólo en los sistemas tetragonal, hexagonal y trigonal) se habla de dicroísmo (dos colores), con tres colores (sólo en los sistemas ortorrómbico, monoclínico y triclínico) de tricoísmo o pleocroísmo (múltiples colores). Este último término se utiliza también como denominación de ambos.
Las piedras preciosas amorfas y aquellas del sistema cúbico no tienen pleocroísmo.
El fenómeno del pleocroísmo puede ser débil, claro o fuerte. Debe tenerse en cuenta al tallar las piedras preciosas para evitar colores inadecuados, demasiado oscuros o demasiado claros. Tabla del pleocroísmo en las páginas 50 y 51. Las indicaciones de las tablas se refieren, como es usual, a observaciones bajo la luz del día.
El instrumento para la observación del pleocroísmo es el dicroscopio. Hay dos tipos extendidos hoy en día, un dicroscopio de mano en forma de cilindro (v. fig. abajo) y un microscopio horizontal para piedras preciosas provisto de un ocular dicroscopio (v. fig. pág. 16). Para el profano el dicroscopio de mano es suficiente para hacerse una idea del pleocroísmo de una piedra preciosa. El especialista, que requiere valores objetivos, utiliza el microscopio para piedras preciosas. Con él se pueden eliminar algunos fenómenos molestos, como las fracturas, la reflexión, la reflexión total y la luz ambiente.

Dicroscopio de mano para
la observación sencilla del pleocroísmo.
Longitud del instrumento 10 cm.

PLEOCROÍSMO DE LAS PIEDRAS PRECIOSAS Y ORNAMENTALES (selección)

Actinolita	verde amarillo, verde claro, verde azulado
Adamina	incoloro, verde azul, verde amarillo
Aguamarina	aguamarina azul medio: casi incoloro a azul claro, azul a azul celeste; aguamarina azul verde medio: verde amarillo a incoloro, verde azul
Alexandrita	alexandrita verde, medio a la luz del día: rojo sangre, amarillo naranja, verde esmeralda; alexandrita violeta rojo, medio bajo luz artificial: rojo oscuro, rojo amarillo, verde oscuro
Amatista	muy débil: violeta rojizo, violeta gris
Anatasa	medio: amarillento, naranja
Andalucita	muy fuerte: amarillo, oliva, pardo rojo a rojo oscuro
Apatito	apatito amarillo débil: verde oro, amarillo verdoso; apatito verde débil: amarillo, verde; apatito azul muy fuerte: azul, amarillo
Axinita	fuerte: verde oliva, pardo rojo, pardo amarillo
Azurita	medio: azul claro, azul oscuro
Barita	barita azul débil
Benitoíta	muy fuerte: incoloro, azul
Berilo	noble berilo dorado débil: amarillo limón, amarillo; berilo verde medio: verde amarillo, verde azul; heliodoro débil: amarillo oro, amarillo verdoso; morganita medio: rosa pálido, rosa azulado; berilo violeta medio: violeta, incoloro
Broncita	rosado, verde
Caroíta	variable: incoloro, rosa
Casiterita	débil a fuerte: amarillo verde, pardo, pardo rojo
Citrino	citrino natural débil: amarillo, amarillo claro
Clinohumita	amarillo oro-rojo-amarillo, amarillo claro-naranja-amarillo
Cordierita	cordierita azul muy fuerte: amarillo, violeta azul oscuro, azul pálido; cordierita azul pálido fuerte: casi incoloro, azul oscuro, azul pálido
Corindón	corindón sintético medio: verde azul, verde amarillo
Cornerupina	fuerte: verde, amarillo, pardo rojizo
Crisoberilo	muy débil: rojo a amarillo, amarillo a verde claro, verde
Cuarzo	ahumado cuarzo ahumado oscuro medio: pardo, pardo rojizo
Cuarzo	rosado débil: rosa, rosa pálido
Danburita	débil: amarillo claro pálido, amarillo claro
Diásporo	fuerte: azul violeta, verde claro, rosa a rojo oscuro
Diópsido	débil: verde amarillo, verde oscuro
Dioptasa	débil: verde esmeralda oscuro, verde esmeralda claro
Dumortierita	fuerte: negro, pardo rojo, pardo
Durangita	amarillo, naranja, incoloro
Enstatita	medio: verde, verde amarillo
Epidoto	epidoto pardo verde fuerte: verde, pardo, amarillo; epidoto verde fuerte: casi incoloro, verde amarillo, pardo claro
Escapolita	escapolita rosa: incoloro, rosa; escapolita amarilla medio: incoloro, amarillo
Esmeralda	esmeralda natural medio: verde, azul, verde azul a verde amarillo; esmeralda sintética: verde amarillo, verde azul
Espato	anhidrita cristales violeta: incoloro a amarillo débil, violeta débil a rojo, violeta
Estaurolita	estaurolita pardo rojo medio: amarillento, rojo amarillento, rojo
Euclasa	muy débil: verde blanco, verde amarillo, verde azul
Fenaquita	medio: incoloro, amarillo naranja
Hiddenita	medio: verde azulado, verde esmeralda, verde amarillo
Hiperstena	fuerte: rojo jacinto, amarillo paja, azul celeste
Hodgkinsonita	variable: color lavanda, incoloro
Jeremejevita	azul, incoloro, amarillo claro
Kunzita	medio: color amatista, rojo pálido, incoloro
Kyanita	fuerte: incoloro, azul claro, azul oscuro
Lazulita	fuerte: incoloro, azul intenso
Linarita	azul claro, azul medio, azul oscuro

Malaquita	muy fuerte: casi incoloro, verde amarillo, verde intenso
Monacita	naranja rojo a amarillo
Nefrita	débil: amarillo a pardo, verde
Neptunita	fuerte: amarillo, rojo intenso
Ortosa	ortoclasa amarilla débil
Painita	fuerte: rojo rubí, naranja pardusco
Peridoto	muy débil: incoloro a verde pálido, verde vivo, verde olivo
Prasiolita	muy débil: verde claro, verde pálido
Proustita	fuerte: sombras rojas
Purpurita	medio: gris pardo, rojo sangre, rojo sangre
Rodonita	medio: amarillo rojo, rojo rosa, amarillo rojo
Rubí	fuerte: rojo amarillento, rojo carmín intenso
Rutilo	variable: rojo, pardo, amarillo, verde
Scheelita	variable
Sillimanita	fuerte: verde claro, verde oscuro, azul
Sinhalita	medio: verde pardo claro, pardo oscuro
Stichtita	débil: rojo claro, rojo oscuro
Tantalita	fuerte: pardo, pardo rojo
Tanzanita	muy fuerte: púrpura, azul, pardo o amarillo
Thulita	fuerte: amarillo, rosa
Titanita	titanita verde: incoloro, amarillo verde, amarillo rojizo; titanita amarilla fuerte: incoloro, amarillo verdoso, rojizo
Topacio	topacio rojo fuerte: rojo oscuro, amarillo, rojo rosa; topacio rosa medio: incoloro, rosa pálido, rosa; topacio amarillo medio: amarillo limón, amarillo miel, amarillo paja; topacio pardo medio: pardo amarillo, pardo amarillo mate; topacio verde medio: verde pálido, verde azul claro, blanco verdoso; topacio azul débil: azul claro, rosa, incoloro; topacio recalentado medio: rosa, rosa, incoloro
Tremolita	medio: rojo azul, rosa, violeta
Tugtupita	fuerte: rojo azulado, rojo naranja
Turmalina	turmalina roja medio: rojo oscuro, rojo claro; turmalina rosa medio: rojo claro, amarillo rojizo; turmalina amarilla medio: amarillo oscuro, amarillo claro; turmalina parda medio: pardo oscuro, pardo claro; turmalina verde fuerte: verde oscuro, verde amarillo; turmalina azul fuerte: azul oscuro, azul claro; turmalina violeta fuerte: violeta, violeta claro
Turquesa	débil: incoloro, azul pálido o verde pálido
Vesubianita	vesubianita verde débil: verde amarillo, pardo amarillo; vesubianita amarilla débil: amarillo, casi incoloro; vesubianita parda débil: pardo amarillo, pardo claro
Vivianita	fuerte: azul a índigo, amarillo pálido, verde a verde azul, verde amarillento pálido
Willemita	variable
Zafiro	zafiro naranja fuerte: pardo amarillo a naranja, casi incoloro; zafiro amarillo débil: amarillo, amarillo claro; zafiro verde débil: amarillo verde, amarillo verdoso; zafiro azul medio: azul intenso, azul verdoso; zafiro violeta medio: violeta, rojo claro; zafiro sintético: azul oscuro, amarillo a azul
Zircón	zircón rojo muy débil: rojo, pardo claro; zircón pardo rojo muy débil: pardo rojizo, pardo amarillento; zircón amarillo muy débil: amarillo miel, amarillo pardo; zircón pardo muy débil: pardo rojo, pardo amarillo; zircón verde pardo muy débil: amarillo rosa, amarillo limón; zircón verde muy débil: verde, verde pardo; zircón azul medio: azul, gris amarillo a incoloro

Figuras lumínicas e iridiscencia

En muchas piedras preciosas y ornamentales aparecen figuras lumínicas e iridiscencia de las superficies que nada tienen que ver con el propio color, con impurezas o con la composición química de la piedra. Su origen se debe más bien a fenómenos de reflexión, interferencia o curvaturas en delgadas capas, finas inclusiones, cavidades u otros elementos estructurales.

Adularescencia La piedra de luna, una variedad de adularia (de ahí el nombre, pág. 180) tallada en cabujón, muestra un brillo blanco azulado que se desplaza por la superficie al mover la piedra. Este efecto se produce por los fenómenos de interferencia debidos a la estructura laminar de la piedra de luna.

Asterismo (efecto estrella) Aparecen unas bandas lumínicas en forma de estrella (lat. «constelación»), que se cortan en un punto formando ángulos determinados (en función de la simetría del cristal). Surge por la reflexión de la luz sobre fibras, agujas o canales huecos dispuestos en paralelo y que están amontonados en diferentes direcciones. (fig. pág. 53).

Espectrolita, una variedad de labradorita con una labradorescencia especialmente intensa; Finlandia.

Ojo de gato de cuarzo. Este efecto óptico lo producen las más finas capas de amianto.

Efectos estrella (asterismo) en zafiros azules y en el rubí.

En el cabujón del rubí (pág. 99) y del zafiro (pág. 103) se producen bonitas estrellas de seis puntas. También hay estrellas de cuatro, algunas también de doce. En el cuarzo rosado tallado en esfera (pág. 139) pueden correr por toda la superficie rayos circulares. Si la ordenación de las agujas incluidas está alterada se forman estrellas deformes, arcos de círculo o bien puntos luminosos.

En piedras preciosas y ornamentales sintéticas también se da el asterismo.

Efecto aventurina Juego de colores de reflejos brillantes en pequeñas hojas normalmente opacas incorporadas al fondo. En la aventurina (de donde el nombre de este efecto, véase también pág. 138) son escamas de cromo o de hematites, en el feldespato aventurina (pág. 182) de hematita y de goethita, y en el vidrio aventurina sintético son escamas de cobre.

Efecto ojo de gato (chatoyance, en francés) Es un efecto de luz que recuerda al ojo de gato con su ranura. Se produce por reflexión de la luz en fibras, agujas o canales huecos dispuestos en paralelo. El efecto es mayor cuando la piedra es tallada en cabujón, sobre todo cuando la base es paralela a las agujas o canales huecos. Al girar la piedra preciosa el ojo de gato se va deslizando por su superficie.

El ojo de gato más elegante lo produce el crisoberilo (pág. 114). Aunque este efecto es visible en muchas piedras preciosas y ornamentales. Son especialmente conocidos el ojo de gato, el ojo de halcón y el ojo de tigre del cuarzo.

Cuando se habla simplemente de ojo de gato siempre se entiende el del crisoberilo. Cualquier otro ojo de gato debe ser nombrado mencionando la piedra preciosa.

Irisación Juego de colores de algunas piedras preciosas y ornamentales producido por la descomposición de la luz en los colores del arco iris (de ahí su nombre) en discontinuidades y fracturas. Este efecto es utilizado en el comercio de piedras preciosas provocando pequeñas fracturas en el cristal de la roca.

Labradorescencia Juego de colores en tonos metálicos brillantes, especialmente en la labradorita (de ahí el nombre) y en la espectrolita (pág. 182). Efectos normalmente de color azul o verde, aunque también se pueden observar todos los otros colores del

Opalinización (*Schiller*) en el ópalo noble negro; Australia.

espectro. Este tornasolado está provocado por fenómenos de interferencia en lamelas muy finas.

Opalescencia Aspecto lechoso de color azul o de brillo de perla especialmente en el ópalo común (de ahí el nombre, pág. 168) debido a fenómenos de reflexión, en los cuales son reflejadas principalmente ondas de corta longitud, es decir, azules.

Opalinización Juego de colores a base de manchas del ópalo noble (de ahí el nombre, pág. 166), que cambia según el ángulo de visión. El microscopio electrónico muestra, con 20.000 aumentos, la causa: pequeñas esferas del mineral cristobalita, incluidas en una masa de gel de sílice, producen fenómenos de reflexión o de interferencia. El diámetro de las pequeñas esferas es del orden de la diezmilésima de milímetro.

Oriente Brillo irisado y delicado juego de colores de las perlas. Se origina por difracción e interferencia de la luz en las laminillas de aragonito, y en las membranas de conquiolina, cerca de la superficie de la perla (pág. 256).

Seda Brillo provocado por reflexión en inclusiones de fibras finas o canales huecos de igual orientación. Muy apreciado en rubíes y zafiros facetados. Si las agujas incluidas son muy abundantes, la piedra se vuelve opaca. Con la talla correspondiente puede presentar el efecto ojo de gato.

Luminiscencia

La luminiscencia (lat. «luz») es un nombre colectivo para los distintos tipos de resplandor de una sustancia por influencia de cualquier rayo, así como de reacciones físicas o químicas, con excepción de la radiación térmica pura.

Para la determinación de las piedras preciosas y ornamentales, es de interés la luminiscencia con la radiación ultravioleta (UV), la denominada fluorescencia.

El término fluorescencia procede del mineral fluorita porque en él se observó este fenómeno lumínico por primera vez. Cuando la sustancia resplandece una vez finalizada la irradiación, hablamos de fosforescencia, por el conocido fulgor del fósforo.
La causa de la fluorescencia son determinados factores de interferencia (impurezas y fallos de formación) en la red cristalina. La mayoría de piedras preciosas y ornamentales responden a radiaciones ultravioleta de onda corda (254 nm). Algunas piedras sólo reaccionan a UV de onda larga (366 nm) y unas terceras reaccionan a ambas. Las piedras preciosas que contienen hierro no presentan fluorescencia.
Para la identificación de las piedras preciosas y ornamentales, la fluorescencia no es, en general, apropiada, pues variedades de una clase de piedras pueden tener fluorescencia en colores totalmente diferentes o bajo radiación ultravioleta no refulgir en absoluto. En la identificación de las piedras preciosas sintéticas, en cambio, sí que se utiliza la fluorescencia, porque habitualmente las piedras preciosas sintéticas y las naturales reaccionan de un modo diferente a los UV. También las piedras engarzadas pueden a veces ser identificadas con UV, cuando sólo el cemento brilla o cuando tiene una fluorescencia diferente de las otras partes.
En ocasiones, la fluorescencia es bastante útil para el reconocimiento de un yacimiento, ya que muchas veces presenta figuras lumínicas características para un determinado yacimiento.
Los fenómenos de luminiscencia con radiación infrarroja permiten diferenciar entre perlas auténticas y cultivadas. El nácar de las perlas de mar no es luminiscente, mientras que el de las perlas de agua dulce refulge intensamente. Como el núcleo artificial de la perla cultivada está constituido por nácar de agua dulce, las perlas cultivadas, a diferencia de las verdaderas, presentan luminiscencia.
Tabla de las piedras preciosas y ornamentales fluorescentes, en las páginas 56 y 57.

Minerales fluorescentes bajo luz blanca (izquierda) y bajo rayos UV (derecha). De izquierda a derecha: arriba calcita, aragonito; centro halita, fluorita; abajo willemita.

Adamina: verde, amarilla verde
Ágata: variable al interior del bandeado, en parte fuerte, amarilla, blanca azul
Ágata musgosa: variable
Albita: rojo violeta, blanca a beige, rosa, roja, parda
Amatista: débil, verdosa
Amazonita: débil, verde oliva
Ámbar: blanco azulado a verde amarillo; birmita: azul
Ambligonita: muy débil, verde
Amiolita: amarillo mostaza
Analcita: blanco crema
Andalucita: débil, verde, amarillo verde
Andesina: amarillo, pardo amarillo
Anglesita: débil, amarillenta
Ankerita: naranja, rojo oscuro débil
Anortita: roja, beige, amarilla
Anortoclasa: azul, beige, naranja
Apatito, a. amarillo: lila a rosa
Apofilita: amarilla, naranja
Aragonito: débil, rosa, amarilla, pardo amarillo, verde, raro azulado
Aventurina, a. verde: rojiza
Axinita: roja, naranja
Azufre: verde amarillo, amarillenta
Baritocalcita: amarillo claro, naranja a roja
Barita: blanca, verde azul, gris
Benitoíta: fuerte, azul
Boracita: débil, verdoso
Brucita: blanco azul, verde claro
Bustamita: rojo intenso, violeta azul
Calcedonia: blanco azulada
Calcita: roja, rosa, naranja, blanca, blanca amarilla
Cancrinita: naranja, violeta oscuro, blanco verde, amarillento, blanca
Caroíta: roja
Catapleíta: verde
Cerusita: amarilla, rosa, verde, azulada
Chabasita: blanca, rosa, verde, azulada
Cinabrio: parda
Cloroapatito: naranja, amarilla
Colemanita: blanca, blanca amarillenta
Condrodita: en ocasiones amarillo oro, naranja pardo
Coral: débil, violeta
Cornerupina: normalmente ninguna; c. verde de Kenia: amarilla
Creedita: beige, blanca, azulada
Crisoberilo, c. verde: débil, rojo oscuro; si no, ninguna
Crocoíta: pardo oscuro
Cuarzo ahumado: generalmente ninguna; a veces débil, amarillo pardo
Cuarzo rosado: débil, violeta oscuro
Danburita: azul celeste
Datolita: amarilla, beige, blanca, azul oscuro
Diamante: muy variable; d. incoloro y amarillo: generalmente azul; d. pardo y verdoso: normalmente verde; d. sintético: fuerte, amarillo
Diásporo: amarillo claro, beige, azulada
Diópsido: violeta, naranja, amarilla, verde
Dumortierita: débil, azul, blanco azul, violeta
Ekanita: amarillo verde
Escapolita, e. rosa: naranja, rosa; e. amarilla: lila, rojo azul
Eschinita: verde
Escolecita: amarilla, parda, azulada
Esfalerita: amarillo a naranja, rojo
Esmeralda: generalmente ninguna; e. sint.: ocasionalmente roja
Espato anhidrita: roja
Espato dolomita: rosa, rojo naranja
Espinela, e. roja: fuerte, roja; e. azul: débil, rojiza, verde; e. verde: débil, rojiza
Espodúmena: naranja, amarilla, rosa
Espurrita: blanca
Estroncianita: blanca, verde oliva, verde azul
Ettringita: beige, gris, azul claro, verde
Euclasa: débil o ninguna
Eudialita: roja
Feldespato aventurina: pardo rojo oscuro
Fenaquita: verdoso pálido, azul
Fluorapatito: naranja, amarilla
Fluorita: fuerte, azul a violeta
Forsterita: amarilla, blanca, parda, azul
Fosfofilita: violeta
Fosgenita: amarilla, amarillo naranja
Friedelita: rojiza, aisladamente también verde, amarilla
Gaylusita: débil, blanco crema
GGG: débil, naranja, amarilla
Greenockita: amarilla, naranja
Grosularia: fuerte, naranja roja
Hambergita: normalmente ninguna, a veces naranja
Haunita: naranja amarillo, roja, rosa
Hedenbergita: verde
Helvina: roja
Hemimorfita: débil
Herderita: débil, verde, violeta pálido
Hialofana: azul, rojo claro
Hiddenita: muy débil, amarillo rojo
Hidroxilapatito: amarilla, naranja, parda
Hidroxilherderita: amarilla a blanca
Hodgkinsonita: débil, roja
Holtita: naranja oscuro, amarillo brillante
Howlita: amarillo pardusco
Hübnerita: azul
Humita: generalmente ninguna, a veces amarillo oro, naranja
Jadeíta, j. verdosa: muy débil, resplandor blanquecino
Jeremejevita: blanco azul, blanca
Fluorescencia de las piedras preciosas y ornamentales (selección)
Kammererita: verde oscuro, naranja oscuro
Kunzita: fuerte, rojo amarillo, naranja

Kurnakovita: amarilla, pardo claro
Kyanita: débil, roja
Labradorita: bandas amarillentas
Langbeinita: débil, blanco verde
Lapislázuli: fuerte, blanca, también naranja, color cobre
Legrandita: verde
Lepidolita: verde, beige, amarilla
Leucita: naranja o ninguna
Leucofana: rosa, lila
Magnesita: azul, verde, blanca
Manganaxinita: roja
Marfil: variable azul
Marialita: roja, rosa, beige, blanca
Meionita: roja, blanca, amarilla, azul
Mellita: gris, azul claro, amarilla, verde
Mesolita: blanca, amarilla, naranja, rosa, beige, verde
Microlita: verde, verde amarillo, verde oscuro, rosa
Moissanita: amarilla, naranja
Monacita: amarilla, naranja rojo, blanca, parda, verde
Montebrasita: azul débil, naranja, verde, azul claro
Mordenita: blanca, beige, rosa, azul
Morganita: débil, lila
Natriolita: beige, blanca, amarilla, azul, violeta, naranja, verde, rosa
Nefelita: azul claro, naranja débil
Norbergita: amarilla, naranja
Ojo de tigre: verde, amarilla
Oligoclasa: azul, azul violeta, rojo oscuro, amarilla, pardusca
Ópalo, ó. blanco: blanca, azulada, pardusca, verdosa; ó. negro: generalmente ninguna; ó. de fuego: verdosa a parda
Painita: rojo fuerte, rojo débil
Paligorskita: beige, azul gris, blanca
Pargasita: verdosa, azul, beige
Pectolita: amarillo verdoso a amarilla
Periclasa: débil, amarilla
Perlas, p. de mar: débil; p. negra natural: generalmente ninguna; p. de río: fuerte, verde pálido
Petalita: débil, naranja
Piedra de luna: débil, azulada, naranja
Pirofilita: amarilla, naranja
Polucita: naranja a rosa
Powellita: amarillenta, naranja, parda
Prehnita: débil, naranja
Prosopita: blanco azul, amarillo naranja
Rodicita: amarilla
Rodocrosita: débil, roja
Rubí: fuerte, rojo carmín
Sanidina: rosa
Scheelita: fuerte, azul claro; s. sint.: rosa, azul, rojo naranja
Sellaíta: amarillenta, amarilla
Senarmontita: parda
Shortita: amarilla, naranja, parda, rosa, verde oliva
Siderita: verde oliva
Sillimanita: amarillenta, naranja pardo, parda
Simpsonita: azul, blanco azul, amarillo claro
Smithsonita: blanco azul, rosa, parda
Sodalita: fuerte, naranja
Sogdialita: débil, violeta, rojo oscuro
Stolzita: blanco verde, amarilla
Taafeíta: variable verde
Talco: beige, blanca, amarilla, naranja, verdosa
Taumasita: blanca
Tefroíta: verde
Topacio, t. rosa: débil, pardusco; t. rojo: débil, amarillo pardo; t. amarillo: débil, amarillo naranja
Tremolita: blanca, azul, verdosa, naranja, roja
Tugtupita: naranja brillante a débil
Turmalina, t. incolora: débil, azul verde; t. amarillo pálido: débil, verde oscuro; t. roja: débil, violeta rojo; t. rosa, parda, verde, azul: ninguna
Turquesa: débil, amarillo verdoso, azul claro
Ulexita: verde a amarilla
Vanadinita: verde intenso, azul
Variscita: verde pálido, verde
Villaumita: amarillo naranja a rojo oscuro
Vlasovita: amarillo naranja, pardusca, naranja
Wavellita: beige, azul, blanco azulado, naranja, verde amarillo
Weloganita: verde claro, rojo naranja
Whewelita: blanco azul
Wilkeíta: amarillenta, pardusca
Willemita: verde
Williamsita: débil, verdosa
Witherita: azul, blanco amarillo, blanca
Wolframita: amarilla
Wollastonita: verde azul
Wulfenita: roja, naranja
Wurtzita: amarilla, naranja
Xonotlita: azul, blanca, amarilla, naranja, rosa
YAG: amarilla
Yeso: ocasionalmente pardusca, verdosa; alabastro: verde, amarilla, rosa, naranja, violeta
Zafiro, z. azul: violeta o ninguna; z. amarillo: débil, naranja; z. incoloro: amarillo naranja, azul violeta
Zektzerita: amarillo claro
Zincita: amarilla, amarillo verde
Zircón, z. azul: muy débil, naranja claro; z. rojo o pardo: débil, amarillo oscuro
Zirconio: ocasionalmente naranja
Zoisita: roja, gris
Zunyita: rojo vivo, gris

Inclusiones

Probablemente no existe una piedra preciosa totalmente perfecta. La mayoría contiene cuerpos extraños o alguna otra alteración en el cristal. Estos «fallos» sólo se pueden detectar con el microscopio o con ayuda de una microsonda de electrones. Los especialistas no hablan de fallos sino de inclusiones, porque el término fallo tiene unas connotaciones de devaluación injustificadas.
Las inclusiones no son obra del azar sino que a menudo están sometidas a estrictas leyes, y por lo tanto pueden aportar importante información sobre la formación y el yacimiento de la piedra preciosa y ayudar, así, a su identificación.
Si bien cada piedra preciosa muestra una inclusión particular, hay unos esquemas para las inclusiones que nos permiten agruparlas y atribuirlas a determinados tipos de piedra preciosa o de imitación.
Son bastante frecuentes las inclusiones de minerales, sea del mismo tipo (por ejemplo, de diamante en el diamante) o de tipo distinto (por ejemplo, zircón en el zafiro). Aunque sean pequeñas, nos informan de la historia del cristal que las incluye (denominado cristal hospedador). Los minerales incluidos pueden ser más antiguos que los hospedadores. Fueron simplemente rodeados por él. Aunque también pueden haberse formado desde el estado líquido al mismo tiempo que el cristal hospedador, por el cual, a causa de su más rápido crecimiento, son entonces rodeados. Y aún hay inclusiones de minerales que son más jóvenes que el cristal hospedador. Éstas proceden de líquidos que han penetrado en el interior del mineral a través de grietas.
Las inclusiones orgánicas solamente se dan en el ámbar (pág. 254 y pág. 60).
Los restos conservados de plantas e insectos nos ofrecen un testimonio directo de la vida de hace 50 millones de años.

Cuarzo ahumado con una estrella de agujas de rutilo amarillo dorado; Minas Gerais/Brasil.

Esmeralda natural con restos de aceite, más claros y brillantes, en una grieta natural (aumento: 40 x).

Esmeralda sintética producida en Rusia. Característica estructura en V (aumento: 20 x).

Vidrio verde como imitación de una esmeralda con estrellas de pequeños cristalitos, producidos mediante desvitrificación, así como las típicas estrías del vidrio (aumento: 35 x).

Ámbar con sustancias carbonadas e inclusión de un insecto; Samland, Prusia oriental/Rusia.

También las alteraciones de la estructura cristalina, las señales de determinadas fases de cristalización y las bandas de color se cuentan entre las inclusiones.
Se originan por un crecimiento irregular en la cristalización.
Del mismo modo, se consideran inclusiones las cavidades rellenas de líquidos (por ejemplo, agua, ácido carbónico) o de gases (dióxido de carbono o monóxido de carbono). Si líquidos y gases aparecen juntos, hablamos de inclusiones de dos fases, si junto a líquidos y gases también aparecen pequeños cristales, de inclusiones de tres fases. Hasta la fecha no se han documentado cavidades totalmente vacías. La obsidiana, las imitaciones en vidrio y las piedras preciosas sintéticas a menudo presentan burbujas de aire.
Incluso las grietas y hendiduras (denominadas banderas), ya se hayan originado por tensiones internas o por un golpe externo, se cuentan entre las inclusiones.
Aparecen en el interior y algunas pueden llegar hasta la superficie de la piedra preciosa. Por esas grietas pueden penetrar aire o disoluciones en la piedra y provocar cambios de color. Por las «grietas de curación» fueron eliminadas las sustancias extrañas, pero claras cicatrices delatan la antigua unión.
La mayoría de inclusiones son consideradas por los profanos y en el comercio como una merma del valor, porque perjudican al color, los fenómenos lumínicos y a la resistencia mecánica de la piedra preciosa.
Pero algunas inclusiones producen efectos lumínicos que se cuentan entre las propiedades más valiosas de una piedra preciosa, como, por ejemplo, el ojo de gato, el asterismo (pág. 52), seda (pág. 54) y dendritas (pág. 146). Son sensacionales, por ejemplo, las inclusiones doradas de rutilo en el cristal de roca o en el cuarzo ahumado, sobre todo cuando adquieren forma estrellada (pág. 58).
Sólo para el diamante existe la exigencia, aceptada universalmente, de gradación de la pureza (pág. 93). Para todas las otras piedras preciosas y ornamentales decide la impresión individual sobre la calidad y valor de las inclusiones.

YACIMIENTO Y EXTRACCIÓN DE LAS PIEDRAS PRECIOSAS Y ORNAMENTALES

Las piedras preciosas y ornamentales se encuentran en muchas partes del mundo, dispersas individualmente o acumuladas en grandes cantidades. Las concentraciones de piedras preciosas en las que se establece una explotación las designamos como yacimientos. Los lugares donde son encontradas piedras singulares las llamamos lugar del hallazgo. Usaremos yacimiento para ambos.

Tipos de yacimientos

Según el origen de la roca originaria de la piedra preciosa se distingue entre yacimientos magmáticos (procedentes del magma), sedimentarios (formados a consecuencia de transportes) y metamórficos (producidos por transformación de otras rocas).
Es conveniente hablar de yacimientos primarios y secundarios. De este modo, se distingue entre yacimientos en los que las piedras preciosas y ornamentales todavía se

La mina Finsch explota un cráter extinguido en la provincia de El Cabo Septentrional/Sudáfrica. Descubierta en 1960 y funcionando desde 1965. Tiene 20 pisos de galerías excavadas.

Mina de fluorita en Chiang Mai/Tailandia. Sin el uso de máquinas, la roca, muy disgregada, se desmenuza, se transporta y se separa de las piedras preciosas que contiene.

hallan en su «primera» localidad, es decir, el lugar original, y yacimientos en los que las piedras preciosas han sido transportadas a un «segundo» lugar.

En los yacimientos primarios, la piedra preciosa aún posee la unión originaria con la roca madre. Los cristales están por lo general bien conservados. Aunque la productividad del yacimiento normalmente no es muy alta. Hay que remover mucha roca (ganga) que no contiene piedras preciosas al buscar las piedras deseadas.

En los yacimientos secundarios, las piedras preciosas han sido transportadas desde el lugar de formación para sedimentar de nuevo en otro lugar. En el proceso, los cristales duros quedan redondeados, otros disminuyen de tamaño o resultan incluso pulverizados. En función del medio de transporte o del yacimiento, se distingue entre depósitos fluviales, límnicos, marinos, litorales o eólicos.

Los ríos pueden trasladar cientos de kilómetros rocas con piedras preciosas y ornamentales en su interior. Al apaciguarse la corriente, en otras palabras, al reducirse la fuerza de transporte, las piedras preciosas más pesadas (como diamante, zircón, granate, zafiro, crisoberilo, topacio, peridoto y turmalina) se separan de la omnipresente arena de cuarzo, más ligera, y se acumulan en determinados lugares del río. Esto hace que la explotación de esos yacimientos sea más fácil y productiva que la de los yacimientos primarios.

Las acumulaciones de piedras preciosas arrastradas por el agua constituyen los denominados yacimientos fluviales o placeres.

En los rompientes del mar pueden formarse yacimientos de un modo semejante al de los ríos. En Namibia, por ejemplo, se explotan este tipo de yacimientos.

Una mina de piedras preciosas explotada por el gobierno de Sri Lanka. La única fuerza motorizada es una bomba que succiona el agua que entra en la fosa.

Incluso el viento puede transportar pequeñas piedras preciosas y de este modo crear yacimientos dispersos en determinados lugares.
Entre los yacimientos primarios y los secundarios se encuentran (en una consideración genética) los yacimientos de meteorización, también llamados aluviales.
Se hallan al pie de rocas muy escarpadas y de montañas muy altas. Las piedras preciosas y ornamentales se acumulan en el pedregal de meteorización porque la roca madre, más ligera, es transportada más fácilmente por el agua de precipitación y por el viento, mientras que las piedras preciosas, más pesadas, no son arrastradas.
La distribución de los yacimientos de piedras preciosas por la Tierra no es regular. Algunas regiones han estado claramente favorecidas (véase el mapamundi de los yacimientos de piedras preciosas en las guardas posteriores de este libro).

Métodos de extracción

La mayoría de los yacimientos se han descubierto por casualidad. También en la actualidad, la búsqueda sistemática (prospección) está limitada casi exclusivamente a yacimientos diamantíferos. El motivo principal es que la producción de diamantes es efectuada por consorcios internacionales y los precios están controlados mundialmente. Por tanto, es posible hacer una elevada inversión de capital en la prospección.
La prospección de yacimientos no diamantíferos se realiza en general con medios sencillos, sin las modernas técnicas y muchas veces sin una base científica. No obstante, es admirable con qué éxito descubren nuevos yacimientos los indígenas.

Mina de piedras preciosas en Ratnapura, Sri Lanka. La tierra excavada del fondo se saca mediante un sencillo sistema rotatorio para ser examinada en la superficie.

Los métodos de extracción de los yacimientos, las minas, son (si excluimos los diamantes) por lo general muy primitivos, en muchos sitios como los de hace 2.000 años (fig. pág. 62). En algunos países, la creciente demanda mundial de piedras preciosas ha conducido a una progresiva mecanización de las minas.
En la extracción de la esmeralda en Sudáfrica (v. fig. pág. 108) y en las minas de ópalo en Australia (fig. pág. 65), por ejemplo, se tienen unas instalaciones altamente mecanizadas. En algunas partes de Brasil, se utilizan cañones de agua para separar los detritos de las piedras preciosas.
El método de extracción más sencillo consiste en la recolección de las piedras en la superficie, por ejemplo, en el cauce seco de un río o en fisuras de rocas o cuevas. Sin embargo, la obtención de las piedras preciosas comporta generalmente grandes esfuerzos y mucho trabajo.
Los cristales incorporados en roca dura se sacan con palancas, recientemente con taladros de aire comprimido o por voladuras. La explotación subterránea se realiza, ya desde hace cientos de años, con pozos verticales y galerías.
La extracción de piedras preciosas y ornamentales es más sencilla en los yacimientos fluviales. La tierra que contiene piedras preciosas se separa con pico y pala, se recoge y se transporta en carretilla para examinar en otro sitio si contiene piedras preciosas (fig. pág. 63). Como la mayoría de yacimientos se encuentran en países donde hay mucha pobreza y desempleo, el trabajo manual es más barato ahí que la utilización de máquinas. Esto es así especialmente en el sur y el sureste de Asia, en extensas zonas de África y en Latinoamérica.
Si las capas que contienen piedras preciosas son subterráneas, se quitan las capas de arcilla o arena que las cubren o se construyen pozos. Estos pozos pueden alcanzar, sin

ser apenas apuntalados, los 10 m de profundidad (fig. pág. 64). La única innovación en este tipo de minas de piedras preciosas ha sido la bomba de motor. Ésta bombea las aguas pluviales, freáticas y de infiltración, que no podrían quitarse con tanta rapidez empleando únicamente mano de obra. Por otra parte, la prospección debería ser interrumpida de vez en cuando.

Otro modo de explotar los yacimientos fluviales es la extracción en los mismos ríos. Mediante la construcción de remansos escalonados y meandros se crean diferentes tipos de corrientes para que se puedan encontrar los minerales.

La arcilla y la arena, de menor peso, son de este modo arrastradas por la corriente mientras que los minerales, de mayor peso, se acumulan en determinados lugares del río. Los trabajadores remueven el fondo con largos rastrillos y aceleran de este modo la separación de los minerales (fig. pág. 101).

La auténtica extracción de piedras preciosas y ornamentales del área de prospección se realiza mediante una ulterior separación de los minerales más ligeros canalizando el agua a través de viaductos artificiales escalonados y especialmente en zanjas llenas de agua. Aquí las piedras preciosas se seleccionan al agitar un cesto lleno del material obtenido del río, pues las partículas más ligeras saldrán del cesto (fig. pág. 105).

La última selección en un concentrado de piedras preciosas se realiza siempre manualmente. La parte de piedras preciosas es normalmente muy pequeña. A menudo del concentrado final sólo se sacan un par de piedrecitas.

Sobre derechos de explotación, salarios de los trabajadores y, si se da el caso, participación de los beneficios, rigen, en los distintos países, conceptos muy

Las máquinas de succión sacan a la superficie la roca triturada que contiene ópalo; Coober Pedy/ Australia meridional.

Interior de una cantera de ópalo; Lightning Ridge, Nueva Gales del Sur/Australia.

Mina de diamantes en Oranjemund/Namibia. Gigantescos diques (en primer plano) impiden el paso de las aguas del Atlántico para que se puedan excavar placeres diamantíferos a lo largo del litoral, extrayendo una capa de arena de más de 30 m.

distintos. En general se puede decir que el trabajo de prospección de piedras preciosas lo realizan hombres con escasos recursos económicos.

Un problema de la extracción de piedras preciosas es el hurto. Pone en peligro las explotaciones, ya que conlleva ofertas a un precio inferior al que permitiría la extracción. Las ideas que se maquinan cada vez para robar piedras preciosas de las minas parecen inagotables, aunque las medidas de seguridad son cada vez mayores. Las más seguras son las minas de diamantes.

Sobre yacimientos y extracción de los diamantes, véanse las págs. 67 y 88.

Después de excavar el terreno con grandes máquinas, todas las zanjas posteriores en busca de diamantes se realizan a mano.

Explotación mar adentro de una roca que contiene diamantes. De Beers, delante de las costas de Namibia y Sudáfrica, obtienen conglomerados con diamantes arrancados del fondo del mar con aparatos succionadores. En 1998 se utilizaban 6 barcos, desde entonces, normalmente sólo 4.

TRABAJADO DE LAS PIEDRAS PRECIOSAS Y ORNAMENTALES

El modo más antiguo de trabajar las piedras preciosas y ornamentales ha consistido en grabar figuras, símbolos y escritos en la piedra. Esto ha dado lugar al desarrollo de la glíptica.

Los comienzos del tallado de las piedras preciosas se debe buscar en la India.

Hasta el año 1400 en las piedras preciosas y ornamentales transparentes se trabajaron sólo las caras naturales del cristal y las superficies de exfoliación eran pulidas. Con ello adquieren mayor brillo y más transparencia.

Las piedras preciosas opacas (principalmente el ágata), por el contrario, ya eran talladas con gres mucho antes, planas o en forma de domo (abovedadas).

Un punto álgido en el trabajado de las piedras preciosas es, sin lugar a dudas, la talla en facetas. Desde el siglo XV es universalmente conocido. Los orígenes de este tipo de tallado permanecen en la oscuridad. La noticia según la cual se habla de un diamante facetado en la Venecia del 800 no está demostrada.

Durante largo tiempo la técnica de la talla en facetas se ha mantenido bajo el más riguroso secreto. Para más detalles, véase el apartado sobre la talla de diamantes en la página 96.

Amsterdam y Amberes se convierten, a principios de la edad moderna, en centros de la talla de diamantes, Idar-Oberstein/Renania Palatinado es, desde el siglo XVI, el punto central del tallado del ágata y las piedras de color. Hoy en día, por todo el mundo se encuentran empresas dedicadas al tallado. Para protegerlas, muchos países han prohibido la exportación de piedras preciosas en bruto.

Actualmente, distinguimos los siguientes campos en el trabajado de las piedras preciosas: glíptica (pág. 69), trabajado del ágata (pág. 70), trabajado de las piedras de color (pág. 71), elaboración de piedras esféricas (pág. 74) y barrocas (pág. 75), trabajado del diamante (pág. 77) y perforado de las piedras preciosas y ornamentales (pág. 76). Naturalmente, no existe una división precisa entre estos campos de trabajo.

Rodadura de un sello cilíndrico de caliza sobre arcilla. Las figuras representan guerreros, animales y seres híbridos. Data de principios del tercer milenio a. de C.; lugar del hallazgo, Siria.

Glíptica

La glíptica (en griego, arte del tallado de la piedra) incluye el grabado de gemas (piedras preciosas talladas en relieve) así como la producción de pequeñas esculturas y objetos ornamentales.

Los grabados sobre piedra más antiguos son cilindros de piedra cubiertos de figuras y símbolos (fig. pág. 68), que eran utilizados como sello o amuleto.

Proceden de los antiguos reinos de Sumeria, Babilonia y Asiria. Las primeras figurillas hechas con una piedra preciosa son (si exceptuamos la utilización del ámbar) los escarabajos realizados por los antiguos egipcios.

En la Grecia antigua se cultivó mucho el grabado de piedras. También alcanzó entre los romanos un alto nivel de perfección. En la Edad Media la glíptica gana un nuevo campo de aplicación con la heráldica, aunque en términos generales se estanca su desarrollo. Es en la Italia del Renacimiento que la glíptica toma impulso de nuevo. Hoy en día, gracias a las técnicas modernas, disfruta en general de una alta consideración.

Mientras que en la antigüedad se usaron básicamente para el grabado el ágata, la amatista, el jaspe, la carneola y el ónice, cada vez van entrando más piedras preciosas en el campo de la glíptica. Hoy se pueden encontrar grabados en todas las piedras preciosas, incluido el diamante.

Sobre las piedras en capas, véase página 158; sobre la técnica de la glíptica moderna, véase página 160.

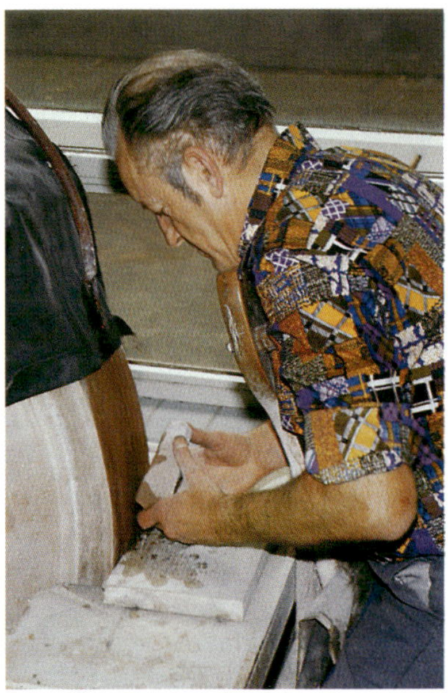

Tallado del ágata con una sierra para diamantes.

Pulimentado del ágata.

Trabajado del ágata

Los trozos grandes y pesados de ágata ya no se rompen con martillo y cuña siguiendo las fisuras o alguna línea trazada con anterioridad, como era habitual en el pasado, sino que son cortados con sierras provistas de polvo de diamante (fig. pág. 69). La refrigeración de la hoja se realiza, en las fábricas modernas, con fluidos especiales emulsionados en agua. Esto tiene la ventaja de que las piedras y los aparatos se lavan fácilmente con agua. El uso del petróleo, bastante usual, es muy perjudicial para el medio ambiente, produce fuertes olores y exige especiales medidas de seguridad debido al peligro de incendio.
Con una rueda de carborundo el ágata obtiene su forma inicial. El experto denomina molido a esta etapa. Para poderla tallar sin brusquedad, el tallista sostiene la piedra entre las rodillas. La refrigeración de la rueda de carborundo se realiza con agua.
El prepulimentado se realiza con una pequeña rueda de gres. El tallista se sienta en una silla con un apoyo para el vientre y el pecho (fig. pág. 69). Las muescas y salientes de la rueda permiten también una talla convexa.
La última fase del trabajado es el pulimentado (fig. arriba). Con él alcanzan las piedras un gran brillo, a la vez que muestran el fino dibujo de su estructura. El pulimentado se realiza con tambores o discos giratorios de madera de haya, plomo, fieltro, cuero, estaño, materiales sintéticos o algún otro material. Como medios para el pulimentado se emplean el monóxido de aluminio, el óxido de cerio, el óxido de cromo, el trípoli, la piedra pómez y pastas especiales.
Ya que en esta fase no se usa o se usa muy poco refrigerante, se ha de tener especial cuidado de que la piedra no resulte dañada por el aumento del calor en el proceso.
Para el tallado plano hay actualmente las más diversas máquinas que realizan el trabajo por sí solas. También pueden obtenerse formas redondeadas (cabujones) mecánicamente con un patrón.
Sobre el teñido del ágata, página 152, sobre el tallado del ágata en el pasado, página 154.

Pulido del ágata con ruedas que giran lentamente sin o con muy poco refrigerante.

Trabajado de las piedras de color

Para el trabajado de las piedras preciosas se consideran piedras de color todas las piedras preciosas y ornamentales con excepción del ágata y el diamante.
Entre los especialistas, el corte de piedras preciosas de color es el arte lapidario y el tallista, el lapidario. La mayoría de tallistas se han especializado en piedras preciosas concretas porque de este modo las propiedades de la piedra, como la dureza, el pleocroísmo o el tono del color, pueden ser tenidas en consideración lo mejor posible.
Con una sierra circular que en lugar de dientes está provista de polvo de diamante, se cortan las piedras al tamaño deseado. En las fábricas modernas se utilizan como refrigerante líquidos artificiales que no dañan el medio ambiente, anteriormente también se utilizaron agua jabonosa, aceite o petróleo.
Mediante ruedas de carborundo de grano grueso, que giran en vertical y son rociadas con agua, la piedra adquiere su forma aproximada. El especialista denomina a esta actividad molido (fig. abajo).

Tallado en cabujón

A las piedras preciosas y ornamentales opacas y a aquellas que presentan inclusiones que disminuyen su valor se les da un tallado redondeado, convexo.
Con ayuda de un *dop* (pág. 72), se les da forma abovedada, con la parte inferior plana o ligeramente convexa, en ruedas de carborundo provistas de muescas y salientes. El producto final lo denominamos, siguiendo una expresión francesa, cabujón.
Su uso es variado, como piedras para anillos, broches o collares o como pendientes. En bisutería están también muy extendidas con formas fantasiosas.

Molido de piedras de color en una rueda de carborundo que gira en sentido vertical, apenas humedecida.

MODELO DE PEGADO PARA TALLAS EN CABUJÓN Y EN FACETAS

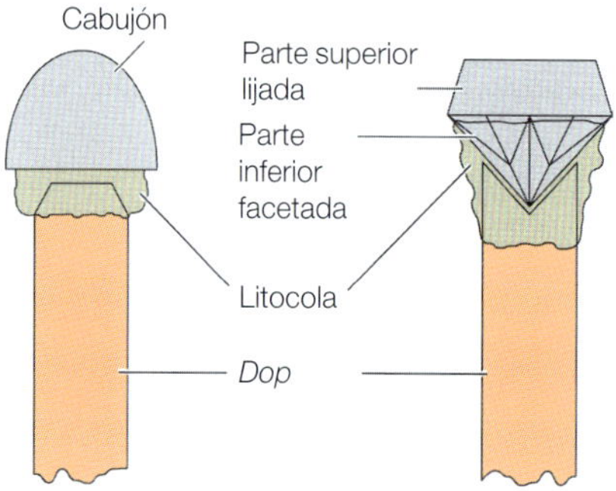

Modelo del pegado para tallas en cabujón y en facetas. Aquí se requiere una gran precisión, piedras pegadas con inclinación o en posiciones equivocadas conducen inevitablemente a errores en el tallado.

Tallado en facetas

Las piedras transparentes son talladas en facetas, después del molido, mediante discos horizontales. Para ello, la piedra es sujetada con litocola y otras ceras especiales al extremo de una varilla denominada *dop*.

Se trata de una varilla cónica de unos 80–120 mm de longitud, normalmente de madera, a veces de metal. El diámetro del *dop* depende del tamaño de la piedra. Debe ser aproximadamente ⅓ más pequeño que el diámetro de la piedra. Para mantener sujeto el *dop* en el proceso de la talla, se emplea una tabla con muchos agujeros montada a un lado del disco de tallado (fig. abajo).

Según el ángulo deseado de las facetas se coloca el extremo posterior de la varilla en uno de esos orificios. Para poder tallar las distintas caras de una piedra, se debe desenganchar varias veces la piedra. Para lo cual existen aparatos, colas especiales, distintos disolventes, etc., con los que la piedra se desprende.

Para la fabricación a gran escala y también para los tallistas aficionados existen, en lugar de la tabla perforada, máquinas de facetar con un cabezal mecánico. Con él se pueden regular con mucha precisión los ángulos de las facetas.

Tallado en facetas de una piedra de color en un disco giratorio horizontal. Los ángulos de las facetas quedan determinados por la posición del *dop* en la tablilla perforada (detrás de la mano izquierda).

El material de que está compuesto el disco (plomo, bronce, cobre, estaño, etc.), el tipo de abrasivo (esmeril, óxido de aluminio, carburo de silicio, carburo de boro, diamante) y la velocidad con que gira el disco varían en función de la piedra que se trabaja.
En la última fase de trabajo, la piedra se pule con muelas giratorias horizontales, sobre rodillos de madera o correas de cuero, para eliminar los pequeños rasguños en la superficie y alcanzar así el máximo brillo.
Los procesos de derretimiento en la superficie de la piedra y la formación de una finísima capa «líquida» (la denominada capa de Beilby) aumentan el efecto del pulimentado.

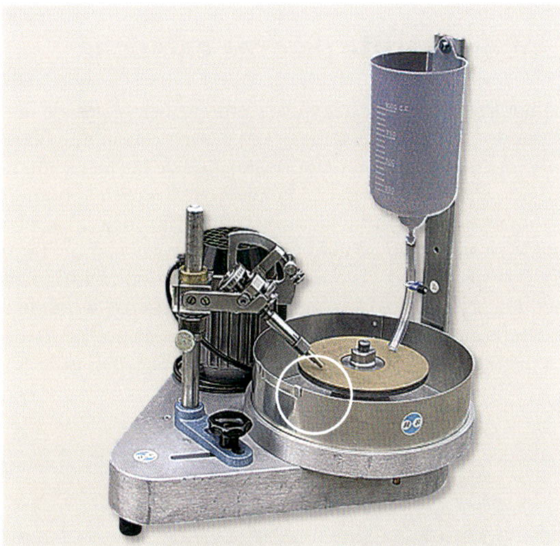

Máquina de facetar.
En el círculo blanco, soporte con cabezal mecánico.
Arriba a la derecha, recipiente con refrigerante.

Tallista de piedras preciosas con disco giratorio vertical accionado manualmente.

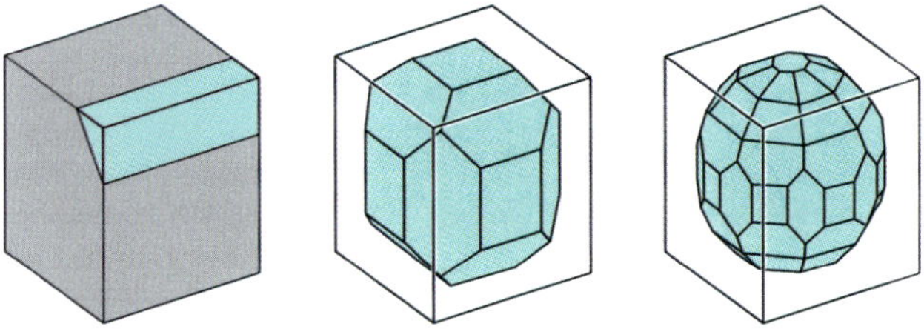

Elaboración de una piedra esférica. Partiendo de un cubo de cantos iguales surge, por biselado progresivo, un cuerpo poligonal, de forma redondeada.

Elaboración de piedras esféricas

La piedra en bruto con la que se empieza el tallado de una esfera tiene forma de cubo de cantos iguales (fig. arriba). Los cantos van siendo biselados, y al final lijados, hasta que resulta un cuerpo redondeado, que de hecho es aún un polígono.
En una corona circular, con la ayuda de los correspondientes medios de pulimentado, se obtiene la definitiva forma esférica (fig. abajo). Las piedras esféricas de mayor tamaño se sostienen en todo momento con las manos. Tanto en el biselado como en el pulimentado final, las piedras deben estar en continuo movimiento rotatorio. Para las pequeñas esferas de hasta 10 mm de diámetro (denominadas en el mercado perlas) existen unas máquinas llamadas molinos de perlas. Estas perlas no tienen –excepto su pequeño tamaño– nada en común con las perlas de origen orgánico (pág. 256).

Piedra esférica acabada. Fila superior, de izq. a dcha.: obsidiana copo de nieve, labradorita, ágata teñida de azul, ágata teñida de negro. Fila inferior, de izq. a dcha.: jaspe, cuarzo ahumado con rutilo y cuarzo rosado.

Instalaciones para elaborar piedras barrocas, en la izquierda con tambores de acero rotatorios de ejes horizontales, y en la derecha con recipientes vibratorios y ejes verticales.

Elaboración de piedras barrocas

Una manera moderna de trabajar las piedras es el tallado con tambores. Con la ayuda de tambores rotatorios (fig. arriba izq.) o recipientes vibratorios (fig. arriba dcha.) se consiguen formas irregulares redondeadas (fig. abajo) que se adaptan muy bien a los gustos actuales. En el comercio estas piedras se denominan piedras barrocas. Dentro de tambores de madera, de piedra o de acero, las piedras se golpean continuamente y se liman las unas a las otras, con la ayuda de diversos abrasivos. Con máquinas que funcionen sin interrupción, el proceso dura de 2 a 5 semanas. Con tambores vibratorios, el limado es unos 2/3 más rápido. En todo caso, con éstos sólo se pueden trabajar piedras pequeñas.
Se obtienen los mejores resultados cuando las piedras en bruto son de tamaño y dureza semejantes y de la mejor calidad.

Piedras barrocas pulimentadas, después de pasar por un tambor rotatorio. Pectolita variedad larimar.

Perforado de piedras de color con el sistema de perforado a arco. Antes universalmente extendido, hoy en día utilizado sólo para tareas especiales y en países en vías de desarrollo.

Perforado de las piedras preciosas y ornamentales

Para ser transformadas en joyas, a veces es necesario perforar las piedras preciosas. Antiguamente, los orificios se realizaban únicamente a mano mediante el sistema del perforado a arco.

Hoy en día se utilizan perforadoras eléctricas que giran a gran velocidad.

Durante el proceso se deben utilizar refrigerantes. El proceso de perforado se realiza con la ayuda de polvo de diamante o pasta abrasiva. Para evitar que la piedra se astille al ser perforada, suele perforarse desde ambos lados.

En las industrias especializadas se usan máquinas perforadoras por ultrasonidos, que funcionan por vibración. La principal ventaja de estos aparatos reside no sólo en el menor tiempo de perforado, sino también en la posibilidad de realizar agujeros de distintas formas.

Sobre el perforado de las perlas, véase página 263.

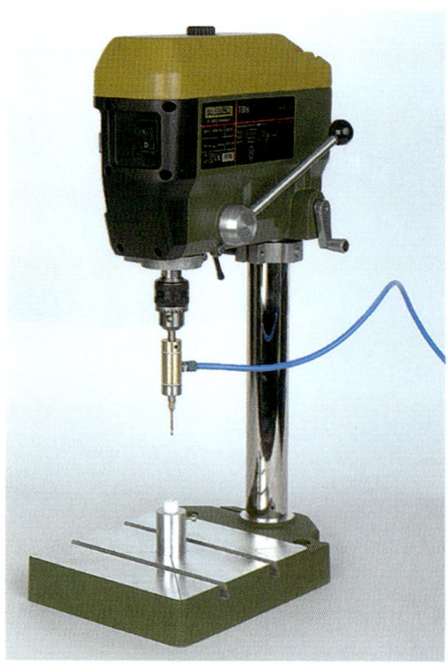

Máquina perforadora eléctrica. A través del hueco del barrenador se provee el refrigerante.

Trabajado del diamante

En el trabajado del diamante se pueden distinguir las siguientes fases de trabajo: examen previo, fractura o aserrado, frotado, tallado y pulimentado.

Examen previo Antes de empezar con el trabajado propiamente dicho de un diamante, el tallista debe estudiar la «vida interior» de la piedra en bruto, debe conocer la estructura cristalina y detectar las inclusiones. Para ello se utiliza una lupa y en piezas valiosas puede durar varias semanas. Los diamantes con la superficie mate deben ser pulimentados para tener, por así decirlo, una ventana, a través de la cual poder mirar al interior del diamante.

Una vez se ha decidido si se debe conseguir una piedra lo más grande posible o si es mejor dividirla en fragmentos más pequeños, se marcará con tinta china en el cristal la fractura o el aserrado proyectados.

Fractura y aserrado Anteriormente, los diamantes de gran tamaño se dividían por fractura mediante un cuchillo y un golpe suave. Las superficies de exfoliación son siempre planos de octaedros.

El gigante Cullinan, el diamante más grande jamás encontrado, fue dividido en 1908 por la compañía Asscher de Amsterdam, primero en tres partes y luego otras varias veces dividido, de modo que se tuvieron, finalmente, 9 brillantes grandes y 96 pequeños.

Si bien la técnica de la fractura se sigue utilizando hoy en día, con frecuencia se producían roturas no deseadas por la presencia de tensiones internas y fisuras ocultas desconocidas. Por ello, desde principios de siglo se ha optado cada vez con más frecuencia por aserrar los diamantes.

Fractura del diamante con una cuña y un golpe con la mano.

Aserrado del diamante con una sierra circular untada con polvo de diamante.

Al frotar un diamante contra el otro, ambos adquieren la forma bruta para la talla en brillante.

Talla en facetas del diamante con un disco que gira horizontalmente y con las tenazas de sujeción, el *dop*.

Una de las ventajas de aserrar los diamantes reside en que se puede aprovechar mejor la piedra en bruto para el peso final. Octaedros bien desarrollados, por ejemplo, se sierran por el plano medio o algo por encima de éste, con lo cual se obtiene una forma de la piedra en bruto adecuada para la talla en brillante.

La superficie aserrada es entonces la futura tabla del diamante tallado en brillante.

La hoja de la sierra para diamantes (de 50-70 mm de diámetro) está hecha de cobre, bronce u otras aleaciones, es fina como el papel y está provista de polvo de diamante, que debe irse añadiendo durante el proceso de aserrado. Gira a 4.500-6.000 revoluciones por minuto, pudiendo alcanzar las 10.000. La piedra en bruto es sostenida por un aparato semejante a unas tenazas. El proceso de aserrado es largo, para una piedra de un quilate de 6-7 mm de diámetro, de 5 a 8 horas.

Últimamente, los diamantes se cortan cada vez más con rayos láser. Éstos tienen la ventaja de que la división no está sujeta a ninguna dirección particular de la estructura del cristal. Esto significa un mejor aprovechamiento de la piedra en bruto y la obtención de un mayor peso.

Frotado Con la siguiente fase de trabajo, el frotado, se da al diamante su forma aproximada, con una parte superior y otra inferior. Para ello se frotan entre sí dos diamantes, uno fijo sobre un banco giratorio, el otro en la punta de una varilla que se sostiene con la mano, de modo que las aristas de las piedras se redondeen correspondiendo al doble cono de los brillantes. Mientras tanto, se han desarrollado máquinas que frotan los dos diamantes el uno contra el otro.

En los últimos años ya es posible obtener la forma bruta entera con láser.

Los diamantes que no deben adquirir el tallado en brillante son frotados con un disco provisto de polvo de diamante.

Tallado El tallado o aserrado de los diamantes sólo es posible con diamantes, y aun así, sólo porque el diamante tiene distintas durezas según las caras del cristal o según las diferentes direcciones (esquema pág. 21).

Para aprovechar en el tallado las diferencias de dureza, es necesaria la realización de un examen previo. El polvo de diamante, que según probabilidades estadísticas contiene astillas muy duras, puede pulir, por tanto, las caras menos duras de un cristal de diamante. Materiales de igual dureza no se cortan ni se rayan entre sí.

La técnica del tallado requiere mucha experiencia. El diamante se fija en unas tenazas (*dop*) y las facetas se tallan con una muela de acero de unos 30 cm, provista de polvo de diamante y recubierta de aceite, que gira horizontalmente de 2.000 a 3.000 revoluciones por minuto.

La disposición de todas las facetas y la colocación de cada ángulo son controlados por el tallista experto, a pesar de los aparatos disponibles, con el ojo y la lupa. La intervención del tallista experto se solicita, especialmente cuando se trata de que se produzcan las menores pérdidas en el tallado.

El tallado de una piedra de un quilate dura entre 5 y 7 horas.

Ciertamente existen, especialmente para los diamantes pequeños, ayudas mecánicas para la disposición de las facetas, aunque las máquinas que realizan el tallado entero de brillantes son muy raras. En Rusia se tallan, ya desde los años 70, brillantes de excelente calidad con procedimientos totalmente mecanizados, y sin pérdidas, es decir, con una optimización del peso final de la piedra preciosa.

La pérdida de material en el tallado del diamante es muy grande. Está entre un 50-60%. En el tallado del Cullinan I alcanzó el 65%. El polvo del diamante que resulta del tallado es siempre recogido y utilizado en otros procesos de tallado.

Pulimentado En la misma muela, aunque a un radio distinto, donde todavía hay polvo de diamante disperso, es finalmente pulimentado el brillante, con el fin de eliminar las últimas asperezas e imperfecciones del tallado.

Sobre la evolución histórica del tallado del diamante, véase página 96.

Cada tallista de diamantes necesita en la muela diversos *dops*.

Tipos y formas de talla

No hay ninguna clasificación de la talla de piedras preciosas universalmente aceptada, y se pueden encontrar en la literatura especializada diferentes intentos de división. Ahora bien, es posible hacer una diferenciación según los tipos y las formas de talla.

Tipos de talla

Si partimos de la impresión óptica de las piedras preciosas y ornamentales talladas, podemos distinguir tres tipos principales de talla, la talla en facetas, la talla lisa y la talla mixta. Véanse las ilustraciones de la página siguiente para los tres tipos.

Talla en facetas La talla en facetas se caracteriza por la presencia de múltiples y pequeñas caras, las facetas. Se realiza sobre todo en piedras preciosas y ornamentales transparentes. La mayoría de las tallas en facetas se pueden reducir a dos tipos principales: la talla en brillante, con la base redonda, y la talla en escalera, de forma cuadrada.
La talla en brillante es la cima de la perfección del arte de la talla. Siempre que es posible, se aplica. La talla en escalera se realiza en piedras transparentes con un «tono de color medio», donde la reproducción cromática juega un papel.
Sobre la práctica de la talla en facetas, véanse las páginas 72, 78 y 96.

Talla lisa La talla lisa se puede realizar plana, convexa (abovedada) en cabujón o de forma esférica. Ninguna faceta interrumpe la superficie uniforme de la piedra. La talla lisa se realiza principalmente en el ágata y otras piedras preciosas y ornamentales opacas.
Donde sólo se trata de hacer visible, de hacer más vívida, más clara o de embellecer la superficie de la piedra, de otro modo invisible, es suficiente con una superficie de la piedra plana.
Un cabujón, en cambio, es más agradable ya sólo con su forma. Las distintas formas posibles del perfil son incontables, aunque el material en bruto, el color y la variedad de la piedra también influyen.
La talla en forma esférica se puede realizar tanto en piedras transparentes como en opacas. Sobre la práctica de la talla lisa, véanse las páginas 68, 70 y 74.

Talla mixta La talla mixta es una mezcla de la talla en facetas y de la talla lisa.
En la parte superior (o en la inferior) la piedra es tallada en facetas, en la otra parte se talla lisa, abovedada o plana. En ocasiones, existen formas de talla en las cuales el tallado es «mezclado» en la misma mitad de la piedra.

Formas de talla

De los tipos básicos de talla, hay una gran variedad de formas derivadas, las formas de talla. Éstas pueden ser, siguiendo las formas geométricas clásicas, redondeadas, ovaladas, cónicas, cuadrangulares (carré), rectangulares (baguette), triangulares y cuadradas.
Además existe una gran cantidad de formas que imitan determinados modelos, como la forma aceitunada, el pendeloque (con forma de bombilla), la navette o marquise (en navecilla), el corazón, el trapecio o el barril. Las denominadas formas libres no se refieren a ningún modelo. Son puras formaciones de la fantasía, invenciones del diseñador o simplemente formas determinadas por el aprovechamiento económico de la piedra en bruto, de modo que se produzcan las menores pérdidas de material.
En las guardas anteriores de este libro se reproduce una selección de las formas de talla más conocidas.

TIPOS DE TALLA DE LAS PIEDRAS PRECIOSAS Y ORNAMENTALES

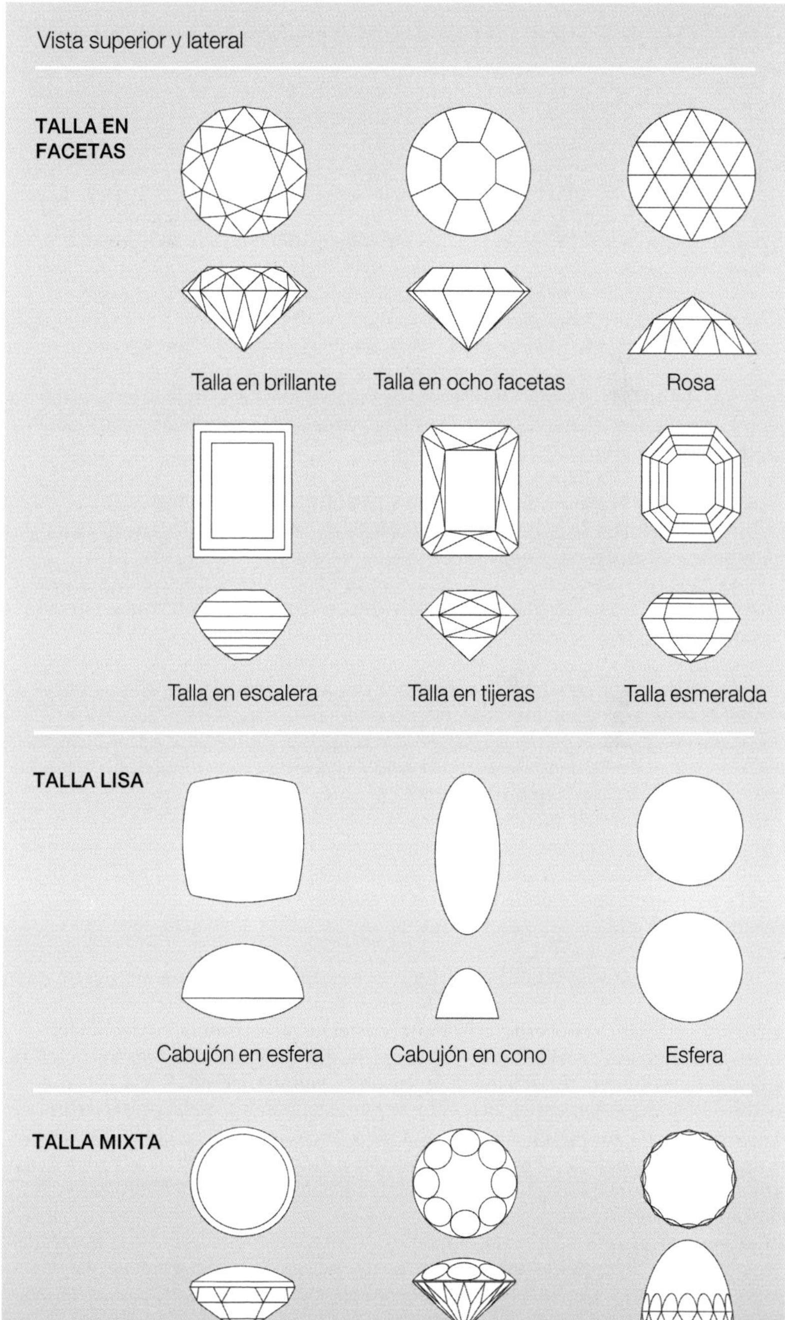

CLASIFICACIÓN DE LAS PIEDRAS PRECIOSAS Y ORNAMENTALES

Para poder apreciar el gran número de piedras preciosas y ornamentales existentes, es útil agruparlas a partir de determinadas características comunes.

Clasificación científica

En la gemología científica, las piedras preciosas y ornamentales se clasifican según el sistema de división de la mineralogía o de la petrología. Una posición especial fuera de este sistema de división la ocupan determinadas piedras preciosas de origen orgánico y las piedras preciosas hechas con materiales artificiales.
Aparecen bastantes dificultades en la asignación a las piedras preciosas y ornamentales de un lugar en la sistemática científica, porque el concepto de piedra preciosa no posee una definición científica unívoca. Una asignación de este tipo no es, por ello, del todo necesaria. Del mismo modo que tampoco se podrán evitar las agrupaciones subjetivas y que algunas de ellas se solapen.

Clases de minerales de las piedras preciosas y ornamentales

Hasta no hace mucho, la mineralogía sistemática clasificaba los minerales según principios químico-estructurales, siguiendo a Huge Strunz, en 9 clases.
A finales del año 2001 Strunz, en colaboración con E. H. Nickel, publicó una nueva clasificación, según la cual los minerales se dividen en 10 clases. Esta clasificación es la que aquí seguiremos.
Mientras que las distintas clases se darán aquí según los principios químicoestructurales y en el orden de la sistemática científica, las distintas piedras preciosas y ornamentales pertenecientes a una clase se ordenarán por orden alfabético.
En consideración a los amantes de las piedras preciosas sin formación científica, en la enumeración se darán tanto las clases de piedras preciosas (por ejemplo, el corindón) como sus variedades (por ejemplo, el rubí).

1. **Elementos** Azufre, diamante, oro, plata
2. **Sulfuros** Algodonita, bornita, breithauptita, chalcocita, cinabrio, cobaltina, covellina, calcopirita, esfalerita, greenockita, marcasita, melonita, millerita, niquelina, pentlandita, pirargirita, pirita, proustita, rejalgar, wurtzita
3. **Halogenuros** Boleíta, chiolita, creedita, fluorita, criolita, prosopita, sellaíta, villiaumita
4. **Óxidos, hidróxidos** Ágata, ágata musgosa, alexandrita, amatista, ametrina, anatasa, aventurina, bismutotantalita, bixbyíta, brookita, brucita, calcedonia, carneola, casiterita, citrino, corindón, crisoberilo, crisoprasa, cristal de roca, cromita, cuarzo, cuarzo amatista, cuarzo azul, cuarzo ojo de gato, cuprita, davidita, dendrita, diásporo, eschinita, espinela, estibiotantalita, euxenita, fergusonita, gahnita, gahnospinela, galaxita, goethita, heliotropo, hematites, hercinita, hübnerita, ilmenita, itrotantalita, jaspe, magnesiocromita, magnetita, manganotantalita, microlita, morión, ojo de halcón, ojo de tigre, ópalo, periclasa, picotita, pirolusita, pleonasto, prasio, prasiolita, psilomelana, rubí, rutilo, samarskita, sardo, senarmontita, simpsonita, taafeíta, tantalita, torianita, wolframita, xilópalo, zafiro, zincita
5. **Carbonatos, nitratos** Ankerita, aragonito, azurita, baritocalcita, bastnäsita, calcita, cerusita, espato dolomita, esferocobaltita, estroncianita, fosgenita, gaspeíta, gaylusita, magnetita, malaquita, melita, parisita, rodocrosita, shomiokita, shortita, siderita, smithsonita, stichtita, weloganita, witherita

6. Boratos Boracita, chambersita, colemanita, hambergita, howlita, inderita, jeremejevita, kurnakuvita, painita, rodicita, sinhalita, ulexita
7. Sulfatos, cromatos, molibdatos, wolframatos Anglesita, barita, celestina, crocoíta, espato anhidrita, ettringita, langbeinita, linarita, powellita, scheelita, stolzita, sturmanita, wulfenita, yeso
8. Fosfatos, arseniatos, vanadiatos Adamina, ambligonita, apatito, augelita, baildonita, berilonita, brasilianita, cacoxenita, ceruleíta, childrenita, cloroapatito, descloizita, durangita, eosforita, escorodita, escorzalita, eucroíta, fluorapatito, fosfofilita, herderita, heterosita, huréaulita, hurlburita, hidroxiapatita, hidroxilherderita, lazulita, legrandita, libethenita, litiofilita, ludlamita, manganoapatito, mimetesita, monacita, montebrasita, natromontebrasita, purpurita, schlossmacherita, trifilina, turquesa, väyrynenita, vanidinita, variscita, vivianita, wardita, wavellita, wilkeíta
9. Silicatos Acroíta, aerinita, actinolita, aguamarina, allanita, albita, almandino, amazonita, analcita, andalucita, andesina, andracita, anortita, anortoclasa, antofilita, apofilita, axinita, benitoíta, berilo, berilo noble, berilo dorado, bikitaíta, bitownita, broncita, buergerita, bustamita, canasita, cancrinita, carletonita, chabasita, caroíta, catapleíta, catoíta, chorlo, chorlomita, clinocrisolita, clinoenstatita, clinohumita, clinozoisita, cloromelanita, condrodita, cordierita, cornerupina, crisocola, cromdravita, danburita, datolita, demantoide, diópsido, dioptasa, dravita, dumortierita, egirinaugita, ekanita, elbaíta, enstatita, epidoto, escapolita, escolecita, esmeralda, esmeraldita, espesartina, espodúmena, espurrita, estellerita, estaurolita, euclasa, eudialita, feldespato, feldespato aventurina, fenaquita, ferroaxinita, ferrosilita, forsterita, friedelita, fucsita, gadolinita, goshenita, granate, grandierita, grosularia, hackmanita, hancockita, haunita, hedenbergita, heliodoro, helvina, hemimorfita, hesonita, hialofana, hiddenita, hiperstena, hodgkinsonita, holtita, hornblenda, humita, ilvaíta, indigolita, jacinto, jeffersonita, jadeíta, kammererita, kunzita, kyanita, labradorita, lapislázuli, lawsonita, lazurita, lepidolita, leucita, leucofana, leucogranate, liddicoatita, lizardita, magnesioaxinita, manganaxinita, marialita, meionita, melanita, melinofana, mesolita, microlita, milarita, mordenita, morganita, moscovita, nambulita, natrolita, nefelina, nefrita, neptunita, norbergita, oligoclasa, ortosa, paligorskita, pectolita, peridoto, peristerita, petalita, pezzottaíta, piedra de luna, piemontita, pirofilita, piropo, piroxmanguita, polucita, poudretteíta, povondraíta, prehnita, pumpelita, rodolita, rodonita, richterita, rinkita, rubelita, salita, sanidina, sarcolita, schefferita, sekaninaíta, sepiolita, serandita, serendibita, serpentina, shattuckita, siberita, sillimanita, sodalita, sogdianita, sugilita, talco, tanzanita, tawmawita, tefroíta, taumasita, thomsonita, thulita, tinzenita, titanita, topacio, topazolita, torita, tremolita, tsavorita, tugtupita, turmalina, ussingita, uvarovita, verdelita, vesubianita, vlasovita, willemita, wollastonita, xonotlita, yugavaralita, zafirina, zektzerita, zircón, zoisita, zunyita
10. Sustancias orgánicas Ambroide, ámbar, whewelita

Rocas como piedras preciosas y ornamentales

La mayoría de piedras preciosas y ornamentales son minerales. Sólo algunas pocas pertenecen a las rocas.
Magmáticas Diorita orbicular (diorita), kakortokita (sienita), granito orbicular (granito), unakita (granito), granito gráfico, obsidiana (vidrio volcánico)
Sedimentarias Alabastro (yeso), azabache (lignito), goodletita (guijarros), carbón graso bituminoso (hulla), mármol paisaje (caliza), sepiolita (concreción), mármol ónice (caliza), pietersita (breccia), shungita (hulla), sprudelstein (caliza)
Metamórficas Agalmatolita (ganga), aniolita (zoisita-amfibolita), connemara (serpantina), eclogita, corindón-fucsitita, gnéis, nuumita (roca de antofilita), ricolita (serpentina), verdita (serpentinita)
Meteóricas y tectitas Moldavita (tectita)

Piedras preciosas y ornamentales de origen orgánico
Amiolita, marfil, coral, odontolita, opérculo, perlas, nácar

Piedras preciosas y ornamentales de materiales artificiales
Fabulita, GGG, vidrio, linobato, strass, YAG, zirconio
Las piedras preciosas producidas artificialmente y que se parecen a los minerales se incluyen en el reino mineral.

Clasificación comercial

Por motivos prácticos, para la descripción de las diferentes piedras preciosas y ornamentales en este libro dividiremos el mundo de las piedras preciosas según su importancia comercial en 5 grandes grupos.

Piedras preciosas y ornamentales más conocidas
A este grupo pertenecen todas las piedras preciosas que se comercializan desde hace tiempo o que son universalmente conocidas. Todas ella son engarzadas y llevadas como ornamento.
La ordenación de las piedras en el interior de este grupo seguirá la escala de dureza de Mohs, la cual es especialmente importante para el valor comercial de estas piedras.
Los representantes de este grupo se describen en las páginas 86-193.

Piedras preciosas y ornamentales menos conocidas
La comercialización de la mayoría de piedras preciosas que pertenecen a este grupo no estaba hasta hace pocos años apenas extendida, aunque disfrutan hoy en día de una creciente estimación.
Antes valoradas principalmente por los coleccionistas, hoy se trabajan como piedras preciosas y se llevan con fines ornamentales como el resto de las piedras preciosas.
La ordenación en el interior de este grupo sigue la escala de dureza de Mohs, pues nos da una indicación de la aplicabilidad de estas piedras para fines ornamentales.
Los representantes de este grupo se describen en las páginas 194-219.

Piedras preciosas y ornamentales de coleccionista
Existen muchos minerales que son tallados en facetas por coleccionistas, aficionados, aunque también por tallistas profesionales, pero que no se pueden utilizar como joyas porque son demasiado blandos, demasiado frágiles, están de alguna forma amenazados o porque son demasiado raros. Los amantes de la gemología coleccionan estas piedras talladas o abovedadas como una rareza o como pequeñas obras de arte.
Una selección de estas piedras preciosas se da en las páginas 220-243.

Rocas como piedras preciosas y ornamentales
Este grupo (págs. 244-249) se ubica en la «frontera» de las piedras preciosas. En bisutería la importancia de las rocas (se trata de agregados minerales en su gran mayoría) va en aumento y cada vez aparecen más rocas con atractivas estructuras o bellos colores en el comercio de piedras preciosas.

Piedras preciosas y ornamentales de origen orgánico
A este grupo pertenecen todos los productos que, si bien tienen un origen orgánico, han conservado o adquirido un cierto «carácter pétreo». En el comercio son, si pensamos en el ámbar o en las perlas, una parte significativa del surtido.
La exposición de las piedras preciosas y ornamentales de origen orgánico aparece en las páginas 250-265.

PRECIO DE LAS PIEDRAS PRECIOSAS Y ORNAMENTALES

En las piedras preciosas no hay precios fijos. La oferta y la demanda regulan en último término el comercio de piedras preciosas. El poder adquisitivo y las tendencias de la moda influyen fuertemente en la demanda de piedras preciosas.
Entre el diamante y las demás piedras preciosas se dan grandes diferencias tanto en el precio como en la forma de la compra.
Precios de los diamantes En los diamantes los precios se pueden comparar con facilidad, incluso por los usuarios. Los elementos determinantes de su valor, como el color, la pureza y el tallado son definidos claramente a nivel internacional y pueden ser controlados con instrumentos. Por supuesto, hay margen comercial y ánimos de lucro. Pero se puede descartar un fraude entre los comerciantes de diamantes al por mayor y entre las joyerías establecidas. Pues aquí rige un código de honor como casi en ningún otro lugar en el mercado. En las bolsas del diamante, el mercado al por mayor de diamantes, los tratos se sellan desde siempre con un apretón de manos y una palabra de confianza. Ver también las consideraciones sobre el comercio de diamantes en la página 90.
Precios de las piedras de color Las oscilaciones del precio de las piedras de color son a menudo muy grandes, también en el comercio serio, porque la ganancia depende muchas veces de contingencias que no se pueden prever. Es natural que la belleza, la rareza y el tamaño de la piedra preciosa se reflejen en el precio. Pero no hay, a diferencia del comercio de diamantes, ningún órgano de control, ninguna posibilidad de influir en el comercio serio. Muchos pequeños comercios son muy activos en la búsqueda de ganancias. Buscan el contacto directo con el consumidor final, en especial con turistas, para aprovechar su ignorancia y sus ganas de comprar de manera engañosa.
Listas de precios Hay innumerables instituciones, como bolsas de piedras preciosas y de diamantes, organizaciones gemológicas y revistas especializadas, que publican los precios de mercado y sus tendencias a largo plazo. Estas indicaciones de precios están pensadas para el mercado y el comerciante, no para el consumidor final, que deberá contar con un considerable recargo.
Normalmente se vende «por quilates» (pág. 30). El precio del quilate aumenta con el tamaño de la piedra. Si un quilate cuesta, por ejemplo, 750 euros, una piedra de dos quilates no costará el doble, sino quizás 3.000 euros o más.
Algunas piedras ornamentales, como el ágata, pueden venderse por gramos.

DESCRIPCIÓN DE LAS PIEDRAS PRECIOSAS Y ORNAMENTALES

Como en la descripción de cada piedra preciosa se trataba de dar la mayor información posible, se han utilizado tamaños de letra menores, formas abreviadas y se han evitado repeticiones que ocupan demasiado espacio.
El significado de las abreviaciones, como «lat.» (latín), «gr.» (griego), y otras formas abreviadas, como «cristal» (por sistema cristalino o forma cristalina), «composición» (por composición química), «absorción» (en lugar de espectro de absorción), así como la renuncia a añadir las unidades de medida, quedará siempre claro por el contexto.
El sombreado aplicado a los bocetos de los cristales es puramente esquemático.

PIEDRAS PRECIOSAS Y ORNAMENTALES MÁS CONOCIDAS

A este grupo pertenecen las piedras preciosas que han estado desde siempre en el mercado o que son universalmente conocidas. Véase también página 84.

Diamante

Color: incoloro, amarillo, pardo, rara vez verde, azul, rojizo, negro
Raya: blanca
Dureza de Mohs: 10
Densidad: 3,50-3,53
Exfoliación: perfecta
Fractura: concoidea a astillosa
Cristales: (cúbico) predominantemente octaedros, además cubos, rombododecaedros, maclas y en láminas
Composición: C carbono cristalizado

Transparencia: de transparente a opaco
Ín. refracción: 2,417-2,419
Birrefringencia: anómala
Dispersion: 0,044 (BG), 0,025 (CF)
Pleocroísmo: ausente
Absorción: D. incoloro y amarillo: 478, 465, 451, 435, 423, 415, 401, 390; D. pardo y verdoso: (537), 504, (498)
Fluorescencia: muy variable; D. incoloro y amarillo: generalmente azul; D. pardo y verdoso: frecuentemente verde

El diamante debe su nombre a su dureza (gr. *adamas* = el irrompible). En efecto, no hay nada que iguale al diamante en dureza y mucho menos que lo supere. Es por eso que se considera imperecedero. Su dureza de tallado es 140 veces mayor que la del rubí o el zafiro, las siguientes piedras más duras después del diamante.

La dureza del diamante es distinta en sus diferentes caras, y eso es lo que hace posible cortar el diamante con otro diamante o con polvo de diamante.

Debido a su perfecta exfoliación, se debe tener cuidado de no golpearlo contra un canto, así como en el momento de engarzarlo.

El diamante es en general insensible a los reactivos químicos. Las altas temperaturas, en cambio, provocan figuras de corrosión en las facetas. Por tanto, mucha precaución al soldar.

Desde los años 30 se conocen para los diamantes diversas especies con propiedades distintas. El experto distingue entre los tipos Ia, Ib, IIa y IIb. Esta distinción no tiene importancia en el comercio de piedras preciosas, pero es sustancial en el tallado y, especialmente, en el reconocimiento de un diamante auténtico frente a sus imitaciones artificiales (pág. 270).

Por su típico brillo diamantino, los otros efectos ópticos, su gran dureza y su rareza el diamante es el rey de las piedras preciosas. Desde la antigüedad que se utiliza con fines ornamentales.

Más detalles:

Trabajado del diamante → p. 77
Yacimientos → p. 66 y 88
Comercio del diamante → p. 90
Valoración de la calidad → p. 92
Diamantes famosos → p. 94
Evolución de la talla → p. 96
Nuevas imitaciones → p. 266, 270
Prueba de autenticidad → p. 274

1 Diamante, brillante, 0,49 ct
2 Diamante, navette, 0,68 ct
3 Diamante, brillante, 2,22 ct
4 Diamante, tres baguettes, total 0,59 ct
5 Diamante, brillante, 0,21 ct
6 Diamante, dos tallas antiguas, total 0,97 ct
7 Diamante, dos brillantes, 0,57 ct
8 Diamante, brillante, 2,17 ct
9 Diamante, tres rosas, total 0,67 ct
10 Diamante, dos navettes, total 0,69 ct
11 Diamante, dos aserrados, total 1,43 ct
12 Diamante, diez brillantes
13 Diamante, nueve brillantes
14 Diamante, piedras en bruto blancas, t. 6,37 ct
15 Diamante, piedras en bruto de color, t. 10,22 ct
16 Agregado de diamantes, 8,26 ct
17 Cristal de diamante sobre kimberlita
18 Diamante, fase cristalina, 8,14 ct

Las imágenes 1-15 están ampliadas aprox. al doble; las imágenes 16-18 están reducidas un tercio.

1
2
3
4
5
6
7
8
9
10
11
12
13
14
15
16
17
18

DESARROLLO Y EXPLOTACIÓN DE UNA CHIMENEA DE KIMBERLITA

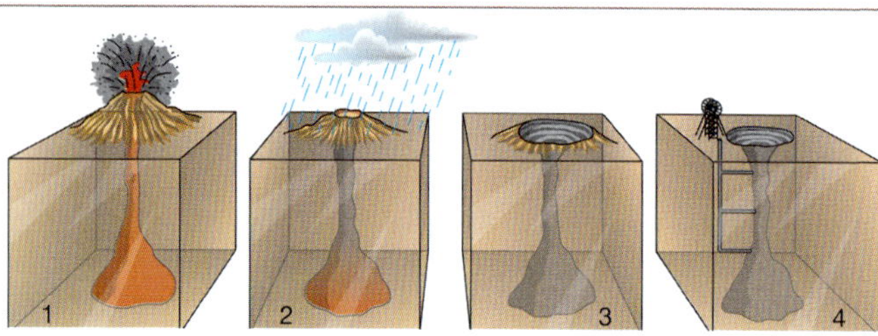

Formación y explotación de una chimenea de kimberlita. 1. Erupción volcánica y formación de un cráter; 2. Erosión del cráter volcánico; 3. Nivelación del cráter (a menudo con una capa de otros materiales); 4. Explotación de la chimenea a cielo abierto y por sistema de galerías.

Yacimientos diamantíferos

Los diamantes se encuentran en yacimientos primarios y secundarios. Hasta 1871, los diamantes se extrajeron exclusivamente por lavado de placeres. Por casualidad, se descubrieron en Sudáfrica yacimientos primarios: chimeneas volcánicas llamadas pipes (inglés «chimenea»), rellenas de roca madre diamantífera, la kimberlita (con menor frecuencia, de schreibersita, una variedad moteada gris verdosa de la kimberlita).

Los diamantes se originaron a grandes profundidades (150-300 km o quizás incluso más), a muy altas temperaturas y a grandes presiones. Por erupción volcánica, fueron expulsados, junto con el magma ascendente, a la superficie terrestre o a sus proximidades. Debido a la erosión, los volcanes originales fueron perdiendo altura y las chimeneas de kimberlita se hicieron accesibles, con mayor o menor dificultad (gráfico abajo).

Hasta el siglo XVIII Borneo, pero principalmente la India, eran proveedores de diamantes. En 1725 se encontraron diamantes en Minas Gerais/Brasil, en 1843 se descubrió en Bahía el carbonado pardo negro, un agregado de diamantes microcristalinos muy valorado en la industria por su dureza para el tallado y el perforado. Hoy es posible tallar el carbonado en facetas (pág. 282).

Luego Sudáfrica vino a relevar a Brasil, ocupando hasta 1970 una posición única en el mundo tanto en producción como en comercio. El primer hallazgo de diamantes en el sur de África tuvo lugar en 1867 cerca de las fuentes del Orange. Al principio se explotaron sólo placeres, aunque luego de un modo creciente también las chimeneas de kimberlita (fig. pág. 61). Éstas contienen en la superficie una roca arcillosa que, debido a su color amarillo se denomina *yellow ground* (tierra amarilla). Es el producto de la meteorización de la capa inmediatamente inferior, denominada *blue ground* (roca azul), que es la kimberlita (en cuanto a su composición, se trata de una roca volcánica rica en olivino, un tipo de peridotita, atravesada por una brecha).

La *pipe* más famosa de Sudáfrica, la mina Kimberley, fue explotada entre 1871 y 1908 sin ninguna máquina. Aquí se cavó el hoyo más grande jamás excavado por la mano del hombre, el denominado *Big Hole*: con 460 m de diámetro en la superficie y 1070 m de profundidad, hoy lleno de agua hasta la mitad. En total, se extrajeron 14,5 millones de quilates de diamantes (casi 3 toneladas). Después de poco tiempo de explotación subterránea, la mina fue abandonada en 1914 debido a su escasa productividad (fig. pág. 89).

Otras minas *pipe* en Sudáfrica pasaron pronto a ser explotadas subterráneamente. Para ello, se excava primero un pozo junto a la chimenea y, por galerías transversales, se va excavando la roca diamantífera.

En el límite occidental del desierto de Namib en Namibia existen importantes placeres. Los primeros diamantes se encontraron en Lüderitz en 1908. Para acceder a los estratos diamantíferos hubo que excavar primero con potentes máquinas 30 m de los estratos superiores para acceder a las arenas y gravas diamantíferas que yacen debajo (fig. pág. 66). Los diamantes de Namibia proceden de las pipes sudafricanas. Los ríos los transportó hacia la costa, donde fueron recubiertos por dunas de arena, aunque también algunos de ellos depositados en los rompientes atlánticos. Barcos especiales excavan el fondo marino para extraer diamantes (fig. pág. 67). La proporción de diamantes con calidad de piedra preciosa es excepcionalmente grande en Namibia; alcanza el 90-95%.
Entretanto, las filas de los proveedores de diamantes se han engrosado de manera muy considerable. Más de 20 países suministran diamantes. Productores importantes son: en África, Botswana, Sudáfrica, Angola, República Democrática del Congo, Namibia, Sierra Leona, República Centroafricana, Guinea; en Asia, Rusia y China; en América, Brasil, Venezuela y Canadá; finalmente, las dos minas de diamantes Argyle y Merlin en Australia.
Desde hace algunos años, Rusia también se ha unido a las filas de los grandes productores de diamantes. Aunque los primeros diamantes fueron descubiertos ya en 1829 en los Urales, esos yacimientos no son de especial valor. No es hasta 1949 que comienza una nueva era. Inmensos yacimientos aluviales fueron descubiertos en Siberia (Yakutsk) y, pocos años después, *pipes* diamantíferas. En la lista mundial de proveedores de diamantes Rusia está, en 2005, en el primer lugar.
También China pertenece hoy a los países productores de diamantes. Los primeros yacimientos aluviales se explotan desde 1940, pero el gran despegue no se produce hasta que se descubren más chimeneas de kimberlita.
Igualmente espectacular es el volumen de producción de diamantes que ha alcanzado Australia. Desde 1986 la mina Argyle, en el noroeste del país, está en pleno rendimiento. En 1998 se extrajeron de ahí 41 millones de quilates. En volumen ocupa el primer puesto en el mundo, con un tercio de la producción mundial. En valor, sin embargo, no llega a la décima parte, pues sólo el 5% de la producción total son diamantes con buena calidad de piedra preciosa, el 45% son piedras ornamentales de menor valor y el 50% se destina a uso industrial. En febrero de 1999 inicia la producción en el norte del territorio australiano la mina Merlin. La calidad de sus diamantes es superior a los de la mina Argyle. Según los datos actuales, Canadá se convertirá en uno de los mayores productores de diamantes en un futuro próximo. La producción en la mina Ekati (en los territorios del norte) arrancó en octubre de 1998 con grandes expectativas.

La antigua mina Kimberley es el hoyo más grande jamás excavado por la mano del hombre, el *Big Hole* (gran hoyo). 460 m de diámetro y 1.070 m de profundidad. Actualmente, lleno de agua hasta la mitad.

Extracción de los diamantes

La extracción de los diamantes de la roca madre se realiza en la actualidad con un gran despliegue de maquinaria. La tarea menos costosa es la separación de los diamantes de los placeres y de la kimberlita erosionada, el *yellow ground*. Debido a que su unión es floja, los diamantes pueden separarse directamente por lavado. El *blue ground* de las chimeneas volcánicas, en cambio, se debe desmenuzar primero en machacadoras antes de ser lavado.

La separación de los diamantes a partir de este concentrado, antiguamente realizada a mano, se hace hoy en día casi del todo con máquinas. Se aprovecha la capacidad de adhesión del diamante a todas las sustancias de tipo graso.

Otros métodos para separar los diamantes se basan en la separación electrostática, en al selección óptica mediante células fotoeléctricas o en los fenómenos de fluorescencia con rayos X.

A pesar de la utilización de la más moderna tecnología, la última selección se debe realizar a mano, porque junto a los diamantes separados siempre quedan materiales extraños.

El contenido en diamantes de la roca madre varía en función del yacimiento. En los placeres suele ser superior que en las chimeneas de kimberlita. En las pipes es suficiente ½ quilate por cada tonelada de roca madre, en algunos yacimientos la explotación es rentable con ⅕ de quilate para cada tonelada de roca madre.

La mina Argyle, en Australia, produce 7 quilates por tonelada de roca madre.

Comercio del diamante

El 80% de la producción y el comercio mundial de diamantes están controlados por una sola empresa, conocida con el nombre abreviado de De Beers. Innumerables partes interdependientes entrelazadas en una gran corporación, incluyendo casas productoras de diamantes, sociedades y asociaciones comerciales, así como instituciones y empresas ajenas al comercio de diamantes se ocultan detrás del concepto grupo De Beers, por ejemplo, «De Beers Consolidated Mines Limited», «De Beers Centenary AG», «Diamond Trading Company» (DTC), que se llamó hasta 1999 «Central Selling Organisation» (CSO).

Todos los diamantes seleccionados y de valor son enviados a Londres a la DTC. Allí se reúnen en lotes (*selling mixtures*) para su venta posterior y se ofertan con un precio fijo. No se pueden hacer fracciones.

Sólo tienen derecho a compra unos pocos (120 hasta el momento) tallistas, pulimentadores y comerciantes del diamante, los *sightholders* (clientes preferentes), acreditados por la DTC. En las 10 reuniones de compra, sights, al año que tienen lugar en Londres, Lucerna y Johannesburgo, adquieren las mercancías reunidas por la DTC según los deseos de los clientes. La DTC sólo suministra piedras en bruto.

La posterior venta y distribución del lote tiene lugar en la «compra directa», principalmente en las bolsas del diamante (denominadas también club del diamante).

Estas bolsas se hallan en Amberes, Amsterdam, Nueva York y Ramat Gan/Israel, así como en Johannesburgo, Londres, Milán, París y Viena, desde 1974 también en Idar-Oberstein/Renania Palatinado. Con mucho las más importantes son las cuatro bolsas del diamante de Amberes. Las bolsas del diamante no son bolsas especulativas en el sentido habitual, sino grandes mercados de diamantes.

De Beers controla e influye con su sistema de venta también los precios de los agentes de ventas. El objetivo es mantener la estabilidad en el valor de los diamantes e impedir operaciones comerciales dudosas en el comercio del diamante.

La cooperación entre los países líderes en el comercio del diamante bajo la tutela organizativa de De Beers interesa a todo el mundo, tanto a los productores como a los

Producción semanal de una mina de diamantes en Namibia; aproximadamente 30.000 quilates.

consumidores finales, los compradores de diamantes de joyería, porque de este modo se evitan fluctuaciones extremas de los precios.

Aquellos países en los que la producción y la venta de diamantes no está controlada plantean ciertos problemas para la estabilidad del mercado. Los diamantes producidos en territorios azotados por la guerra civil (diamantes de sangre) están excluidos, según acuerdo internacional, del comercio mundial.

De hecho, los diamantes como inversión rentable han sobrevivido a todas las tormentas políticas y económicas. Con ello no sólo ha quedado asegurado el capital, sino también millones de puestos de trabajo vinculados directa o indirectamente con los diamantes. La proporción de los beneficios de la producción de diamantes sobre el total del comercio de piedras preciosas es del 90%.

Imitaciones del diamante El hecho de que el diamante se pueda confundir exteriormente con muchas otras piedras preciosas conduce al engaño en operaciones comerciales poco claras. Son especialmente semejantes al diamante incoloro el cristal de roca (pág. 132), el berilo noble (pág. 112), la cerusita (pág. 216), el zafiro (pág. 102), la scheelita (pág. 212), la esfalerita (pág. 216), el topacio (pág. 118) y el zircón (pág. 124). Además, hay una cantidad creciente de piedras sintéticas como sustitutos del diamante. Para más detalles, véase la página 270.

Una imitación del diamante en vidrio conocida es el strass (pág. 266).

Desde 1970 se producen diamantes sintéticos con calidad de piedra preciosa.

Pero sirven sólo para fines científicos, ya que son demasiado pequeños para ser llevados de adorno. En 2003 aparecieron en el mercado diamantes sintéticos de hasta 2,5 quilates. Para más detalles, véase la página 274.

En el mercado también se pueden encontrar diamantes naturales que por distintos tratamientos han experimentado una mejora del color y, con ello, han adquirido un mayor valor (pág. 275).

También hay dobletes de diamantes: p. ej., la parte superior de diamante, la inferior de zafiro incoloro sintético, de cristal de roca o de vidrio. Hay dobletes con espinela sintética en la parte superior y fabulita en la inferior.

Valoración de la calidad de los diamantes

Todos los diamantes puestos a la venta por De Beers son antes clasificados según forma, calidad, color y peso en una de las más de 16.000 categorías de calidad. Además de Londres, son centros de selección también Lucerna/Suiza, Gaborone/Botswana, Windhuk/Namibia y Kimberley/Sudáfrica.

Anteriormente, sólo un 20% de todos los diamantes eran aptos para su uso en joyería, es decir, tenían «calidad de piedra preciosa». El resto se utilizaba en la industria, los denominados diamantes industriales, para cabezas de perforadoras, fresadoras, muelas, etc. Desde 1983, otro 20% se clasifica como «calidad de piedra semipreciosa» y es tallada principalmente en la India, donde los diamantes pequeños y de menor calidad pueden ser trabajados a bajo coste y, de este modo, ser ofrecidos a nuevos círculos de compradores aparte del mercado de diamantes habitual.

En la valoración de la calidad de los diamantes tallados en facetas se tienen en consideración el color (colour), la pureza (clarity), la talla (cut) y el peso (carat). Cuatro «c», por tanto, determinan el valor de un diamante.

Gradación de los colores Hay diamantes de todos los colores. Los tonos más frecuentes son los amarillentos, que en la gradación toman juntamente con los incoloros. Los colores plenos (verde, rojo, azul, púrpura, pardo, amarillo y negro), más raros, los llamados colores de fantasía (*fancy diamonds*), son valorados individualmente y alcanzan precios de coleccionista.

Anteriormente, los términos y definiciones referentes a la gradación cromática no estaban unificados y a menudo inducían a error, hasta que se llegó a un acuerdo internacional con la denominada serie amarilla (también Old Terms). En 1970 se publicó la versión alemana RAL 560 A5E.

Desde entonces, diversas instituciones han elaborado normas más adecuadas, fundamentalmente el Gemological Institut of America (GIA), el International Diamond Council (IDC) y la Confédération internationale de la bijouterie, joaillerie, orfèvrerie des diamants, perles et pierres (CIBJO).

Mayoritariamente, rigen las normas del IDC (en inglés). En los países escandinavos rige una gradación propia, semejante a las normas del GIA, el Scan D.N.

Los términos de la antigua gradación Old Terms deben ser abandonados, pero de hecho siguen en uso en el comercio de piedras preciosas.

GRADACIÓN SEGÚN EL COLOR DE LOS DIAMANTES TALLADOS EN FACETAS

CIBJO	IDC	GIA	Old Terms	RAL 560 A5E
Blanco excepcional*	Exceptional white*	D	River	Blauweiß
Blanco excepcional*	Exceptional white*	E		
Blanco raro*	Rare white*	F	Top Wesselton	Feines Weiß
Blanco raro*	Rare white*	G		
Blanco	White	H	Wesselton	Weiß
Blanco ligeramente teñido	Slightly tinted white	I J	Top Crystal/ Cyrstal	Schwach getöntes Weiß
Blanco teñido	Tinted white	K L	Top Cape	Getöntes Weiß
Color teñido[1]	Tinted color[1]	M N	Cape	Schwach gelblich
Color teñido[2]	Tinted color[2]	O P	Cape	Gelblich
Color teñido[3]	Tinted color[3]	Q R	Light Yellow	Schwach gelb
Color teñido[4]	Tinted color[4]	S-Z	Yellow	Gelb

GRADACIÓN DE LA PUREZA DE LOS DIAMANTES TALLADOS EN FACETAS

CIBJO		DEFINICIÓN	GIA	
LR	Totalmente limpio	Sin marcas internas a diez aumentos y absolutamente transparente.	if	Internally flawless
V VS	Inclusiones muy, muy pequeñas	Inclusiones muy, muy pequeñas, muy difíciles de reconocer a diez aumentos.	vvs 1 vvs 2	Very very small inclusions
VS	Inclusiones muy, pequeñas	Inclusiones muy pequeñas, difíciles de reconocer a diez aumentos.	vs 1 vs 2	Very small inclusions
SI	Pequeñas inclusiones	Inclusiones pequeñas, fáciles de reconocer a diez aumentos.	si 1 si 2	Small inclusions
P I	Inclusiones claras	Inclusiones visibles inmediatamente a diez aumentos; no reducen el brillo.	I 1	Piqué I
P II	Inclusiones grandes	Inclusiones grandes y/o abundantes; reducen débilmente el brillo; reconocibles a simple vista.	I 2	Piqué II
P III	Inclusiones grandes	Inclusiones grandes y/o abundantes; reducen considerablemente el brillo.	I 3	Piqué III

La subdivisión de los grados de pureza VVS, VS y SI en dos subgrupos está permitida por la CIBJO en piedras de más de 0,47 ct.

Gradación de pureza En EE.UU. y en Escandinavia se entiende por pureza del diamante la calidad externa e interna de la piedra, mientras que en Alemania se tiene en cuenta tan sólo la perfección interna. Cosas tales como minerales incluidos, fenómenos de crecimiento y grietas disminuyen la pureza de un diamante.

Reciben el nombre colectivo de «inclusiones», si bien anteriormente eran llamados también «defectos» o «carbones». Si al observar un diamante tallado con una lupa a diez aumentos no se reconoce ninguna inclusión, se le denomina «puro a nivel de lupa». Si aparecen defectos o taras con un aumento de lupa mayor, no se tienen en cuenta en la gradación.

Gradación según la talla Para la calificación de la talla de un diamante tallado en brillante hay que considerar la forma y tipo de talla, las proporciones, simetría, así como las características externas. Como norma de talla se sigue en Alemania la «talla fina en brillante» (pág. 97), en el norte de Europa el «brillante estándar escandinavo», en Estados Unidos el «brillante Tolkowsky».

La tabla siguiente contiene, simplificadas, las normas RAL 560 A5E publicadas en 1971.

GRADACIÓN SEGÚN LA TALLA DE LOS DIAMANTES TALLADOS EN BRILLANTE

RAL 560 A5E	DEFINICIÓN
Muy bueno (very good)	Brillo excelente. Pocas marcas externas o insignificantes y externas. Muy buenas proporciones.
Bueno (good)	Brillo bueno. Algunas marcas externas. Proporciones con alguna anomalía.
Medio (medium)	Brillo disminuido. Varias marcas externas más grandes. Proporciones con anomalías considerables.
Escaso (poor)	Brillo significativamente disminuido. Marcas externas grandes y/o abundantes. Proporciones con anomalías muy claras.

Diamantes famosos (reproducciones en la página siguiente) Una larga lista de diamantes ha alcanzado la fama, ya sea por su tamaño, por su belleza o por su legendario pasado.

1. **Dresden** 41,00 ct. Probablemente procedente de la India, se desconocen sus orígenes. En 1742 fue comprado por Augusto el Fuerte, elector de Sajonia, presuntamente por 400.000 táleros. Toma el nombre del lugar donde se conserva, la Grünen Gewölbe/Dresden.

2. **Hope** 44,52 ct. Aparece en el mercado en 1830 y es adquirido por el banquero H. Ph. Hope (de ahí su nombre). Probablemente tallado de una piedra robada. Desde 1958 en el Smithsonian Institut/Washington.

3. **Cullinan I** o **Estrella de África** 530,20 ct. Tallado por la firma Asscher de Amsterdam en 1908, junto con otras 104 piedras, a partir del mayor diamante en bruto, con 3.106 ct, el Cullinan (en honor a sir Th. Cullinan, presidente de una compañía de minas). Adorna el cetro del rey Eduardo VII de Inglaterra. Conservado en la Torre de Londres.

4. **Sancy** 55,00 ct. Supuestamente llevado por Carlos el Atrevido (aprox. 1470). En 1570, adquirido por el plenipotenciario francés en Turquía, De Sancy (de ahí el nombre). Desde 1906, propiedad de la familia Astor, Londres. Hoy en el Louvre/París.

5. **Tiffany** 128,51 ct. Encontrado en la mina Kimberley de Sudáfrica en 1878, con un peso en bruto de 287,42 ct. Adquirido por la compañía joyera Tiffany de Nueva York (de ahí el nombre). Tallado con 90 facetas en París.

6. **Kohinoor** 108,93 ct. Inicialmente de forma redondeada, con 186 ct, en posesión de príncipes indios. En 1739 adquirido por el Sha de Persia, quien le dio el nombre de «montaña de la luz» (Koh-i-noor). Pasa a manos de la East Indian Company, que se lo regala a la reina Victoria en 1850. Tallado, ocupa un lugar en la corona de la reina María, casada con Jorge V y finalmente en la corona de la reina Isabel. Está en la Torre de Londres.

7. **Cullinan VI** 11,50 ct. Una de las 105 piedras talladas obtenidas a partir del mayor diamante jamás encontrado, el Cullinan (n.° 3). Se encuentra en la corona de la reina María. Conservado en la Torre de Londres.

8. **Nassak** 43,38 ct. Inicialmente de más de 90 ct, se encontró en un templo a Shivá, en Nassak, India. Fue botín de guerra de los ingleses en 1918. Tallado en 1927 en Nueva York. Hoy es de propiedad particular, en EE.UU.

9. **Sha** 88,70 ct. Procede de la India. Pulido, tiene planos de exfoliación. Lleva tres inscripciones con los nombres de sus propietarios (el Sha de Persia). Regalado en 1829 al zar Nicolás I. Conservado en el Kremlin/Moscú.

10. **Florentino** o **Toscano** 137,27 ct. De origen legendario, en 1657 pasó a manos de los Médici de Florencia. En el siglo XVIII, pasó a los Habsburgo, luego usado como broche. Paradero desconocido desde 1919.

Otros diamantes tallados importantes (en quilates): Cullinan II (317,40; fig. pág. 9), Centenary (273,85), De Beers (234,50), Gran Mogol (280,00), Jonker (125,65), Jubilee o Reitz (245,35), Nizam (277,00), Orlow (189,60), Regente o Pitt (140,50), Victoria (228,50).

Tamaño para los diamantes en bruto apropiados para la joyería (en quilates): Cullinan (3.106), Excelsior (995,20), Estrella de Sierra Leona (968,90), Gran Mogol (787,50), Woyie River (770,00), Presidente Vargas (726,60), Jonker (726,60), Jubilee o Reitz (650,80), Dutoitspan (616,00), Baumgold (609,25), Lesotho (601,25), Centenary (599,00), Nizam (440,00), De Beers (428,50).

1
2
3
4
5
6
7
8
9
10

Evolución de la talla del diamante

Si bien el diamante se conoce desde hace más de dos mil años, no empieza a ser trabajado para mejorar su efecto óptico hasta el siglo XIII. Anteriormente, sólo se habían usado piedras en bruto, cuyas aristas afiladas ocasionalmente eran lijadas.
Ahora, sin embargo, se pulen con mucho cuidado las superficies planas del cristal octaédrico natural. Este «cristal agudo», llamado así por su forma cristalina, es la primera talla verdadera del diamante. Se encuentra en el inicio de una serie evolutiva cuya culminación está representada por la talla moderna en brillante.
A inicios del siglo XV, aparece la «talla en tabla», un cristal octaédrico con una gran superficie plana superior, la tabla, y una pequeña superficie en el vértice inferior (denominada calette).
Al mismo tiempo habría aparecido el Dünnstein por partición o pulido de los dos vértices del octaedro.
Con la utilización de la muela desde finales del siglo XV se hace posible una mejora de la técnica de la talla en facetas. Junto a las facetas naturales del cristal, se van añadiendo cada vez más facetas adicionales para incrementar el efecto óptico de la piedra. A mediados del siglo XVI, se da un nuevo paso, partiendo de la «talla en tabla», en la evolución hacia una piedra facetada con tabla poliédrica. Cada una de las cuatro aristas laterales de las partes superior e inferior se tallan en una faceta. A este tipo se le conoce como «talla sencilla», y presenta un total de 18 facetas incluyendo la cara del vértice inferior.
El siguiente paso se originó añadiendo nuevas facetas sobre las aristas laterales. Este tipo es llamado «talla doble» y presenta un total de 34 caras y la corona redondeada. También es conocido como talla Mazarino, debido a que se originó por una sugerencia del cardenal francés del mismo nombre hacia 1650.
Se dice que un tallista veneciano, presuntamente Vincenzo Peruzzi desarrolló una talla del diamante con 58 facetas a finales del siglo XVII. A pesar de que las facetas son algo irregulares y la corona no resulta totalmente circular, esta talla, denominada «talla triple» o «talla Peruzzi», está ya muy cercana a la actual talla en brillante, y no sólo por el igual número de facetas.
Talla en brillante La culminación de esta evolución es lo que se conoce como talla en brillante, alcanzando así el diamante su máximo esplendor como piedra preciosa.
La talla en brillante se desarrolla hacia el año 1910, a partir de la llamada «talla antigua», del siglo pasado. Sus características son: una corona totalmente circular, como mínimo 32 facetas y la tabla en la parte superior, como mínimo, 24 facetas (y a veces una calette, es decir, un vértice romo apuntado) en la parte inferior.

TALLA HISTÓRICA DEL DIAMANTE

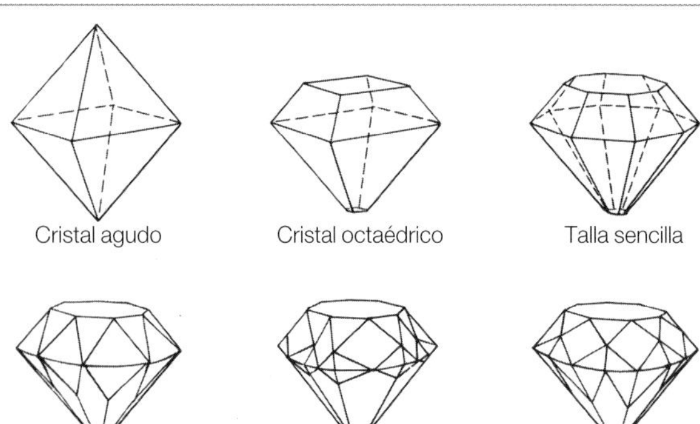

DENOMINACIONES DE LAS FACETAS DEL BRILLANTE

«La denominación "brillante" sin ninguna adición debe referirse únicamente al diamante redondo tallado en brillante. Los tipos de talla restantes se deberán caracterizar como tales de forma adecuada» (CIBJO, 1991). Pese a ello, tanto en el comercio como en el lenguaje popular, se denomina brillante a cualquier diamante tallado, no sólo a los tallados en brillante.

A base de práctica y de cálculos, se han desarrollado varios modelos de la talla moderna del brillante. Los más conocidos son los siguientes:

Brillante Tolkowsky (1919, Tolkowsky). Posee un brillo óptimo, y aprovechamiento de la luz. En EE.UU. es la base de la gradación según la talla.

Brillante ideal (1926, Johnson y Rösch). En absoluto tan aventajado como el nombre de a entender. Apenas brillo, apariencia algo deforme.

Talla fina en brillante (también llamada talla fina práctica,1949, Eppler). Proporciones calculadas basándose en los diamantes tallados con mayor brillo, por lo tanto desarrollada a base de práctica. En Alemania es la base de la gradación según la talla.

Brillante Parker (1951, Parker). Presenta un buen aprovechamiento de la luz; sin embargo, por su parte superior demasiado plana tiene una dispersión reducida, y por consiguiente un juego de colores pobre.

Brillante estándar escandinavo (1968). En los países escandinavos es la base de la gradación según la talla. Los valores fueron obtenidos de diamantes tallados.

Brillantes con más facetas (de las que son habituales): talla real (1941) con 86 facetas, talla magna (1949) con 102 facetas, talla Highlight (1963) con 74 facetas, talla Princess-144 (1965) con 146 facetas, Radiante (1980) con 70 facetas.

TALLA FINA EN BRILLANTE EN LA PRÁCTICA. TODOS LOS VALORES REFERIDOS AL DIÁMETRO DE LA CORONA

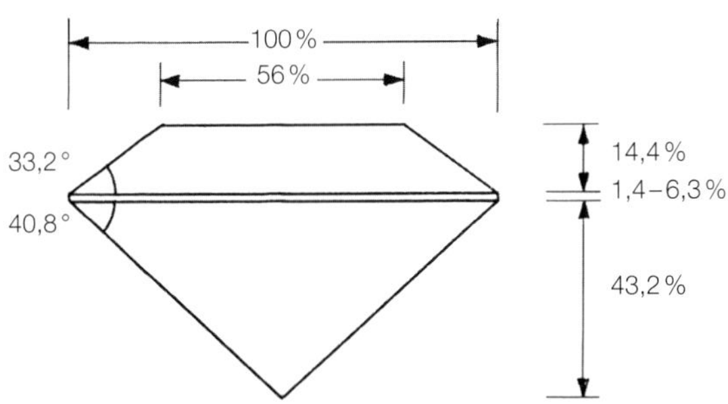

Grupo del corindón

En joyería se usan dos variedades de color del corindón, el rubí de color rojo y el zafiro (pág. 102), que se puede encontrar en todos los colores. Los corindones comunes, como tales sin calidad de piedra preciosa, sirven como agentes abrasivos y para el pulimentado. El esmeril, un conocido abrasivo, está compuesto mayoritariamente por grano fino de corindón, al cual se ha añadido magnetita, hematites y cuarzo.
El nombre corindón procede del mundo indio y es probable que se refiera a la gran dureza del mineral.

Rubí

Grupo del corindón

Color: rojo en diferentes tonalidades
Raya: blanca
Dureza de Mohs: 9
Densidad: 3,97-4,05
Exfoliación: ausente
Fractura: concoidea pequeña, astillosa, frágil
Cristales: (trigonal) prismas de seis caras o tablas, romboedros
Composición: Al_2O_3 óxido de aluminio

Transparencia: transparente a opaco
Ín. refracción: 1,762-1,778
Birrefringencia: -0,008
Dispersión: 0,018 (BG), 0,011 (CF)
Pleocroísmo: fuerte: rojo amarillento, rojo carmín oscuro
Absorción: 694, 693, 668, 659, 610-500, 476, 475, 468
Fluorescencia: fuerte: rojo carmín

El rubí debe el nombre a su color rojo (lat. *rubens*). No es hasta 1800 que se reconoció su pertenencia, juntamente con el zafiro, al grupo del corindón.
Anteriormente, se denominaba también rubí a la espinela roja y al granate, o se calificaban los tres como piedra del ántrax.
A menudo, su color rojo es algo diferente según el yacimiento, aunque de ningún modo es apropiado para deducir de ello el lugar de origen de las piedras, pues en un mismo yacimiento se pueden encontrar también distintas tonalidades. En efecto, las denominaciones «rubí de Birmania» o «rubí de Siam» inducen a error, y se deben entender más bien como un tipo de concepto de calidad. El color más codiciado es el denominado sangre de paloma, un rojo puro con una ligera tonalidad azulada. La distribución del color es a menudo desigual, en bandas o en manchas. La sustancia colorante es el cromo y, en los tonos pardos, también el hierro. Mediante el tratamiento térmico, las piedras de menor calidad adquieren mejores colores.
Cuando está en bruto, el rubí, tiene un aspecto opaco y graso, tallado, en cambio, posee un brillo casi como el del diamante.

El rubí es (junto con el zafiro) el mineral más duro después del diamante. La dureza es claramente distinta según la dirección.
El rubí no es exfoliable, pero se puede partir en determinadas direcciones con más facilidad. Por su fragilidad, hay que tener cuidado en el tallado y el engarzado.
Las inclusiones son bastante frecuentes. No comportan ninguna disminución de la calidad, sino que son una prueba de la autenticidad de los rubíes naturales frente a los sintéticos. El tipo de inclusión (otros minerales, grietas de tensión, fenómenos de crecimiento, canales u otros huecos) nos da a veces indicaciones sobre el yacimiento.

1. Rubí, cinco facetados
2. Rubí, dos gotas, 2,51 ct, Tailandia
3. Rubí, cabujón grabado, 30,97 ct
4. Rubí estrella, dos, Sri Lanka
5. Rubí ojo de gato, 6,64 ct
6. Rubí, cuatro cristales tabulares
7. Rubí, tres cristales prismáticos
8. Rubí, cristal redondeado
9. Rubí, cristal tabular
10. Rubíes en la roca madre, Noruega

Las imágenes han sido aumentadas un 10% con respecto a los originales.

1
2
3
4
5
6
7
8
9
10

Las inclusiones de agujas de rutilo producen o bien un suave brillo (llamado sedoso), o bien, con la correspondiente talla en cabujón, el efecto de ojo de gato (pág. 99, n.° ❺), así como el muy apreciado asterismo, con una estrella de seis puntas (pág. 99, n.° ❹),que se desliza por su superficie al mover la piedra.

Recientemente se encuentran en el mercado también rubíes de Trapiche, que se corresponden por su figura lumínica con la esmeralda de Trapiche (pág. 109).

Yacimientos La roca madre del rubí puede ser, principalmente, el mármol dolomítico, el gneis y el anfíbol, más raramente el basalto. Sin embargo, la proporción de rubí en estos yacimientos es demasiado baja para permitir una explotación comercial.

La extracción se realiza con mucha mayor frecuencia en yacimientos aluviales. Debido a su elevada densidad, el rubí se separa por lavado hasta un cierto grado de la grava, la arena y otros materiales de meteorización de color terroso y se acumula en un concentrado, del que finalmente se selecciona el rubí a mano.

Los métodos de producción son en muchos sitios muy primitivos. Si bien en minas estatales la mecanización no es precisamente la regla, es sin embargo mucho más frecuente que en las empresas privadas. Algunas compañías estatales (p. ej., en Mogok/ Myanmar) trabajan recientemente con maquinaria de alta tecnología, tanto a cielo abierto como bajo tierra. Los yacimientos de rubí más importantes se encuentran en Myanmar, Tailandia, Sri Lanka y Tanzania.

Los yacimientos de rubíes de Myanmar, cerca de Mogok, hace ya siglos que son explotados. La capa que contienen rubíes se encuentra varios metros por debajo de la superficie. Pero casi solamente un 1% de lo explotado tiene valor como piedra preciosa. Las piedras que sí pueden ser talladas son de color de sangre de paloma y cuentan como los rubíes más valiosos. Sin embargo, los ejemplares grandes son raros. Minerales asociados, a menudo con valor de piedra preciosa, son el berilo noble, el crisoberilo, el granate, la piedra luna, el zafiro, la espinela, el topacio, la turmalina y el zircón.

Los rubíes tailandeses suelen tener una tonalidad parda o violeta. Se extraen en el sudeste de Bangkok, en Chanthaburi, a partir de mamparos arcillosos.

Los pozos de extracción llegan hasta los 8 m de profundidad.

En Sri Lanka, los yacimientos de rubíes se hallan en el sudoeste de la isla, en la región de Ratnapura. Los rubíes extraídos de estos placeres («illam» en lengua indígena) son de un color de rojo claro a frambuesa. También se extraen rubíes en las aguas fluviales, a partir de la grava y la arena de la cuenca del río.

Desde los años cincuenta se explota en el norte de Tanzania una piedra decorativa, moteada de verde, una zoisita (aniolita) con rubíes bastante grandes (pág. 177, n.os ⓬ y ⓮), que se usa principalmente como piedra decorativa porque los cristales de rubí raramente son transparentes y no merece la pena tallarlos. En el curso alto del río Umba, en el noroeste del país, por el contrario, se encuentran rubíes con calidad de piedra preciosa, de un color de violeta a pardo rojizo.

Otros yacimientos se encuentran en Afganistán, Australia (Queensland, Nueva Gales del Sur), Brasil, India, Camboya, Kenia, Madagascar, Malawi, Nepal, Pakistán, Zimbabue, Tayikistán, Estados Unidos (Montana, Carolina del Norte) y Vietnam. Pequeños yacimientos de rubíes se hallan también en Suiza (Tesino), Noruega y la costa suroeste de Groenlandia.

Rubíes famosos El rubí es una de las piedras preciosas más caras. Grandes rubíes son más raros que diamantes del mismo tamaño. El rubí tallado más grande fue encontrado en Myanmar, pesaba 400 ct y fue partido en tres.

Piedras famosas de extraordinaria belleza son el Rubí Edward (167 ct) en el British Museum of Natural History/Londres, el rubí Estrella de Reeves (138,7 ct) en la Smithsonian Institution/Washington, el rubí Estrella De Long (100 ct) en el American Museum of Natural History/Nueva York, el rubí de la paz (Peace Ruby, 43 ct), llamado así porque fue encontrado en 1919, es decir, al finalizar la Primera Guerra Mundial. Innu-

Se atizan los sedimentos con piedras preciosas del lecho del río; Sri Lanka.

merables rubíes forman parte de coronas reales y otras joyas dinásticas. La corona bohemia de San Wenceslao (en Praga) lleva, p. ej., un rubí no facetado de unos 250 ct. Y también muchas piedras preciosas que habían sido tomadas por un rubí se han revelado a través de nuevas investigaciones como pertenecientes a otra clase, como el «Black Prince's Ruby» en la corona real inglesa (pág. 9) y el «Timur Ruby», de un collar perteneciente a las joyas de la casa real inglesa.
También las piedras preciosas en forma de gota en la corona de Wittelsbach de 1830 fueron tomadas por rubíes. Todas ellas son de hecho espinelas.
Trabajado Hoy en día la mayoría de piedras preciosas son talladas en los países donde fueron halladas. Como se busca aquí que la piedra conserve el máximo peso posible, las proporciones no siempre quedan del todo satisfactorias, de modo que muchas piedras deben ser trabajadas de nuevo por los tallistas europeos. Las piedras de calidad más transparentes se trabajan con las tallas en escalera y en brillante, las menos transparentes son talladas en cabujón o esculpidas.
Para relojes y cojinetes, antiguamente una aplicación técnica del rubí de gran importancia, se usan ahora sólo rubíes sintéticos.
Posibilidades de confusión con el almandino (pág. 120), la fluorita (pág. 214), el jacinto (pág. 124), el piropo (pág. 120), la espinela (pág. 116), el topacio (pág. 118), la turmalina (pág. 126) y el zircón (pág. 124).
Desde principios de siglo hay rubíes sintéticos con calidad de piedras preciosas (pág. 267), que se parecen a los naturales en sus propiedades físicas, en las químicas y especialmente en las ópticas. La mayoría de ellos, sin embargo, se puede distinguir por la falta de inclusiones, así como porque, a diferencia de los rubíes naturales, dejan pasar las ondas UV.
Se pueden encontrar innumerables imitaciones en el mercado, especialmente imitaciones en vidrio y dobletes con la parte superior de granate y la inferior de vidrio o la superior de zafiro natural y la inferior de rubí sintético.
Circulan muchas denominaciones en el mercado que inducen a error: el rubí balaje (espinela), el rubí de El Cabo (piropo) o el rubí de Siberia (turmalina).

Color: azul con distintas tonalidades, incoloro, rosa, naranja, amarillo, verde, violeta y negro
Raya: blanca
Dureza de Mohs: 9
Densidad: 3,95-4,03
Exfoliación: ninguna
Fractura: concoidea, irregular, astillosa
Cristales: (trigonal) con dos puntas, en forma de tonel, pirámides de seis caras, en tabla
Composición: Al_2O_3 óxido de aluminio

Transparencia: transparente a opaco
Ín. refracción: 1,762-1,778
Birrefringencia: - 0,008
Dispersión: 0,018 (BG), 0,011 (CF)
Pleocroísmo: Z. azul medio: azul oscuro, azul verdoso;
Z. amarillo débil: amarillo, amarillo claro;
Z. verde débil: verde amarillo, amarillo;
Z. violeta medio: violeta, rojo claro
Absorción: Z. azul de Sri Lanka: 471, 460, 455, 450, 379;
Z. amarillo: 471, 460, 450;
Z. verde: 471, 460-450
Fluorescencia: Z. azul: ninguna;
Z. incoloro: naranja amarillo, violeta

La denominación zafiro (gr. azul) se utilizó antiguamente para diferentes piedras. Entre los antiguos, y en parte también hasta la Edad Media, se entendía bajo este nombre mayoritariamente nuestro laspislázuli. Alrededor de 1800 se descubrió que tanto el rubí como el zafiro presentan calidades de piedra preciosa del corindón. En un primer momento se aplicó el nombre sólo a la variedad azul, a los corindones de diferentes colores (a excepción del rojo) se los designó con nombres en parte equívocos, como, por ejemplo, «peridoto oriental» para la variedad verde o «topacio oriental» para el corindón amarillo.
Hoy entendemos por zafiro todos los corindones no rojos con calidad de piedra preciosa. Las variedades rojas se denominan rubíes (pág. 98). Los distintos colores del zafiro son indicados con un calificativo, p. ej., zafiro verde o zafiro amarillo.
El nombre zafiro sin ningún añadido se refiere siempre al zafiro azul. El zafiro incoloro se llama leucozafiro (gr. «blanco»), el zafiro de un color de amarillo anaranjado a naranja amarillento, Padparadscha (singalés «flor de loto») ❼.
No hay una delimitación precisa entre las dos variedades, el zafiro y el rubí.
Los corindones de color rojo claro, rosa o violeta se incluyen normalmente entre los zafiros, pues aquí tienen un valor independiente junto con los otros colores, mientras que con los rubíes se contarían entre los de menor valor.
Las sustancias colorantes son, para el zafiro azul el hierro y el titanio, para el violeta el vanadio. El hierro de tres valencias determina los tonos amarillo y verde, el cromo el rosa, mientras que el cromo, el hierro y el vanadio producen las tonalidades naranja. El más valorado es el azul aciano. Bajo luz artificial algunos zafiros pueden aparecer de color tinta o azul oscuro.
Con tratamiento térmico a temperaturas de entre 1.700-1.800 °C los zafiros turbios y de colores poco atractivos y sin brillo procedentes de determinados yacimientos pueden adquirir un azul brillante, un color estable.
La dureza es semejante a la del rubí y del mismo modo variable según las direcciones (¡importante para el tallista!). No hay una fluorescencia característica para todos los zafiros.

❶ Zafiro, ovalado, 5,73 ct, Tailandia
❷ Zafiro estrella, 9,46 ct, Myanmar
❸ Zafiro, tallado en brillante, 2,81 ct
❹ Zafiro, seis facetados, total 2,43 ct, Tanzania
❺ Zafiro, ovalado, 1,62 ct, Sri Lanka
❻ Zafiro, en forma de gota, 6,09 ct
❼ Zafiro, amarillo, el denominado Padparadscha, 11,32 ct, Sri Lanka
❽ Zafiro, antigua, 5,18 ct
❾ Zafiro, antigua, 3,74 ct
❿ Zafiro, cinco formas cristalinas
Las imágenes han sido aumentadas un 30% con respecto a los originales.

1
2
3
4
5
6
7
8
9
10

Las inclusiones de agujas de rutilo producen un brillo sedoso, las agujas orientadas, es decir, cuando la talla se ajusta a su dirección (y a veces también grietas muy finas) producen el efecto de ojo de gato o una estrella de seis puntas, el zafiro estrella (pág. 103, n.° 2).

Yacimientos Las rocas madre del zafiro pueden ser rocas calcáreas dolomíticas, mármoles, basaltos o pegmatitas. La extracción se realiza en yacimientos aluviales o de meteorización, más raramente en roca compacta. Los métodos de explotación son muy sencillos. Hoyos excavados a mano permiten la explotación de los estratos profundos que contienen las piedras preciosas. La separación de la arcilla, la arena y la grava se realiza por lavado de las piedras preciosas, aprovechando su mayor densidad. La selección final se realiza a mano.

El zafiro es mucho más abundante que el rubí porque las sustancias colorantes del zafiro son más frecuentes que aquellas del rubí. Los yacimientos más importantes de zafiros se encuentran en Australia, Myanmar, Sri Lanka y Tailandia.

Los yacimientos de Queensland, en Australia, se conocen desde 1870. La roca madre es el basalto; de los detritos de su meteorización se obtienen por lavado los zafiros, en parte con un importante empleo de medios técnicos. La calidad es modesta. Bajo luz artificial, el azul oscuro de la piedra aparece color tinta, azul verdoso o casi negro, mientras que calidades más claras tiran a azul. Recientemente se extraen en Queensland también zafiros estrella negros. Minerales acompañantes son el piropo, el cuarzo, el topacio, la turmalina y el zircón. Desde 1918 se extraen en Nueva Gales del Sur zafiros con un azul de buena calidad. En los últimos años, estos yacimientos han sido cada vez más productivos.

En Myanmar, junto a Mogok, se explotan yacimientos aluviales, en parte con métodos modernos, donde, además de zafiros, se extraen rubíes y espinelas.

La roca madre es una pegmatita. En 1966 se encontró aquí el zafiro estrellado más grande del mundo, un cristal de 63.000 quilates (=12,6 kg). En Sri Lanka se extraen zafiros ya desde la antigüedad. Los yacimientos se encuentran principalmente en el suroeste de la isla, en la región de Ratnapura. La roca madre es una calcárea dolomítica incluida en granito o gneis. Se explotan los placeres de guijarros (denominados «illam» en la lengua indígena), de un espesor entre 30 y 60 cm y situados entre 1 y 10 m de profundidad. Los zafiros son mayoritariamente de color azul oscuro que tira a violeta, aunque también hay variedades de color amarillo y naranja (Padparadscha), así como piedras de color verde, rosa, pardo y hasta incoloro, y además zafiros estrella y zafiros ojo de gato. Muchos minerales acompañantes: apatito, epidoto, granate, cuarzo, rubí, espinela, topacio, turmalina y zircón.

En Tailandia hay dos yacimientos de zafiros, uno en la región de Chantabun, al sureste de Bangkok y el otro cerca de Kanchanaburi, al noroeste de Bangkok.

La roca madre originaria es de mármol o de basalto y la explotación se realiza en placeres o yacimientos de meteorización. Buenas calidades de los zafiros, de distintos colores, también zafiros estrella. Los zafiros azules poseen colores oscuros, que tienden a azul verde.

Los zafiros más apreciados provenían de Cachemira/India, donde los yacimientos se encuentran a 5.000 m de altitud, en Zaskar. Desde 1880, se explotan con resultados desiguales. Actualmente, parece ser que los yacimientos están agotados. La roca madre es un filón de pegmatita, muy caolinizado, en pizarras cristalinas. De los detritos de su meteorización se obtienen zafiros de color azul flor de trigo oscuro, con frecuencia sedosos. Las piedras ofrecidas actualmente como zafiros de Cachemira provienen generalmente de Myanmar.

En 1894 se descubrieron los yacimientos de zafiros de Montana /Estados Unidos.

La roca madre es un filón de andesita. La extracción de las piedras preciosas se realiza en la roca madre directamente o en los detritos de meteorización.

Obtención de piedras preciosas por lavado; Sri Lanka.

Los colores de los zafiros son muy diferentes, aunque son frecuentes el azul pálido o el azul acerado. Su explotación ha sido interrumpida repetidas veces.
Otros yacimientos se encuentran en Brasil (Mato Grosso, Minas Gerais), China, Camboya, Kenia, Laos, Madagascar, Malawi, Nigeria, Ruanda, Zimbabue, Tayikistán, Tanzania y en Estados Unidos (Montana).
También han sido encontrados zafiros aisladamente en Finlandia (Laponia).
Zafiros famosos Los zafiros grandes son verdaderas rarezas. A algunos se les ha dado nombre propio, como a algunos diamantes. El American Museum of Natural History/Nueva York conserva el «Estrella de la India», probablemente el mayor zafiro estrella tallado (536 ct), y el «Estrella de Medianoche», un zafiro estrella negro (116 ct). El «Estrella de Asia», un zafiro estrella de 330 quilates fue adquirido por el Smithsonian Institution/Washington. Dos zafiros muy conocidos, el zafiro de «St. Edward» y el zafiro «Stuart», pertenecen al tesoro de la corona inglesa. En EE.UU. se esculpieron dos estatuas representando los bustos de los presidentes del país, Washington, Lincoln y Eisenhower, y utilizaron para ello tres grandes zafiros de unos 2.000 quilates cada uno.
Posibilidades de confusión con un gran número de piedras preciosas. El zafiro azul se parece a la benitoíta (pág. 200), la cordierita (pág. 196), la indicolita (pág. 126), la kyanita (pág. 212), la espinela (pág. 116), la tanzanita (pág. 176), el topacio (pág. 118), el zircón (pág. 124) y el vidrio azul.
Algunos ejemplos de la gran cantidad de dobletes: vidrio de cobalto azul y una capa fina de granate como tabla. También parte superior de zafiro verdoso y base de zafiro azul sintético. Recientemente se han conocido dobletes constituidos por dos zafiros pequeños naturales.
La imitación del zafiro estrella puede hacerse utilizando cuarzo rosado estrella, en cuya parte inferior plana se pega un esmalte azul, o bien grabando estrellas en la parte plana de un cabujón sintético o vidrio.
A principios de siglo se obtuvieron zafiros sintéticos con propiedades muy semejantes a las del zafiro natural. Desde 1947 se conocen también zafiros estrella sintéticos con calidad de piedra ornamental.

Grupo del berilo

Muchas variedades del berilo son consideradas piedras preciosas y ornamentales. Los berilos verdes se llaman esmeraldas, los azules aguamarinas (pág. 110). Los demás berilos de otros colores con calidad de piedra preciosa se denominan berilos nobles (pág. 112). El nombre berilo procede del mundo indio y ha sido desde entonces el nombre para designar la misma piedra preciosa.

Esmeralda — Grupo del berilo

Color: verde esmeralda, verde, verde amarillento
Raya: blanca
Dureza de Mohs: 71/2-8
Densidad: 2,67-2,78
Exfoliación: imperfecta
Fractura: concoidea pequeña, desigual, frágil
Cristales: (hexagonal) prismas de seis caras
Composición: $Al_2Be_3[Si_6O_{18}]$
silicato de berilio y aluminio

Transparencia: transparente a opaca
Ín. refracción: 1,565-1,602
Birrefringencia: -0,006
Dispersión: 0,014 (BG), 0,009-0,013 (CF)
Pleocroísmo: medio: verde, azul,
azul verde a amarillo verde
Absorción: 683, 681, 662, 646,
637, (606),(594), 630–580, 477, 472
Fluorescencia: generalmente ninguna

Su nombre viene del griego («smaragdos»), que significa piedra verde. En la antigüedad se denominaba así no sólo a la esmeralda sino además, quizás a todas las piedras preciosas verdes entonces conocidas.
La esmeralda es una piedra preciosa del grupo del berilo. Su verde es tan incomparable que a esta tonalidad de color se la denomina precisamente «verde esmeralda». La sustancia colorante (en la «esmeralda auténtica») es el cromo. Los berilos cuyo color verde es producido por el vanadio no se denominan esmeraldas sino «berilo verde». Su color es sumamente resistente a la luz y al calor, siendo imposible modificarlo si no es a temperaturas superiores a los 700-800 °C. La distribución del color es frecuentemente irregular. El tono más codiciado es el verde oscuro. Posee un brillo vítreo. La transparencia sólo se da en las calidades más finas, pues a menudo la esmeralda es enturbiada por inclusiones, pero que, a menos que sean excesivamente grandes, no disminuyen el valor de la piedra. En joyería se denomina «jardín» a dichos conjuntos de inclusiones.
En función de los yacimientos de los que proceda, las características físicas de la esmeralda, en especial el peso, la refracción y la birrefringencia, así como el pleocroísmo, pueden ser algo diferentes. Es común en la esmeralda una cierta fragilidad que, juntamente con frecuentes grietas de tensión, la hace sensible a la presión, y se ha de tener cuidado al calentarla.
Yacimientos Las esmeraldas se originan por la acción conjunta del magma fluyente y los procesos de transformación de las rocas metamórficas. Encontramos yacimientos en pizarras de biotita, arcilla esquistosa, rocas calcáreas y pegmatitas.
Los cristales se extraen casi a partir de la roca madre, donde la esmeralda se ha formado dentro de pequeños filones o en las paredes de cavidades vacías. No se pueden formar placeres aluviales porque la densidad de la esmeralda es como la del cuarzo. Yacimientos secundarios, sólo los de meteorización.

1. Esmeralda en la roca madre
2. Esmeralda, ovalada, 0,91 ct, Colombia
3. Esmeralda, dos gotas, total 1,59 ct
4. Esmeralda, dos octaedros
5. Esmeralda, antigua, 4,14 ct, Sudáfrica
6. Esmeralda, ovalada, 1,27 ct
7. Esmeralda, cabujón, 5,24 ct
8. Esmeralda, cabujón, 4,26 ct
9. Esmeralda, cabujón, 3,11 ct
10. Esmeralda, fase cristalina, Brasil

1
2
4
3
5
6
7
8
9
10

Los yacimientos de esmeraldas más relevantes se encuentran en Colombia. Son muy importantes las minas de Muzo, al noroeste de Bogotá. Ya explotadas por los incas, fueron redescubiertas en el siglo XVII tras una etapa de olvido. Las minas proporcionan en ocasiones piezas de muy alta calidad de tonos verde oscuro. La explotación se realiza mediante galerías y en terrazas escalonadas. Con varas, recientemente también con explosivos o bulldozers, se desmenuza la blanda roca madre, luego se seleccionan las esmeraldas a mano. La roca madre es una oscura arcilla esquistosa.

Otro yacimiento notable en Colombia, la minas de Chivor, se halla al noreste de Bogotá. También fue explotado por los incas. La roca madre son arcillas esquistosas de color gris negro y rocas calcáreas grises. Además de la explotación por terrazas a cielo abierto, también se realiza por galerías. En los últimos decenios se han descubierto otros yacimientos muy prometedores en Colombia.

Hay siempre una gran demanda de esas raras esmeraldas, que sólo se extraen en Colombia, las denominadas esmeraldas de Trapiche, un crecimiento en forma de rueda con varios cristales prismáticos (fig. pág. 109).

Sólo un tercio de las esmeraldas colombianas son aptas para la talla. Las que exceden el tamaño de una nuez son generalmente de menor calidad o poseen fracturas transversales.

En Brasil hay numerosos yacimientos y sus piedras suelen ser de tonos más claros que las esmeraldas colombianas, especialmente de color amarillo verdoso, aunque con muchas menos inclusiones poco deseables.

Desde la segunda mitad de los años cincuenta son explotados yacimientos de esmeraldas en Zimbabue. La más conocida es la mina de Sandawana en el sur del país. Produce piedras pequeñas, pero de muy buena calidad.

En el Transvaal Septentrional/Sudáfrica, se extraen esmeraldas con los métodos más modernos y gran uso de maquinaria (minas Cobra y Somerset). Pero sólo el 5% es de buena calidad. La mayoría de piedras son de tonalidad clara o turbias y sólo apropiadas para la talla en cabujón.

Alrededor de 1830 se descubrieron yacimientos de esmeraldas en los Urales, al norte de Ekaterimburgo (Swerdlowsk), que tuvieron un buen rendimiento al principio pero que ahora sólo consiguen introducir en el mercado unas pocas piedras. Raramente de buena calidad, la mayoría de cristales son opacos, turbios y de un color ligeramente

Selección manual en una mina de esmeraldas; mina Cobra/Sudáfrica.

verde amarillento. La roca madre es una pizarra de biotita mezclada con talco y clorita.
Otros yacimientos en Afganistán, Australia (Nueva Gales del Sur, al oeste de Australia), Chile, China, Ghana, India, Madagascar, Malawi, Mozambique, Namibia, Nigeria, Pakistán, Zambia, Tanzania y Estados Unidos (Maine, Connecticut, Carolina del norte).
Las minas de esmeraldas de la reina egipcia Cleopatra (alrededor del año 50 a. de C.), al este de Assuán, en el alto Egipto, sólo tienen valor histórico.

Esmeralda de Trapiche con crecimiento de varios cristales en forma de rueda.

También son conocidos los yacimientos de esmeraldas austriacos del valle de Habach, en Salzburgo. La roca madre es una pizarra de biotita y hornblenda. De interés sólo para los coleccionistas, las piedras son turbias, aunque la calidad del color es buena. Yacimientos aislados también en Noruega, al norte de Oslo.

Esmeraldas famosas Hay muchas esmeraldas de gran tamaño conocidas que ni en valor ni en fama se quedan a la zaga de diamantes y rubíes. En el British Museum of Natural History/Londres, el American Museum of Natural History/Nueva York, en el tesoro del Estado de Rusia, así como en el tesoro de la corona persa, se conservan magníficos ejemplares de varios cientos de quilates. Una joya que pertenece a la cámara del tesoro de Viena es un tarro de unciones de 12 cm de alto y 2205 quilates, que fue tallado de un único cristal de esmeralda.

Trabajado Debido a su sensibilidad a los golpes se desarrolló para la esmeralda una talla en escalera, en la cual las cuatro aristas son despuntadas con facetas (la denominada talla esmeralda).
Las variedades más transparentes y claras se tallan también en brillante. Las piedras turbias sólo son adecuadas para la talla en cabujón o en esfera, para collares.
También se hacen grabados, algunos de grandes dimensiones, en la esmeralda.
Desde no hace muchos años se han desarrollado en Israel talleres especializados en la talla de esmeraldas, después de que los tallistas de diamantes del país hubiesen perdido gran parte de su producción por la competencia india.

Posibilidades de confusión Por su color, es posible confundir la esmeralda con la aventurina (pág. 138), el demantoide (pág. 122), el diópsido (pág. 206), la dioptasa (pág. 210), la fluorita (pág. 214), la grosularia (pág. 122), la hiddenita (pág. 130), el peridoto (pág. 174), la uvarovita (pág. 122) y la verdelita (pág. 126).
Con frecuencia se encuentran en el comercio dobletes, formados por dos piedras auténticas de color tenue (esmeralda pálida, aguamarina, berilo o cristal de roca), unidas por una masa de color verde esmeralda. La parte inferior puede ser de vidrio o de espinela sintética. Las piedras naturales de la parte superior le proporcionan al doblete, por sus inclusiones y dureza, el carácter de autenticidad.
La primera esmeralda sintética se obtuvo en 1848. Desde principios del s. XX se desarrollaron diferentes procedimientos, y hasta 1950 se producen para el mercado, y de buena calidad. Los rayos UV ayudan en su reconocimiento.
Las esmeraldas sintéticas dejan pasar los rayos UV, las naturales no.
Para ocultar las imperfecciones, en ocasiones se sumergen las esmeraldas en aceites especiales o las preparan al vacío con resinas sintéticas.
Para un sustituto de la esmeralda hecho de cuarzo sintético teñido, pág. 280.

Aguamarina

Color: azul pálido a azul oscuro, azul verde
Raya: blanca
Dureza de Mohs: 7½-8
Densidad: 2,68-2,74
Exfoliación: imperfecta
Fractura: concoidea, desigual, frágil
Cristales: (hexagonal) prismas de seis caras
Composición: $Al_2Be_3[Si_6O_{18}]$
silicato de berilio y aluminio

Transparencia: transparente a opaca
Ín. refracción: 1,564-1,596
Birrefringencia: -0,004 a -0,005
Dispersion: 0,014 (BG), 0,009–0,013 (CF)
Pleocroísmo: medio: casi incoloro,
azul claro, azul, azul gris
Absorción: 537, 456, 427;
A. de Maxix: 695, 655, 628, 615, 581, 550
Fluorescencia: ninguna

La aguamarina (lat. «agua del mar») debe su nombre al color del agua del mar. El más apreciado es un azul oscuro. La sustancia colorante es el hierro. Al calentarlas a 400-450 °C, las piedras con menor calidad de color consiguen el deseado, y duradero, azul aguamarina. Un calor mayor produce una pérdida de color. Se debe tener mucho cuidado al trabajarla. Los colores también pueden ser mejorados con tratamiento de neutrones y rayos gamma, aunque los resultados no son duraderos.
La aguamarina es frágil y sensible a las presiones. Las inclusiones de finos canales huecos o de otros minerales, bien orientados, producen efecto ojo de gato y asterismo con estrellas de seis puntas. Brillo vítreo muy vívido.
Santa María Caracterización de la calidad para aguamarinas especialmente valiosas. El nombre proviene de la mina del mismo nombre en Ceará/Brasil.
Santa María Africana Caracterización de la calidad para valiosas aguamarinas provenientes de Mozambique, y comercializadas desde 1991. El nombre se refiere a la calidad «Santa María» de Ceará/Brasil.
Aguamarina de Maxixe Aguamarina de color azul oscuro. Se decolora con la luz del sol. Procede (desde 1917) únicamente de la mina Maxixe, en la minas Gerais/Brasil. Desde los años setenta es frecuente en el mercado, aunque es evidente que ha sido embellecida mediante radiación. El color no es estable.
Los yacimientos de aguamarina más importantes se encuentran en Brasil. Los en otro momento conocidos yacimientos rusos en los Urales, parecen hoy agotados. Otros yacimientos se hallan en Australia (Queensland), China, India, Kenia, Madagascar, Mozambique, Myanmar, Namibia, Nigeria, Zambia, Zimbabue, Sri Lanka, Tanzania y Estados Unidos. La roca madre son pegmatitas y granitos de grano grueso, así como sedimentos de meteorización. La mayor aguamarina con valor de piedra preciosa fue encontrada en 1910 en Marambaya/Minas Gerais (Brasil). Pesaba 110,5 kg, con 48,5 cm de largo y 41-42 cm de diámetro. De ella se tallaron muchas piedras preciosas, con un peso total que pasaba de los 10.000 ct. Si bien es verdad que se han encontrado aguamarinas de varias toneladas de peso, son opacas y de color gris y no se pueden ofrecer, por tanto, como piedra tallada. Las preferidas son la talla en escalera y en tijera con formas rectangulares u ovaladas alargadas. Las piedras turbias son talladas en cabujón o como esferas para collares.
Posibilidades de confusión con la euclasa (pág. 194), la kyanita (pág. 212), el topacio (pág. 118), la turmalina (pág. 126), el zircón (pág. 124) y las imitaciones en vidrio. Es posible producir la aguamarina sintética, pero no es comercializable. Lo que se ofrece en el mercado como aguamarina sintética es una espinela sintética teñida del color de la aguamarina.

1. Aguamarina, octógono, 72,46 ct
2. Aguamarina, octógono, 17,41 ct
3. Aguamarina, antigua, 45,38 ct
4. Aguamarina, navette, 25,58 ct
5. Aguamarina, antigua, 18,98 ct
6. Aguamarina, briolette, 6,65 ct
7. Aguamarina, cristal, 68,5 mm, 45 g
8. Aguamarina, tres cristales, total 77 g

1
2
3
4
5
6
7
8

Berilo noble

Color: amarillo oro, amarillo verde, amarillo, rosa, incoloro
Raya: blanca
Dureza de Mohs: 7½-8
Densidad: 2,66-2,87
Exfoliación: imperfecta
Fractura: concoidea, frágil
Cristales: (hexagonal) prismas de seis caras
Composición: $Al_2Be_3[Si_6O_{18}]$ silicato de berilio y aluminio

Transparencia: transparente a opaco
Ín. refracción: 1,562-1,602
Birrefringencia: -0,004 a -0,010
Dispersión: 0,014 (BG), 0,009-0,013 (CF)
Pleocroísmo: B. dorado débil: amarillo limón, amarillo; heliodoro débil: amarillo oro, amarillo verde; morganita medio:; rosa pálido, rosa azulado
Absorción: no determinable
Fluorescencia: morganita débil: lila

El término berilo noble incluye aquellas variedades de color del grupo del berilo que no son denominadas ni esmeralda (pág. 106) ni aguamarina (pág. 110).
El berilo noble es frágil y por tanto sensible a la presión, no se altera con los productos químicos que se emplean en el hogar y posee un brillo vítreo vívido.
Ocasionalmente tiene efecto de ojo de gato o asterismo. Los yacimientos son los mismos que los de la aguamarina (pág. 110). Se talla usualmente en escalera.
En el mercado, las variedades de color poseen un nombre específico o simplemente se designan con el nombre de la piedra más el del color (p. ej., berilo amarillo, berilo verde).
Bixbita ❸ Rojo grosella. El nombre se refiere a un tal M. Bixbi. Muchas veces se rechaza como variedad independiente. Yacimientos en Utah/EE.UU.
Berilo dorado ❶ El color oscila entre el amarillo limón y el amarillo oro. Raramente presenta inclusiones. A los 250 °C empieza a decolorarse. Yacimientos en Madagascar, Namibia, Nigeria, Zimbabue, Sri Lanka.
Goshenita ❺ Incolora. Extraído por primera vez de Goshen, en Massachusetts/EE.UU. Se usa a menudo como imitación del diamante o la esmeralda, colocando debajo de la piedra tallada una lámina de metal de color gris o verde. Yacimientos en Brasil, China, Canadá, México, Rusia y EE.UU.
Heliodoro ❷ ❻ Color verde amarillo claro. De nombre griego («regalo del sol»). Fue descubierto en 1910 en Namibia como una nueva variedad aunque ya se conocían en Brasil y Madagascar berilos del mismo color. Como no es posible una delimitación precisa de los tonos amarillo y verde amarillo respecto del berilo dorado, se niega que el heliodoro sea una variedad independiente de berilo noble y se le cuenta como un berilo dorado pálido.
Morganita ❹ (Sinónimo: berilo rosa) Suave color rosa a violeta, incluso insípido. Raramente presenta inclusiones. El nombre le viene del banquero y coleccionista americano J. P. Morgan. Densidad entre 2,71 y 2,90. A las calidades inferiores se les puede mejorar el color mediante tratamiento térmico a 400 °C. Yacimientos en Afganistán, Brasil, China, Madagascar, Mozambique, Namibia, Zimbabue, Estados Unidos (Utah, California). Existe la morganita sintética.
Posibilidades de confusión con muchas piedras preciosas debido a la variedad de colores del berilo noble. Los berilos nobles verdosos adquieren, mediante tratamiento térmico a 400-500 °C, el color azul de la aguamarina.
Sobre la delimitación de la esmeralda (pág. 106) frente al berilo noble verdoso no hay una opinión única, y es imposible diferenciarlos. Los berilos verdes teñidos de color cromo se incluyen, según la CIBJO, entre las esmeraldas.

❶ Berilo dorado, antigua, 28,36 ct
❷ Heliodoro, antigua, 45,24 ct
❸ Bixbita, antigua, 49,73 ct
❹ Morganita, antigua, 23,94 ct
❺ Goshenita, navette, 25,58 ct
❻ Heliodoro, ovalado, 29,79 ct
❼ Berilo noble, dos cristales, total 32,5 g
❽ Morganita, en bruto, 24,5 g

1
2
3
4
5
6
7
8

Crisoberilo

Color: amarillo oro, verde amarillo, verde, pardusco, rojo
Raya: blanca
Dureza de Mohs: 8½
Densidad: 3,70-3,78
Exfoliación: buena
Fractura: ligeramente concoidea, desigual
Cristales: (ortorrómbica) en tablas gruesas, maclas de penetración
Composición: $BeAl_2O_4$ aluminato de berilio

Transparencia: transparente a opaco
Ín. refracción: 1,746-1,763
Birrefringencia: +0,007 a +0,011
Dispersión: 0,015 (BG), 0,011 (CF)
Pleocroísmo: muy débil: rojo a amarillo, amarillo a verde claro, verde
Absorción: 504, (495), 485, <u>445</u>
Fluorescencia: generalmente ninguna; C. verde débil: rojo oscuro

El crisoberilo (gr. «oro») se conoce desde la antigüedad. Las variedades alexandrita y crisoberilo ojo de gato son muy apreciadas. La roca madre son pegmatitas graníticas, esquistos micáceos y placeres de piedras preciosas. Hay yacimientos de crisoberilos auténticos ❸ ❾ ❿ en Brasil (Minas Gerais, Espírito Santo) y Sri Lanka, además de Madagascar, Myanmar, Rusia, Zimbabue, Sudáfrica, EE.UU. (Colorado, Maine). Se talla en escalera, en brillante y en talla Ceilán. Es famoso el crisoberilo Hope (Londres), una piedra facetada de color verde claro de 45 ct, de la variedad azul verde (pág. 280).
Posibilidades de confusión con la andalucita (pág. 194), la brasilianita (pág. 206), el berilo dorado (pág. 112), la hiddenita (pág. 130), el peridoto (pág. 174), el zafiro (pág. 102), la sinhalita (pág. 202), la escapolita (pág. 204), la espinela (pág. 116), el topacio (pág. 118), la turmalina (pág. 126) y el zircón (pág. 124).
Alexandrita ❺ – ❽ (El nombre le viene del último zar Alejandro II) Fue descubierta en 1830 en los Urales. Bajo la luz natural es verde, bajo luz artificial (excepto con tubos fluorescentes) roja. Las piedras más gruesas muestran mejor el cambio de color. Se debe tener cuidado al trabajarla porque es sensible a la presión y puede sufrir cambios de color a grandes temperaturas.
Los antiguos yacimientos de los Urales están agotados. Yacimientos actuales son los de Sri Lanka y Zimbabue, desde finales de los años ochenta especialmente los de Brasil (Minas Gerais), y además India, Madagascar, Myanmar, Sudáfrica, Tanzania, Tasmania, Estados Unidos. La alexandrita más grande fue encontrada en Sri Lanka en 1876. La alexandrita tallada más grande pesa 66 ct y se encuentra en la Smithsonian Institution de Washington/EE.UU.
Posibilidades de confusión con el corindón sintético, la espinela sintética (pág. 267), la andalucita (pág. 194), el piropo (pág. 120). Dobletes con un buen cambio de color: parte superior granate rojo, inferior vidrio verde. Existe la alexandrita sintética.
Crisoberilo ojo de gato ❷ ❹ (Sinónimos: ojo de gato, cimofano) Canales huecos dispuestos en paralelo producen una línea luminosa plateada, que en piedras talladas suscita un ondulante efecto de luz. El crisoberilo ojo de gato tiene el nombre de ese efecto lumínico que recuerda a la pupila en forma de ranura de un gato. Bajo la forma abreviada «ojo de gato», se entiende siempre crisoberilo ojo de gato, todos los demás ojos de gato deberán indicarse con más precisión. Yacimientos en Sri Lanka, Brasil, China, India y Zimbabue.
Posibilidades de confusión con el cuarzo ojo de gato (pág. 140), la prehnita ojo de gato (pág. 204). Hay crisoberilos ojo de gato sintéticos y dobletes.

❶ Crisoberilo en la roca madre
❷ Crisoberilo ojo de gato, 24,09 ct
❸ Crisoberilo, 3,36 y 2,23 ct
❹ Crisoberilo ojo de gato, 4,33 ct
❺ Alexandrita bajo luz natural y artificial
❻ Alexandrita, ovalada, 0,80 ct
❼ Alex., macla de penetración de tres cristales
❽ Alexandrita ojo de gato, 2,48 ct
❾ Crisoberilo, ovalado, 9,24 ct
❿ Crisoberilo, antigua, 2,11 ct
⓫ Crisoberilo, cristal
⓬ Crisoberilo en la roca madre

1
2
4
3
5
6
10
7
8
9
11
12

Espinela

Color: rojo, pardo, azul, verde, negro
Raya: blanca
Dureza de Mohs: 8
Densidad: 3,54-3,63
Exfoliación: imperfecta
Fractura: concoidea, desigual
Cristales: (cúbico) octaedros, maclas, rombododecaedros
Composición: $MgAl_2O_4$ aluminato magnésico

Transparencia: transparente a opaco
Ín. refracción: 1,712-1,762
Birrefringencia: ninguna
Dispersión: 0,020 (BG), 0,011 (CF)
Pleocroísmo: ausente
Absorción: E. roja: 685, 684, 675, 665, 656, 650, 642, 632, 595-490, 465, 455
Fluorescencia: E. roja fuerte: roja; E. azul débil: rojiza, verde

En mineralogía el término espinela engloba todo un grupo de minerales semejantes. Sólo unos pocos de ellos tienen calidad de piedra preciosa.
Origen del nombre incierto, quizás del gr. «chispa» o del lat. «punta». Aparece en todos los colores, el más apreciado es un rojo semejante al rubí. Las sustancias colorantes son el hierro, el cromo, el vanadio y el cobalto. Son raros los ejemplares grandes, y aún más raras las espinelas estrella.
Rubicela ⑨ Viejo nombre para las variedades amarillentas, naranjas o parduscas.
Espinela balas ④ (Incorrectamente rubí balas) Variedad de un rojo pálido.
Pleonasto ① (Sinónimo: ceilanita) Espinela opaca que contiene hierro, de color de verde oscuro a negruzco. Densidad 3,63-3,90. $(Mg, Fe)Al_2O_4$.
Hercinita Espinela que contiene hierro, de color verde oscuro a negro. Densidad 3,95. Ín. refracción 1,80-1,83. Brillo vítreo. $Fe^{2+}Al_2O_4$.
Gahnita (Sinónimo: zinc espinela) Espinela azul, violeta o de color verde oscuro a negruzco. Densidad 4,00-4,62. $ZnAl_2O_4$. Imagen en la pág. 200, n.º 1.
Gahnospinela Espinela que contiene zinc, de color azul a azul oscuro. Densidad 3,58-4,06. Ín. refracción 1,712. Brillo vítreo. $(MgZn)ZnAl_2O_4$.
Picotita (Sinónimo: espinela cromífera) Espinela pardusca, verde oscuro o negruzca. Densidad 4,42. Brillo vítreo. $(Mg, Fe)(Al, Cr, Fe)_2O_4$.
Hasta hace 150 años no se reconoció la espinela como un mineral independiente, antes se contaba entre los rubíes. Algunas piedras famosas que fueron consideradas rubíes eran de hecho espinelas, como el «Black Prince's Ruby» de la corona inglesa (fig. pág. 9) o el «Timor Ruby» de 361 ct de peso, de un collar que pertenece a las joyas de la casa real inglesa. También las espinelas en forma de gota de la corona de Wittelsbach, de 1830, fueron consideradas rubíes.
Yacimientos, junto con rubíes y zafiros, en placeres aluviales, en Myanmar y Sri Lanka. Otros yacimientos en Afganistán, Australia, Brasil, Madagascar, Nepal, Nigeria, Tayikistán, Tailandia, Tanzania, EE.UU. (Nueva Jersey).
En el British Museum hay dos espinelas que pesan 520 ct cada una. El fondo del diamante de Moscú posee una espinela de más de 400 ct.
Posibilidades de confusión con la amatista (pág. 134), el crisoberilo (pág. 114), el piropo (pág. 120), el zafiro (pág. 102), el topacio (pág. 118), la turmalina (pág. 126), el zircón (pág. 124).
Desde los años veinte se pueden encontrar espinelas sintéticas (pág. 267), que imitan a las naturales y a otras, en especial el rubí.

① Pleonasto, cristal en la roca madre
② Espinela, 28,47 y 4,16 ct
③ Espinela, tres facetadas
④ Espinela, llamada Rubí balas, 17,13 ct
⑤ Espinela, antigua, 5,05 ct
⑥ Espinela, dos ovaladas, 7,96 y 5,32 ct
⑦ Espinela, azul, 15,08 y 30,11 ct
⑧ Espinela, doce con diferentes rojos
⑨ Rubicela, 3,14 y 5,07 ct
⑩ Espinela, cristales y otras piedras en bruto

1
2
3
4
5
6
7
8
9
10

Topacio Sinónimo: topacio noble

Color: incoloro, amarillo, pardo rojizo, azul claro, rosado, rojo, violeta, verde claro
Raya: blanca
Dureza de Mohs: 8
Densidad: 3,49-3,57
Exfoliación: perfecta
Fractura: concoidea, desigual
Cristales: (ortorrómbico) prismas con numerosas facetas en los extremos, con sección octogonal, franjas longitudinales
Composición: $Al_2[(F, OH)_2|SiO_4]$ silicato de aluminio fluorado

Transparencia: transparente a opaco
Ín. refracción: 1,609-1,643
Birrefringencia: +0,008 a +0,016
Dispersión: 0,014 (BG), 0,008 (CF)
Pleocroísmo: T. amarillo medio: amarillo limón, miel y paja; T. azul débil: azul claro, rosa, rosa, incoloro; T. rojo fuerte: rojo oscuro, amarillo, rosado
Absorción: T. rosa: 682
Fluorescencia: T. rosa débil: pardusco; T. rojo débil: pardo amarillo; T. amarillo débil: naranja amarillo

El nombre topacio no tenía anteriormente un significado unívoco, con él se nombraba todas las piedras preciosas amarillas y pardo doradas, y muchas veces también verdes. El nombre se deriva probablemente de un yacimiento en la isla Zebirget, en el mar Negro, antiguamente denominado topazos.
Las piedras preciosas hoy denominadas topacios no son de colores fuertes. El más frecuente es el amarillo con una tonalidad rojiza, el más apreciado el rosa a naranja rojizo. Las sustancias colorantes son el hierro y el cromo. Algunas variedades pardo amarillentas se decoloran progresivamente bajo la luz del sol.
Debido a su facilidad de exfoliación se debe ir con cuidado al tallar y al engarzar.
Brillo vítreo. Yacimientos en pegmatitas, aunque también en placeres. En el siglo XVIII Schneckenstein, en el sur de Vogtland/Sajonia, era el yacimiento de topacios más conocido. Hoy es Brasil (Minas Gerais) el productor más importante. De aquí procede el «topacio imperial» naranja rojo, mundialmente conocido. Otros yacimientos están en Afganistán, Australia, China, Japón, Madagascar, México, Mozambique, Myanmar, Namibia, Nigeria, Pakistán, Rusia (Urales, Transbaical), Zimbabue, Sri Lanka, Ucrania, Estados Unidos (Utah). También se encuentran topacios azul claro en Irlanda del Norte, Escocia y Cornualles/Inglaterra.

Se conocen topacios de varios quilos de peso. En 1964 fueron encontrados en Ucrania varios topacios azules de unos 100 kg cada uno. La Smithsonian Institution de Washington/EE.UU. posee topacios tallados de varios miles de quilates. Con piedras de color es usual la talla en escalera y en tijeras, con topacios incoloros o de color débil la talla en brillante. Los topacios con inclusiones poco deseables se tallan en cabujón.
Posibilidades de confusión con el apatito (pág. 210), la aguamarina (pág. 110), la brasilianita (pág. 206), el crisoberilo (pág. 114), el citrino (pág. 136), la danburita (pág. 198), el diamante (pág. 86), el berilo noble (pág. 112), la fluorita (pág. 214), la kunzita (pág. 130), la ortosa (pág. 180), la fenaquita (pág. 196), el rubí (pág. 98), el zafiro (pág. 102), la espinela (pág. 116), la turmalina (pág. 126), el zircón (pág. 124). Desde 1976 se conocen los topacios azules sintéticos, aunque son demasiado caros para ser comercializados. Mediante tratamiento térmico los topacios amarillentos de algunos yacimientos pueden transformarse en rosas, azules o incoloros.
Como en el mercado se designa topacio dorado a la variedad del cuarzo citrino (pág. 136) y topacio de Madeira a la amatista recalentada amarilla (pág. 134), los joyeros denominan topacio noble al auténtico.

1. Topacio, rectángulo, 46,61 ct, Brasil
2. Topacio, piedra en bruto, 225,50 ct, Brasil
3. Topacio, pedazo de cristal, 180,00 ct, Brasil
4. Topacio, ovalado, 93,05 ct, Afganistán
5. Topacio, octógono, 88,30 ct, Brasil
6. Topacio, talla fantasía, 32,44 ct
7. Topacio, dos ovalados, facetados, total 53,75 ct, Rusia
8. Topacio, cabujón, 17,37 ct, Brasil
9. Topacio, cristal, 65,00 ct, Brasil
10. Topacio, cristal, en Muttergestein

1
2
3
4
5
6
7
8
9
10

Grupo del granate

Grupo de piedras preciosas de diferentes colores con estructura cristalina semejante y composición química afín. Representantes: el piropo, el almandino y la espesartita (serie piralspita), la grosularia, la andradita y la uvarovita (serie ugrandita). El nombre (lat. «grano») lo debe a sus cristales redondeados o a la semejanza con las flores rojas del granado. Se entiende con este nombre los «carbúnculos» rojos piropo y almandino. Para granates sinéticos, v. pág. 270.

Datos comunes a todos los granates
Raya: blanca
Dureza de Mohs: 6½-7½
Exfoliación: de imperfecta a ninguna
Cristales: (cúbico) rombododecaedros, icositetraedros
Fractura: concoidea, astillosa, frágil
Transparencia: transparente a opaco
Birrefringencia: normalmente ninguna
Pleocroísmo: ausente
Fluorescencia: mayoritariamente ninguna
De brillo vítreo a brillo resinoso

Piropo ❹ ❺ — Grupo del granate

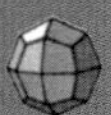

Color: rojo, a menudo tira a pardusco
Densidad: 3,62-3,87
Composición: $Mg_3Al_2[SiO_4]_3$ silicato de aluminio y magnesio
Ín. refracción: 1,720-1,756
Dispersión: 0,022 (BG), 0,013-0,016 (CF)
Absorción: 687, 685, 671, 650, 620–520, 505

El piropo (gr. «ígneo») fue una piedra de moda en los siglos XVIII y XIX, especialmente el «granate de Bohemia». Yacimientos: Argentina, Australia, Brasil, Madagascar, Myanmar, Nigeria, Rusia, Sudáfrica, Tanzania, Chequia, Estados Unidos. **Posibilidades de confusión** con el almandino (v. abajo), el rubí (pág. 98), la espinela (pág. 116), la turmalina (pág. 126). Imitaciones con vidrio rojo.
Rodolita ❻ ❼ ❽ Variedad rosada, cristal mezcla de piropo y almandino.

Almandino ❾ ❿ — Grupo del granate

Color: rojo, a menudo tira a violeta
Densidad: 3,93-4,30
Composición: $Fe_3^{2+}Al_2[SiO_4]_3$ silicato de hiero y aluminio
Ín. refracción: 1,770-1,820
Dispersión: 0,027 (BG), 0,013-0,016 (CF)
Absorción: 617, 576, 526, 505, 476, 462, 438, 428, 404, 393

El nombre se debe a una ciudad de Asia Menor. Yacimientos: Brasil, India, Madagascar, Austria, Pakistán, Sri Lanka, EE.UU. **Posibilidades de confusión** con el piropo (arriba), el rubí (pág. 98), la espinela (pág. 116), la turmalina (pág. 126).

Espesartina ❷ ❸ — Grupo del granate

Color: naranja a pardo rojizo
Densidad: 4,12-4,18
Composición: $Mn_3^{2+}Al_2[SiO_4]_3$ silicato de aluminio y manganeso
Transparencia: transparente, translúcida
Ín. refracción: 1,790-1,820
Dispersión: 0,027 (BG), 0,015 (CF)
Absorción: 495, 485, 462, 432, 424, 412

Por el yacimiento en Spessart. Brasil, China, Kenia, Madagascar, Myanmar, Namibia («E. Mandarín» pág. 279), Pakistán, Sri Lanka, Tanzania, EE.UU. **Posibilidades de confusión** con andalucita (pág. 194), crisoberilo (pág. 114), ó. de fuego (pág. 168), hesonita (pág. 122), titanita (pág. 210), topacio (pág. 118).

❶ Serie de granates, verde-amarillo-pardo-rojo
❷ Espesartita, cristales en la roca madre
❸ Espesarita, tres cabujones
❹ Piropo, cristal, icositetraedro
❺ Piropo, tres facetados
❻ Rodolita, talla en brillante, 4,02 ct
❼ Rodolita, navette, dos ovaladas
❽ Rodolita, cristal, redondeado
❾ Almandino en esquisto de mica
❿ Almandino, trapecio, ovalado, octógono

1
2
3
4
5
6
7
8
9
10

Grosularia ④ ⑤

Grupo del granate

Color: incoloro, verde, amarillo, pardo
Densidad: 3,56-3,73
Composición: $Ca_3Al_2[SiO_4]_3$
silicato de aluminio y calcio

Ín. refracción: 1,734-1,759
Dispersión: 0,020 (BG), 0,012 (CF)
Absorción: 697, 630, 605, 505
Fluorescencia: media: rojo naranja

Desde 1966 la grosularia (lat. «grosellero») se conoce en calidad de piedra preciosa. Yacimientos: Canadá, Kenia, Malí, Pakistán, Rusia (Siberia), Sri Lanka, Sudáfrica, Tanzania, Estados Unidos (Vermont). **Posibilidades de confusión** con el demantoide (abajo), la esmeralda (pág. 106), turmalina (pág. 126).

Hesonita ① ② ③ (Sinónimo: piedra canela) Variedad pardo rojiza. Yacimientos: Sri Lanka, así como Brasil, India, Canadá, Madagascar, México, Tanzania, Estados Unidos. **Posibilidades de confusión** con el crisoberilo (pág. 114) el jacinto (pág. 124), la casiterita (pág. 200), la espesartina (pág. 120).

Leucogranate ⑥ Variedad incolora. Yacimientos: Canadá, México, Tanzania.

Hidrogrosularia Originariamente una variedad de la grosularia, en 1984 fue identificada como un mineral independiente y nombrada katoita (pág. 280).

Tsavorita En 1974 se descubrieron variedades de color verde a verde esmeralda en Kenia y Tanzania. El nombre por el parque nacional de Tsavo. Fig. pág. 279.

Andradita

Grupo del granate

Color: negro, pardo, amarillo, verde
Densidad: 3,7-4,1
Composición: $Ca_3Fe_2^{3+}[SiO_4]_3$
silicato de calcio y hierro

Ín. refracción: 1,88-1,94
Dispersión: 0,057 (BG)
Absorción: 701, 693, 640, 622, 443

Nombre de un mineralogista portugués. Encontrado por primera vez en 1978.

Demantoide ⑦ El granate más valioso («brillo de diamante»), de verde a esmeralda. Yacimientos: China, Italia, Corea, Namibia, Rusia, EE.UU.
Posibilidades de confusión con la grosularia (arriba), el peridoto (pág. 174), la esmeralda (pág. 106), la espinela (pág. 116), la turmalina (pág. 126), la uvarovita (abajo).

Melanita ⑨ Variedad negra opaca (gr. «negra»). Yacimientos: Brasil, Francia, Italia, Marruecos, Suecia, EE.UU. (Colorado). Joya para el luto. **Posibilidades de confusión** con el vidrio negro.

Topazolita ⑩ Color de amarillo a amarillo limón, transparente y semejante al topacio. Yacimientos: Suiza, Alpes italianos, EE.UU. (California).

Granate arco iris Andradita con brillo opalescente. México. Fig. pág. 279.

Uvarovita ⑧

Grupo del granate

Color: verde esmeralda
Densidad: 3,41-3,52
Composición: $Ca_3Cr_2[SiO_4]_3$
silicato de calcio y cromo

Ín. refracción: 1,865
Dispersión: 0,027 (BG), 0,014-0,021 (CF)
Absorción: no determinable

Debe su nombre a un estadista ruso. España, Finlandia, India, Canadá, Polonia, Rusia (Urales), Sudáfrica, Taiwán, Turquía, EE.UU. (California). **Posibilidades de confusión** con demantoide (arriba) y esmeralda (pág. 106).

① Hesonita, cristal en la roca madre
② Hesonita, dos cabujones
③ Hesonita, tres facetadas
④ Grosularia, rombododecaedro
⑤ Grosularia, verde y pardo cuproso
⑥ Leucogranate, navette, 1,97 ct
⑦ Demantoide, tres en bruto y facetadas
⑧ Uvarovita, cristales, en parte redondeados
⑨ Melanita, dos pedazos de cristal
⑩ Topazolita, en bruto y facetada

1
2
3
4
5
6
7
8
9
10

Zircón

Color: incoloro, amarillo, pardo, naranja, rojo, violeta, azul, verde
Raya: blanca
Dureza de Mohs: 6½-7½
Densidad: 3,93-4,73
Exfoliación: imperfecta
Fractura: concoidea, muy frágil
Cristales: (tetragonal) prismas de cuatro caras cortos y rechonchos con caras finales piramidales
Composición: $Zr[SiO_4]$ silicato de zirconio

Transparencia: transparente
Ín. refracción: 1,810-2,024
Birrefringencia: +0,002 a +0,059, Z. de tipo bajo ninguna
Dispersión: Z. de tipo alto: 0,039 (BG), 0,022 (CF)
Pleocroísmo: Z. amarillo muy débil: amarillo miel, pardo amarillo; Z. azul medio: azul, amarillo gris a incoloro
Absorción: (Z. de tipo alto) 691, 689, 662, 660, 653, 621, 615, 589, 562, 537, 516, 484, 460, 433
Fluorescencia: Z. azul débil: naranja claro; Z. rojo o pardo débil: amarillo oscuro

El zircón, aunque bajo nombres diferentes, se conoce desde la antigüedad. El nombre actual procede probablemente del persa («color dorado»). Como consecuencia de su alto índice de refracción y su fuerte dispersión posee un gran brillo y un fuego intenso. Por su fragilidad es sensible a la presión y a los golpes, las aristas resultan fácilmente dañadas. Brillo vítreo a adamantino.
Su contenido en elementos radiactivos (uranio y torio) produce grandes variaciones de muchas de sus propiedades. Los zircones con los valores más altos de sus datos físicos se denominan zircones de tipo alto, aquellos con los valores más bajos, zircones de tipo bajo. En medio se encuentran los zircones de tipo medio. En los zircones verdes (de tipo bajo) la variación interior provocada por los elementos radiactivos es tan acusada que pueden ser casi amorfos. Estos zircones verdes, radiactivos, no se encuentran en el comercio, pero son muy buscados. Se conocen zircones con efecto ojo de gato.
Jacinto Variedad del zircón amarilla, roja amarillenta hasta pardo rojiza.
Jargón Variedad del zircón de amarillo paja a casi incolora.
Estarlita Variedad azul, producida por tratamiento térmico a otros zircones.
Yacimientos principalmente en placeres de forma redondeada: Camboya, Myanmar, Sri Lanka, Tailandia; también en Australia, Brasil, Corea, Madagascar, Mozambique, Nigeria, Tanzania.
Los más frecuentes en la naturaleza son los zircones pardo rojizos, los incoloros son raros. Mediante tratamiento térmico a zircones parduscos a temperaturas entre 800 y 1000 °C (especialmente en los países productores del sudeste asiático) se producen variedades incoloras y azules. Las variedades así obtenidas no son siempre duraderas. Las radiaciones ultravioletas, así como la luz solar, pueden producir modificaciones en el color.
Los zircones incoloros se tallan normalmente en brillante, las piedras de color también con la talla en escalera. Los zircones sintéticos sólo se usan para fines científicos.
Posibilidades de confusión con la aguamarina (pág. 110), el crisoberilo (pág. 114), el demantoide (pág. 122), el diamante (pág. 86), la hesonita (pág. 122), el zafiro (pág. 102), la sinhalita (pág. 202), el topacio (pág. 118), la turmalina (pág. 126), la vesubianita (pág. 202).
Los zircones recalentados incoloros pasan erróneamente por diamantes con el nombre de diamante «matura». Para el zirconio, v. pág. 270.

1. Zircón, rectángulo, 9,81 ct
2. Zircón, tallas en gota y en brillante
3. Zircón, tallado en brillante, 14,35 ct
4. Zircón, dos tallas en brillante
5. Zircón, ovalado, 5,11 ct
6. Zircón, octógono, 7,92 ct
7. Zircón, octógono, 4,02 ct
8. Zircón, cuatro tallas en brillante
9. Zircón, tres facetados
10. Zircón, en bruto

Las imágenes han sido aumentadas un 20% con respecto a los originales.

1
2
3
4
5
6
7
8
9
10

Grupo de la turmalina

El grupo de la turmalina engloba una serie de cristales mezclados.

Color: incoloro, rosa, rojo, amarillo, pardo, verde, azul, violeta, negro, multicolor
Raya: blanca
Dureza de Mohs: 7-7½
Densidad: 2,82-3,32
Exfoliación: imperfecta
Fractura: concoidea pequeña, desigual, frágil
Cristales: (trigonal) alargados con sección triangular y caras redondeadas, claras franjas longitudinales

Transparencia: transparente a opaco
Ín. refracción: 1,614-1,666
Birrefringencia: - 0,014 a -0,032
Dispersión: 0,017 (BG), 0,009-0,011 (CF)
Pleocroísmo: T. roja medio: rojo oscuro, rojo claro; T. parda medio: pardo oscuro, pardo claro; T. verde fuerte: verde oscuro, verde amarillo; T. azul fuerte: azul oscuro, azul claro.
Absorción: T. verde: 497, 461, 415
Fluorescencia: débil o ninguna

Aunque la turmalina ya era conocida en la cuenca mediterránea en la antigüedad, no fue hasta 1703 que los holandeses lo introdujeron en Europa central y occidental proveniente de Ceilán. Y designaron a la piedra con el término singalés, «turamali», que significa nada menos que «piedra de colores mezclados».
Acroíta (gr. «sin color») incolora o casi incolora. Muy rara.
Rubelita pág. 129, n.os ❷ ❹ (lat. «rojiza») Rosa a roja, ocasionalmente con una tonalidad violeta. El más apreciado es el rojo rubí.
Dravita pág. 129, ❶ ❼ ❽ (por «Drava» en Carintia) Amarillo pardo a pardo oscuro.
Verdelita pág. 129, n.os ❻ ⓭ («piedra verde»): todos los matices del verde.
Indigolita pág. 129, n.os ❸ ❺ ❿ – ⓬ ⓯ (por el color) Todos los tonos del azul.
Siberita (por un yacimiento en los Urales) Rojo lila a azul violeta; a veces se utiliza como sinónimo de la rubelita.
Chorlo ❹ ❺ Negro, muy común; se utiliza como joya de luto. El nombre se remonta a una antigua expresión del lenguaje de la minería.
Recientemente, en lugar de las variedades aparece cada vez más el nombre de la turmalina con el color del caso, p. ej., turmalina amarilla, turmalina rosa.
La ciencia mineralógica diferencia las turmalinas según la composición química. Los miembros más importantes son:
Elbaíta (por la isla Elba/Italia) $Na(Li,Al)_3Al_6[(OH)_4|(BO_3)_3|Si_6O_{18}]$ = turmalina litio. Turmalina paraiba en pág. 278.
Dravita (por el yacimiento en el río Drava, Carintia/Austria)
$NaMg_3Al_6\ [(OH)_4|(BO_3)_3|Si_6O_{18}]$ = turmalina magnesio.
Chorlo (de una antigua expresión minera para «bronce falso»)
$NaFe_3^{2+}(Al, Fe^{3+})_6\ [(OH)_4|(BO_3)_3|Si_6O_{18}]$ = turmalina hierro.
Bauergerita (por un erudito estadounidense)
$NaFe_3^{3+}Al_6\ [F|O_3|(BO_3)_3|Si_6O_{18}]$ = turmalina hierro.
Tsilaisita (de un nombre local de Madagascar)
$NaMn_3^{2+}Al_6\ [(OH)_4|(BO_3)_3|Si_6O_{18}]\ Si_6O_{18}]$ = turmalina manganesio.
Uvita (por una provincia de Sri Lanka) $Ca(Mg,Fe^{2+})_3\ (Al_5, Mg)\ [(F,OH)_4|(BO_3)_3|Si_6O_{18}]$ = turmalina magnesio.
Liddicoatita (por un gemólogo estadounidense)
$Ca(Li, Al)_3\ Al_6[(OH,F)_4|(BO_3)_3|Si_6O_{18}$ = turmalina calcio.

❶ Turmalina, 8 secciones transversales pulidas
❷ Rubelita ojo de gato, 1,87 ct
❸ Turmalina, cristales, columnares en cuarzo
❹ Chorlo, cristales, opacos
❺ Chorlo en cuarzo, tallado
❻ Turmalina, la llamada «sandía»
❼ Verdelita, dos cristales
❽ Turmalina, cristal, policromo

1
2
3
4
5
6
7
8

Las turmalinas de un solo color son muy raras. La mayoría posee diferentes tonalidades de color en el mismo cristal o también diferentes colores ⑯ ⑱. Popularmente se designa a las turmalinas casi incoloras con los extremos negros «cabeza de moro», las verdes con los extremos rojos «cabeza de turco». A menudo las turmalinas muestran diferentes colores para diferentes capas. Hay piedras que tienen el centro rojo, la capa interior blanca y la exterior verde. En otras el interior es verde y las capas rojas. Popularmente se denomina a la turmalina con el centro rojo y la corteza verde «sandía» [pág. 127, ⑥].

La turmalina ojo de gato existe en diferentes colores. Pero sólo en las variedades verde y rosa [pág. 127, ②] es clara la brecha luminosa. Algunas turmalinas presentan leves cambios de color bajo luz artificial. En la superficie del cristal brillo vítreo, en las superficies de fractura brillo graso.

Mediante calentamiento e inmediato enfriamiento de un cristal de turmalina, así como por presión o frotamiento, el cristal se carga eléctricamente y entonces atrae partículas de polvo y trocitos de papel (piroelectricidad y piezoelectricidad). Los holandeses, que fueron los que introdujeron la turmalina en Europa, conocían este efecto. Con turmalina calentada extraían las cenizas de sus pipas y llamaron, por ello, a esta curiosa piedra «Aschentrekker» (extractor de ceniza). Durante largo tiempo fue éste el nombre de la turmalina. Debido a su efecto piroeléctrico, la turmalina debe ser limpiada más a menudo que otras piedras preciosas y ornamentales.

Yacimientos en pegmatitas y en placeres. El productor más importante de turmalinas es Brasil (Minas Gerais, Paraiba). Otros yacimientos en Afganistán, Australia, la India, Kenia, Congo, Madagascar, Malawi, Mozambique, Myanmar, Namibia, Nepal, Nigeria, Pakistán, Rusia, Zambia, Zimbabue, Sri Lanka, Tanzania, Estados Unidos (California, Maine).

En Europa, se extraen turmalinas en Elba/Italia y en Suiza (Tesino).

Los colores más apreciados son el rosa, el rojo intenso y el verde, utilizados con diferentes tipos de talla. Debido a su fuerte pleocroísmo, las piedras oscuras se deben tallar de modo que las tablas queden paralelas a los ejes principales. En las piedras claras la cara de la tabla debe quedar perpendicular al eje longitudinal para conseguir un color más intenso.

Mediante calentamiento a 450-650 °C es posible la modificación del color en algunas turmalinas. Piedras verdes adquieren verde esmeralda, piedras pardo rojizas un rojo luminoso, otras se aclaran. Las turmalinas tratadas con rayos gamma no adquieren un color estable. Las turmalinas sintéticas son sólo adecuadas para fines científicos. Las turmalinas sintéticas que se ofrecen en el mercado son en realidad espinelas sintéticas con color de turmalina.

Posibilidades de confusión, debido a su riqueza cromática, con muchas piedras preciosas, en especial con la amatista (pág. 134), la andalucita (pág. 194), el crisoberilo (pág. 114), el citrino (pág. 136), demantoide (pág. 122), hiddenita (pág. 130), la kunzita (pág. 130), la morganita (pág. 112), el peridoto (pág. 174), la prasiolita (pág. 136), el rubí (pág. 98), la esmeralda (pág. 106), el topacio (pág. 118), la vesubianita (pág. 202), el circón (pág. 124).

① Dravita, dos facetadas
② Rubelita, ovalada, 1,73 ct
③ Indigolita, octógono, 6,98 ct
④ Rubelita, dos facetadas, total 4,55 ct
⑤ Indigolita, octógono y antigua
⑥ Verdelita, ovalada, 19,88 ct
⑦ Dravita, abovedada, 19,97 ct
⑧ Dravita, tres facetadas
⑨ Rubelita, ovalada, 6,16 ct
⑩ Indigolita, cristal
⑪ Indigolita, facetada, 2,97 ct
⑫ Indigolita, cristal
⑬ Verdelita, dos cabujones, 9,77 ct
⑭ Turmalina, dos facetadas, amarillo verde
⑮ Indigolita, tres cabujones
⑯ Turmalina, multicolor, 24 ct
⑰ Rubelita, tres cabujones
⑱ Turmalina, tres cristales

Las imágenes han sido aumentadas un 20% con respecto a los originales.

3
4
2
1
5
6
8
9
7
12
10
11
14
13
16
17
15
18

Grupo de la espodúmena

Pertenecientes al mineral espodúmena (gr. «color ceniza»), opaco, de color blanco a amarillento, se conocen desde hace tiempo la hiddenita y la kunzita, y desde 1970 variedades incoloras y transparentes (pág. 234), así como, recientemente, variedades verdes y amarillas. La espodúmena ojo de gato es rara.

Hiddenita ❶ – ❸ ❽ Grupo de la espodúmena

Color: amarillo verdoso, verde amarillento, verde esmeralda
Raya: blanca
Dureza de Mohs: 6½-7
Densidad: 3,15-3,21
Exfoliación: perfecta
Fractura: desigual, frágil
Cristales: (monoclínico) prismáticos, tabulares
Composición: LiAl [Si_2O_6] silicato de litio y aluminio

Transparencia: transparente
Ín. refracción: 1,660-1,681
Birrefringencia: +0,014 a +0,016
Dispersión: 0,017 (BG), 0,010 (CF)
Pleocroísmo: medio: verde azulado, verde esmeralda, verde amarillento
Absorción: 690, 686, 669, 646, 620, 437, 433
Fluorescencia: muy débil: rojo amarillo

La hiddenita (el nombre lo debe a su descubridor) fue encontrada como piedra preciosa en 1879 en Carolina del Norte/Estados Unidos. La sustancia colorante es el cromo o el hierro. Los colores se pueden decolorar. Intenso brillo vítreo. Se utiliza con la talla en escalera. Para obtener colores intensos, la tabla de las facetas debe quedar (por el pleocroísmo) perpendicular al eje principal de la piedra. Yacimientos en pegmatitas graníticas: en Brasil (Minas Gerais), Madagascar, Myanmar, EE.UU. (Carolina del Norte). **Posibilidades de confusión** con el crisoberilo (pág. 114), el diópsido (pág. 206), el berilo noble (pág. 112), el peridoto (pág. 174), la esmeralda (pág. 106), la verdelita (pág. 126).

Kunzita ❹ – ❼ Grupo de la espodúmena

Color: violeta rosado, violeta claro
Raya: blanca
Dureza de Mohs: 6½-7
Densidad: 3,15-3,21
Exfoliación: perfecta
Fractura: desigual, frágil
Cristales: (monoclínico) prismáticos, tabulares
Composición: LiAl [Si_2O_6] silicato de litio y aluminio

Transparencia: transparente
Ín. refracción: 1,660-1,681
Birrefringencia: +0,014 a +0,016
Dispersión: 0,017 (BG), 0,010 (CF)
Pleocroísmo: medio: colores de la amatista, rojo pálido, incoloro
Absorción: indeterminable
Fluorescencia: fuerte: rojo amarillento, naranja

La kunzita (nombre por un mineralogista estadounidense) fue analizada por primera vez en 1902. La sustancia colorante es el manganeso. De colores claros, pueden palidecer con el tiempo. Mediante tratamiento térmico a 150 °C se puede mejorar el color de las variedades pardo y verde violeta. Inclusiones orientadas en tubículos o grietas de curación. Vívido brillo vítreo.
Yacimientos en pegmatitas graníticas. El principal productor es Brasil (Minas Gerais). Otros yacimientos en Afganistán, Madagascar, Myanmar, Pakistán, EE.UU. **Posibilidades de confusión** con piedras rosas, amatista (pág. 134), morganita (pág. 112), petalita (pág. 204), cuarzo rosado (pág. 138), rubelita (pág. 126), zafiro (pág. 102), el topacio (pág. 118) y vidrio teñido.

❶ Hiddenita, octógono, 22,03 ct
❷ Hiddenita, en corazón de pera, 9,30 ct
❸ Hiddenita, octógono, 19,14 ct
❹ Kunzita, octógono, 16,32 ct
❺ Kunzita, ovalado, 3,13 ct
❻ Kunzita, antigua, 6,11 ct
❼ Kunzita, dos cristales
❽ Hiddenita, cristal y fragmento

1
2
3
4
5
6

7
8

Grupo del cuarzo

Cuarzo (significa «duro» en eslavo) es el nombre de un grupo de minerales de la misma composición química (SiO_2) y propiedades físicas semejantes. Distinguimos:
Cuarzos macrocristalinos (cristales reconocibles a simple vista): amatista, cuarzo amatista, aventurina, cristal de roca, cuarzo azul, citrino, ojo de halcón, prasio, prasiolita, cuarzo ojo de gato, cuarzo ahumado, cuarzo rosado y ojo de tigre.
Cuarzos microcristalinos (cristales microscópicos): ágata, dendrita, calcedonia, crisoprasa, heliotropo, jaspe, carneola, ágata musgosa y sardo.

Cristal de roca ❽ – ⓫ — Grupo del cuarzo

Color: incoloro
Raya: blanca
Dureza de Mohs: 7
Densidad: 2,65
Exfoliación: ninguna
Fractura: concoidea, muy frágil
Cristales: (trigonal) prismas de seis caras
Composición: SiO_2 dióxido de silicio

Transparencia: transparente
Ín. refracción: 1,544-1,553
Birrefringencia: +0,009
Dispersión: 0,013 (BG), 0,008 (CF)
Pleocroísmo: ausente
Absorción: no determinable
Fluorescencia: ninguna

El nombre «cristal» proviene de la palabra griega para «hielo», porque se pensaba que el cristal de roca estaba helado a perpetuidad. Se han encontrado cristales de roca de varias toneladas, pero piedras aptas para la talla son bastante raras. Ocasionalmente aparece con inclusiones de otros minerales, p. ej., goethita [cuarzo estrella, ⓬], oro, pirita, rutilo, turmalina [pág. 127, n.º ❺]. Brillo vítreo. Yacimientos en Brasil, Madagascar, Estados Unidos (Arkansas), en los Alpes. Se utiliza en bisutería como imitación del diamante. Con rayos gamma el cristal de roca adquiere un color ahumado.
Posibilidades de confusión con muchas piedras preciosas y ornamentales incoloras, así como con el vidrio. El cristal de roca sintético sólo se utiliza para fines industriales.

Cuarzo ahumado ❶ – ❼ — Grupo del cuarzo

Color: pardo a casi negro, gris ahumado
Raya: blanca
Dureza de Mohs: 7
Densidad: 2,65
Exfoliación: ninguna
Fractura: concoidea, muy frágil
Cristales: (trigonal) prismas de seis caras
Composición: SiO_2 dióxido de silicio

Transparencia: transparente
Ín. refracción: 1,544-1,553
Birrefringencia: +0,009
Dispersión: 0,013 (BG), 0,008 (CF)
Pleocroísmo: C. oscuro medio: pardo, pardo rojizo
Absorción: no determinable
Fluorescencia: por lo general ninguna

El nombre es por su color ahumado. Las piedras muy oscuras se denominan morion. La causa del color son los rayos gamma. El nombre comercial topacio ahumado no es admisible. Inclusiones de agujas de rutilo [❶ ❷, también pág. 58].
Yacimientos en Brasil, Madagascar, Rusia, Escocia, Suiza, Ucrania, Estados Unidos (Maine). Utilización semejante a la del cristal de roca.
Posibilidades de confusión con la andalucita (pág. 194), la axinita (pág. 198), la sanidina (pág. 220), la turmalina (pág. 126), la vesubianita (pág. 202).

❶ Cuarzo rosado, con inclusiones de rutilo
❷ Cuarzo rosado con rutilo, cabujón
❸ Cuarzo rosado, ovalado, 3,8 g
❹ Cuarzo rosado, dos cristales
❺ Cuarzo rosado, octógono, 5,6 g
❻ Cuarzo rosado, ovalado, 6,2 g
❼ Cuarzo rosado, cristal
❽ Cristal de roca, 4 facetados abovedados
❾ Cristal de roca, cristales y maclas
❿ Cristal de roca, talla en brillante, 5 g
⓫ Cristal de roca, baguette,1,8 g
⓬ Cuarzo estrella, 15 g

1
2
3
4
5
6
7

8
9
10
9
11
12

Amatista ❹–❽ — Grupo del cuarzo

Color: violeta, rojo violeta pálido
Raya: blanca
Dureza de Mohs: 7
Densidad: 2,65
Exfoliación: ninguna
Fractura: concoidea, muy frágil
Cristales: (trigonal) prismas de seis caras
Composición: SiO_2 dióxido de silicio
Transparencia: transparente
Ín. refracción: 1,544-1,553
Birrefringencia: +0,009
Dispersión: 0,013 (BG), 0,008 (CF)
Pleocroísmo: muy débil: violeta rojizo, gris violeta
Absorción: (550-520)
Fluorescencia: débil: verdosa

La amatista es la piedra más apreciada del grupo del cuarzo. El nombre en griego significa «no ebrio», pues en la antigüedad la amatista servía como amuleto contra la ebriedad.
Los cristales crecen siempre sobre una base. Los prismas están normalmente poco desarrollados y por ello predominan las puntas de cristales (amatista puntiaguda). Aquí es donde el color es más intenso. Estas partes son «percudidas», es decir, desgajadas para su posterior utilización. Mediante tratamiento térmico entre 470° y 750 °C se producen variedades de color amarillo claro, pardo rojizo, verdes o incoloras. Hay amatistas que se decoloran gradualmente bajo la luz solar. Pero con radiación de radio pueden adquirir de nuevo su color original.
La causa de su color es el hierro en combinación con el efecto de una elevada radiación. Bajo luz artificial la amatista es menos impresionante.
Se encuentra en drusas, grietas y placeres. Los yacimientos más importantes están en Brasil (amatista «Palmeira» de Rio Grande do Sul, amatista «Marabá» de Pará), Madagascar, Zambia, Uruguay; además en la India, Canadá, México, Myanmar, Namibia, Rusia, Sri Lanka, Estados Unidos (Arizona, Maine).
Los ejemplares de mejor calidad son facetados, los demás son trabajados como piedras barrocas o artesanalmente. La amatista fue una piedra preferida de los altos dignatarios de la iglesia.
Posibilidades de confusión con el berilo noble (pág. 112), la fluorita (pág. 214), la kunzita (pág. 130), la espinela (pág. 116), el topacio (pág. 118), la turmalina (pág. 126), el vidrio coloreado. La amatista sintética se encuentra muy extendida en el mercado.
Ametrina Variedad del cuarzo, compuesta de una parte de amatista y otra de citrino. Véanse páginas 240/241.

Cuarzo amatista ❶–❸ — Grupo del cuarzo

Color: violeta, con franjas blanquecinas
Raya: blanca
Dureza de Mohs: 7
Densidad: 2,65
Exfoliación: ninguna
Fractura: concoidea, muy frágil
Cristales: (trigonal) pseudomorfos
Composición: SiO_2 dióxido de silicio
Transparencia: transparente, opaco
Ín. refracción: 1,54-1,55
Birrefringencia: +0,009
Dispersión: 0,013 (BG), 0,008 (CF)
Pleocroísmo: ausente
Absorción: no determinable
Fluorescencia: ninguna

El cuarzo amatista es un pseudomorfo (no limitado por caras cristalinas) de la amatista, y presenta bandas incluidas de cuarzo lechoso. Los mismos yacimientos que la amatista. Se usa en collares, piedras barrocas, cabujones y objetos de artesanía.
Posibilidades de confusión con la fluorita rayada (pág. 214).

❶ Cuarzo amatista, en bruto
❷ Cuarzo amatista, siete abovedados
❸ Cuarzo amatista, disco pulido
❹ Amatista, navette, 3,94 ct
❺ Amatista, cuatro facetados
❻ Amatista, cristal doble
❼ Amatista, talla en brillante, 4,16 ct
❽ Capa de amatista sobre ágata

1
2
3
4
5
6
7
8

Citrino ❶–❻ Grupo del cuarzo

Color: amarillo claro a oscuro, pardo dorado
Raya: blanca
Dureza de Mohs: 7
Densidad: 2,65
Exfoliación: ninguna
Fractura: concoidea, muy frágil
Cristales: (trigonal) prismas de seis caras con pirámides
Composición: SiO_2 dióxido de silicio

Transparencia: transparente
Ín. refracción: 1,544-1,553
Birrefringencia: +0,009
Dispersión: 0,013 (BG), 0,008 (CF)
Pleocroísmo: C. natural débil: amarillo, amarillo claro; C. recalentado: ausente
Absorción: no determinable
Fluorescencia: ninguna

El nombre lo debe a su color amarillo limón. La sustancia colorante es el hierro.
Los citrinos naturales son raros. La mayoría de citrinos que se comercializan son amatistas (pág. 134) o cuarzos rosados (pág. 132) tratados térmicamente.
A los 470 °C la amatista brasileña se torna de un amarillo claro, a los 550- 560 °C amarillo oscuro a pardo rojizo. Algunos cuarzos rosados adquieren ya a los 200 °C el color amarillo limón.
Casi todos los citrinos recalentados presentan una tonalidad rojiza. Los citrinos naturales, en cambio, son predominantemente de un amarillo pálido.
En el mercado los citrinos se denominan topacios de Bahía, de Madeira, de Palmeira o de Rio Grande. Estos nombres no son admisibles, porque suscitan la confusión con piedras preciosas de mayor valor. Si, en cambio, se habla de color de Palmeira o de Madeira, o de citrino de Palmeira o de Madeira, se dice correctamente.
El especialista asocia así con la referencia local la representación de un color.
Yacimientos de citrinos naturales, en Brasil, Madagascar y Estados Unidos (Colorado), también en Argentina, Myanmar, Namibia, Rusia, Escocia y España. Los citrinos transparentes y de bello color se usan para colgantes y anillos, los de menor calidad para collares.
Posibilidades de confusión con muchas piedras preciosas y ornamentales amarillas, especialmente con el apatito (pág. 210), el berilo noble (pág. 112), la ortosa (pág. 180), el topacio (pág. 118), la turmalina (pág. 126), así como con el vidrio coloreado.

Prasiolita ❼ ❽ Grupo del cuarzo

Color: verde puerro
Raya: blanca
Dureza de Mohs: 7
Densidad: 2,65
Exfoliación: ninguna
Fractura: concoidea, muy frágil
Cristales: (trigonal) prismas de seis caras
Composición: SiO_2 dióxido de silicio

Transparencia: transparente
Ín. refracción: 1,544-1,553
Birrefringencia: +0,009
Dispersión: 0,013 (BG), 0,008 (CF)
Pleocroísmo: muy débil: verde claro, verde pálido
Absorción: no determinable
Fluorescencia: ninguna

La prasiolita (gr. «piedra verde puerro») natural es muy rara (en la India, Rusia, Zimbabue y Sudáfrica). Se obtiene principalmente por tratamiento térmico (a unos 500 °C) de la amatista violeta o del cuarzo amarillo procedente de los yacimientos Montezuma en las Minas Gerais/Brasil, recientemente también de Arizona/Estados Unidos. El color palidece considerablemente expuesto a la luz del sol.
Posibilidades de confusión con el berilo noble (pág. 112), el peridoto (pág. 174), la turmalina (pág. 126) y otras piedras preciosas y ornamentales verdes.
Véase también la página 278, n.° ❺.

❶ Citrino, en bruto, recalentado
❷ Citrino, facetado, recalentado
❸ Citrino, rectángulo, recalentado
❹ Citrino, natural, en bruto
❺ Citrino, natural ovalado
❻ Citrino, dos octógonos
❼ Prasiolita, en bruto
❽ Prasiolita, dos facetados

1
2
3
4
5
6
7
8

Cuarzo rosado ❸–❼ — Grupo del cuarzo

Color: rosa intenso, rosa pálido
Raya: blanca
Dureza de Mohs: 7
Densidad: 2,65
Exfoliación: ninguna
Fractura: concoidea, muy frágil
Cristales: (trigonal) prismas; sobre todo masas
Composición: SiO_2 dióxido de silicio

Transparencia: transparente, translúcido
Ín. refracción: 1,544-1,553
Birrefringencia: +0,009
Dispersión: 0,013 (BG), 0,008 (CF)
Pleocroísmo: débil: rosa, rosa pálido
Absorción: no determinable
Fluorescencia: débil: violeta oscuro

El cuarzo rosado (por su color) es a menudo agrietado y casi siempre algo turbio. Las sustancias colorantes son el titanio y el manganeso. Los colores pueden palidecer. Pequeñas agujas de rutilo producen, con la talla en cabujón, estrellas de seis puntas ❹. Yacimientos en Brasil, Madagascar, India, Kenia, Mozambique, Namibia, Sri Lanka, EE.UU. (Colorado, California, Maine). Trabajado en cabujón, para collares y objetos de arte industrial. Para la talla en facetas sólo las piedras más claras ❺.
Posibilidades de confusión con la kunzita (pág. 130), la morganita (pág. 112), el topacio (pág. 118).

Aventurina (Avanturin) ❶ ❷ ❽ Sin.: cuarzo aventurina — Grupo del cuarzo

Color: verde, pardo rojizo, p. amarillo, irisado
Raya: blanca
Dureza de Mohs: 7
Densidad: 2,64-2,69
Exfoliación: ninguna
Fractura: concoidea, muy frágil
Cristales: (trigonal) criptocristalinos
Composición: SiO_2 dióxido de silicio

Transparencia: transparente, opaco
Ín. refracción: 1,544-1,553
Birrefringencia: +0,009
Dispersión: 0,013 (BG), 0,008 (CF)
Pleocroísmo: ausente
Absorción: A. verde: 682, 649
Fluorescencia: A. verde: rojiza

Una variedad de vidrio descubierta al azar (ital. «a ventura») hacia 1700 dio el nombre a la piedra que tenía el mismo aspecto, la aventurina. De color verde oscuro con tornasolados metálicos (por inclusiones de fucsitas) o rojo a pardo dorado (por láminas de hematites). Yacimientos en Brasil, China, India, Kenia, México, Austria (Steiermark), Rusia (Urales, Siberia), Tanzania. Se utiliza para objetos de arte industrial y tallado en cabujón.
Posibilidades de confusión con analcita irisada (pág. 228), feldespato aventurina (pág. 182), jade (pág. 170), esmeralda (pág. 106) y con el vidrio de aventurina.

Prasio ❾ Sinónimo: cuarzo esmeralda — Grupo del cuarzo

Agregado de cuarzo de color verde puerro (gr. «prason»). Muy raro. Color por las inclusiones de actinolita. Yacimientos: Rusia, Escocia, Sudáfrica, Estados Unidos.
Posibilidades de confusión con la amazonita (pág. 180) y el jade (pág. 170).

Cuarzo azul ❿ Sinónimo: cuarzo zafiro — Grupo del cuarzo

Agregado de cuarzo de color azul turbio. Las inclusiones de agujas de crocidolita son las responsables del color. Yacimientos: Brasil, India, Kazajstán, Escandinavia, Sudáfrica, EE.UU. (Virginia). Como piedra de decoración. V. pág. 278, n.° ❸
Posibilidades de confusión con cuarzo dumortierita (pág. 198) y lapislázuli (pág. 188).

❶ Aventurina, cinco abovedadas
❷ Aventurina, en bruto, tallada
❸ Cuarzo rosado, en bruto
❹ Cuarzo rosado estrella, 20,23 ct
❺ Cuarzo rosado, octógono, 8,16 ct
❻ Cuarzo rosado, seis abovedados
❼ Cuarzo rosado, collar barroco
❽ Aventurina, en bruto, tallada
❾ Prasio, dos abovedados
❿ Cuarzo azul, en bruto, tallado

1
2
3
4
5
6
7
8
9
10

Cuarzo ojo de gato ❶ ❷

Grupo del cuarzo

Color: blanco, verde, amarillo, pardo
Raya: blanca
Dureza de Mohs: 6½-7
Densidad: 2,58-2,64
Exfoliación: ninguna
Fractura: irregular
Cristales: (trigonal) agregado fibroso
Composición: SiO_2 dióxido de silicio

Transparencia: transparente, opaco
Ín. refracción: 1,534-1,540
Birrefringencia: ninguna
Dispersión: ninguna
Pleocroísmo: ausente
Absorción: no determinable
Fluorescencia: ninguna

El cuarzo ❶ ojo de gato es un pseudomorfo de cuarzo con inclusiones fibrosas dispuestas paralelamente de asbesto-hornblenda (amianto). El agregado se denomina cuarzo ojo de gato ❶, la piedra tallada ojo de gato en cuarzo ❷.
Vulnerable a los ácidos. Yacimientos: Sri Lanka, Brasil y la India. En cabujón muestra una luz estrecha como el ojo de un gato. **Posibilidades de confusión** con el crisoberilo ojo de gato (pág. 114). Los ojos de halcón y de tigre decolorados se hacen pasar por cuarzos ojo de gato. Desde 1976 se encuentran en el mercado, aunque el nombre «ojo de gato» vale sólo para el crisoberilo ojo de gato.

Ojo de halcón ❸ ❹

Grupo del cuarzo

Agregado de cuarzo de finas fibras y opaco con inclusiones de crocidolita (tipo de hornblenda), de color azul gris a azul verde, con superficie iridiscente. En las superficies de fractura brillo sedoso. Vulnerable a los ácidos. Aparece en los yacimientos junto con el ojo de tigre (abajo). Se usa para objetos de arte industrial y bisutería.
Los cabujones muestran una estrecha banda brillante en la superficie que recuerda al ojo de muchas aves de presa, en especial del halcón (de ahí el nombre).

Ojo de tigre ❺ ❻

Grupo del cuarzo

Color: amarillo dorado, pardo dorado
Raya: blanca
Dureza de Mohs: 6½-7
Densidad: 2,58-2,64
Exfoliación: ninguna
Fractura: fibrosa
Cristales: (trigonal) agregado fibroso
Composición: SiO_2 dióxido de silicio

Transparencia: transparente
Ín. refracción: 1,534-1,540
Birrefringencia: ninguna
Dispersión: 0,013 (BG)
Pleocroísmo: ausente
Absorción: no determinable
Fluorescencia: verde, amarilla

Surgido a partir del ojo de halcón por pseudomorfismo de crocidolita por el cuarzo, manteniendo la estructura columnar. El hierro que contiene produce su color amarillo dorado. Opalescencia con un efecto de luz ondulante (llamado efecto ojo de gato). Presenta franjas porque las inclusiones fibrosas quedan ocultas o dobladas. En las superficies de fractura brillo sedoso. Vulnerable al ácido.
Aparece junto con los ojos de halcón en capas de pocos centímetros de grosor. Yacimientos más importantes en Sudáfrica (temporalmente se prohíbe la exportación de material en bruto), además en Australia, China, India, Myanmar, Namibia, Ucrania, Estados Unidos (California). Se utiliza para collares, bisutería y objetos de arte industrial. En cabujón muestra unas bandas brillantes en la superficie que recuerdan a la ranura de la pupila de un tigre (de ahí el nombre).
El ojo de tigre rojo está teñido artificialmente. (Hierro de tigre, pág. 218.)

❶ Cuarzo ojo de gato
❷ Ojo de gato en cuarzo, 3,96 ct
❸ Ojo de halcón, en bruto
❹ Ojo de halcón, dos abovedados
❺ Ojo de tigre, tallado
❻ Ojo de tigre, siete abovedados

1
2
3
4
5
6

Calcedonia

Grupo del cuarzo

Bajo el nombre calcedonia se entiende tanto el grupo entero de los cuarzos microcristalinos (pág. 132, p. ej., ágata, dendrita, calcedonia verdadera, crisoprasa, heliotropo, xilópalo, jaspe, carneola, ágata musgosa, ónice, sardo), como específicamente la variedad gris blanco azulado, la calcedonia verdadera (es decir, calcedonia en sentido estricto). Por otro lado, a veces sólo se cuentan entre las calcedonias las variedades fibrosas. El jaspe granudo (pág. 162) forma entonces un grupo propio.
Las calcedonias presentan, a diferencia de los cristales de cuarzo de brillo vítreo (cristal de roca, amatista, etc.), en su estado natural un brillo céreo o mate. No se conocen síntesis con importancia comercial.
En el cuadro siguiente se hace referencia a la calcedonia verdadera (también calcedonia en sentido restringido).

Color: azulado, gris blanco
Raya: blanca
Dureza de Mohs: 6½-7
Densidad: 2,58-2,64
Exfoliación: ninguna
Fractura: desigual, cóncava
Cristales: (trigonal) agregado fibroso
Composición: SiO_2 dióxido de silicio

Transparencia: translúcida turbia
Ín. refracción: 1,530-1,540
Birrefringencia: 0,004-0,009
Dispersión: ninguna
Pleocroísmo: ausente
Absorción: teñida azul: 690-660, 627; teñida verde: 705, 670, 645
Fluorescencia: blanca azulada

La calcedonia ❹ – ❻ (nombre probablemente por una antigua ciudad del Bósforo) consiste en fibras de tamaño microscópico dispuestas paralelamente. A nivel macroscópico presenta formas radiales estalactíticas, en racimo o en forma de riñón ❹. Siempre porosa, de ahí que se pueda teñir (pág. 152).
En la calcedonia natural no suelen aparecer bandas. Sin embargo, en el mercado se ofrecen como calcedonias amatistas teñidas de azul con bandas paralelas ❺.
Yacimientos en Brasil, India, Madagascar, Malawi, Namibia, Zimbabue, Sri Lanka, Uruguay, Estados Unidos (California). En la antigüedad como piedra preciosa, hoy se usa para objetos de arte industrial, collares y anillos.
Posibilidades de confusión con la tanzanita (pág. 176).
Cromo-calcedonia (sinónimo: mtorodita/mtorolita) nombre comercial para una calcedonia verde, coloreada de forma natural por cromo de Zimbabue.

Carneola (Carneol) ❷ ❸

Grupo del cuarzo

La carneola (nombre probablemente por el color de la cereza silvestre: al. «Kornelkirsche») es una variedad de calcedonia de color rojo carne a rojo pardo y transparente a opaca. La sustancia colorante es el hierro. Mediante calentamiento el color puede adquirir un tono más intenso. Yacimientos: Brasil, India, Uruguay. La mayoría de piedras que se ofrecen como carneolas son ágatas teñidas y tratadas térmicamente. La carneola natural muestra al trasluz una distribución del color en forma de nube y la teñida, tonos en bandas. Se usa como las otras calcedonias.
Posibilidades de confusión con el jaspe (pág. 162).

Sardo ❶

Grupo del cuarzo

Variedad de calcedonia pardo rojiza a parda (nombre por la antigua ciudad de Asia Menor). No se diferencia muy claramente de la carneola y aparecen juntos en los mismos yacimientos. Muchos de los sardos son teñidos.

❶ Sardo, ocho facetados y abovedados
❷ Carneola, en bruto
❸ Carneola, siete facetadas y abovedadas
❹ Tubérculo de calcedonia, tallada
❺ Calcedonia, tres, con bandas
❻ Calcedonia, siete abovedadas

1
2
3

5
5
6
4
5

Crisoprasa ❶-❹ Grupo del cuarzo

Color: verde, verde manzana
Raya: blanca
Dureza de Mohs: 6½-7
Densidad: 2,58-2,64
Exfoliación: ninguna
Fractura: áspera, frágil
Cristales: (trigonal) agregados microcristalinos
Composición: SiO_2 dióxido de silicio:

Transparencia: transparente, opaco
Ín. refracción: 1,530-1,540
Birrefringencia: 0,004-0,009
Dispersión: ninguna
Pleocroísmo: ausente
Absorción: C. natural: 444; coloreada con níquel: 632, 444
Fluorescencia: ninguna

La crisoprasa es la piedra más apreciada del grupo de las calcedonias. El nombre (gr. «puerro dorado») no nos es posible interpretarlo. Las finas fibras de cuarzo microscópicas muestran una estructura radiada. La sustancia colorante es el níquel. Las piedras en bruto grandes son a menudo agrietadas y de color no uniforme. El color puede palidecer con la luz del sol y con calentamiento.

Se debe tener precaución al soldar piedras engarzadas. Si se conserva en un sitio húmedo se puede recuperar su color original.

Se presenta en roca de serpentina y en masas de meteorizadas de yacimientos de níquel en forma de tubérculos y rellenando fisuras. El yacimiento más importante fue el de Frankenstein (Zabkowice), en la Alta Silesia/Polonia, ya explotado desde el siglo XIV. Yacimientos actuales: Australia (Nueva Gales del Sur), Brasil, India, Kazajstán, Madagascar, Rusia (Urales), Zimbabue, Sudáfrica, Tanzania, Estados Unidos (California).

Se utiliza como cabujón para collares y objetos de arte industrial. En siglos anteriores se utilizó como piedra de decoración de lujo para la arquitectura de interiores, por ejemplo, en la capilla de San Wenceslao de la catedral de san Vito, Praga/Rep. Checa, en la capilla de la Santa Cruz de Burg Karlstein/Rep. Checa, en el castillo de Sanssouci/Potsdam, Alemania.

Posibilidades de confusión con la mtorodita (pág. 142), el jade (pág. 170), el ópalo prasio (pág. 168), la prehnita (pág. 204), la smithsonita (pág. 214), la variscita (pág. 212), las calcedonias teñidas artificialmente de verde.

Crisoprasa matriz ❸ ❹ Crisoprasa con roca madre o roca adyacente parda o blanca. Uso para objetos de arte industrial y como piedra ornamental con talla abovedada.

Heliotropo ❺ ❻ Sinónimo: jaspe de sangre Grupo del cuarzo

El heliotropo (gr. «trópico solar», incomprensible para nosotros) es una calcedonia opaca, de color verde oscuro con puntos rojos. Las inclusiones de agujas de hornblenda producen su color verde. Las manchas rojas son por el óxido de hierro. El color no es siempre estable. El yacimiento más importante está en la India, otros también en Australia, Brasil, China, Estados Unidos. Se emplea a menudo como tabla para anillos de hombre y para objetos de arte industrial.

En el comercio de piedras preciosas y ornamentales está extendido el nombre jaspe de sangre, aunque el heliotropo no sea ningún jaspe (pág. 162), si bien su estructura radial con agregados redondeados crea la impresión de una estructura granular.

La designación inglesa «bloodstone» (literalmente = piedra de sangre) no se refiere a la hematites (pág. 178), sino al heliotropo.

Los datos restantes son los mismos que los de la crisoprasa.

❶ Crisoprasa, dos, pulidas
❷ Crisoprasa, cuatro, abovedadas
❸ Crisoprasa, dos, con matriz
❹ Crisoprasa matriz, pulida
❺ Heliotropo, en bruto, pulido
❻ Heliotropo, siete, facetados y abovedados

1
2
3
4
5
6

Dendrita ❶–❹ Sinónimo: ágata dendrítica, piedra de Mocha

Grupo del cuarzo

La dendrita es una calcedonia transparente, incolora o gris blanquecina, con unos dibujos en forma de árbol o helecho, las inclusiones dendríticas (gr. «en forma de árbol»). Como no presenta bandas, la denominación «ágata» no es correcta (pág. 148). Las dendritas son excreciones de hierro y de manganeso de color pardo a negro. A pesar de su aspecto, no tienen nada que ver con el mundo orgánico. Se asemejan más bien a las figuras de la escarcha en la ventana.

Se originan en las más finas superficies de exfoliación por cristalización de disoluciones de la meteorización de rocas vecinas. Aparece en los mismos yacimientos que las demás calcedonias. Los países productores más importantes son Brasil (Rio Grande do Sul), la India y Estados Unidos. Como las piedras procedentes de la India paraban en el puerto yemení de Mocha antes de llegar a Europa, la dendrita también es llamada piedra de Mocha.

Ágata paisaje ❷ Una dendrita que, con tonalidades pardas o rojizas e inclusiones dendríticas, muestra imágenes semejantes a un paisaje.

Piedra mosquito ❹ Una dendrita en la que las inclusiones dendríticas presentan unos crecimientos en forma de ovillo no unidos que recuerdan a una población de mosquitos.

Se usa para anillos, colgantes y broches. Como las inclusiones de colores están a profundidades diferentes de la piedra, el tallista debe intentar, retirando las capas superiores, dejar los dibujos lo más cerca posible de la superficie. Imitaciones con nitrato de plata.

A veces se denomina dendrita también a la madera fósil (pág. 164).

Ágata musgosa ❺ ❻

Grupo del cuarzo

Color: incoloro con inclusiones verdes, pardas o rojas
Raya: blanca
Dureza de Mohs: 6½–7
Densidad: 2,58–2,64
Exfoliación: ninguna
Fractura: rugosa
Cristales: (trigonal) microcristalinos
Composición: SiO_2 dióxido de silicio

Transparencia: translúcido
Ín. refracción: 1,530–1,540
Birrefringencia 0,004–0,009
Dispersión: ninguna
Pleocroísmo: ausente
Absorción: no determinable
Fluorescencia: variable

El ágata musgosa es una calcedonia incolora y translúcida con inclusiones de hornblenda verde (o clorita) con un aspecto semejante al musgo (de ahí el nombre). Por oxidación de los componentes de hierro, el ágata musgosa adquiere tonalidades pardas y rojas. Como no presenta bandas, la denominación «ágata» (pág. 148) es incorrecta. Aparece rellenando fisuras o en sedimentos como grava. Las mejores calidades las provee la India. Otros yacimientos se encuentran en China, Rusia (Urales), Estados Unidos (Colorado). Se utiliza con finos discos, de modo que se muestren claramente los dibujos con forma de musgo; en especial en tablas, cabujones para anillos, broches y colgantes, así como en objetos de arte industrial.

Posibilidades de confusión con otras piedras preciosas y ornamentales naturales, debido a su característico aspecto, no hay ninguna. Aunque hay buenas imitaciones con dobletes.

❶ Dendrita, con figuras de helechos
❷ Dendrita, la llamada ágata paisaje
❸ Dendrita, con dendritas radiales
❹ Dendrita, la llamada mosquito
❺ Ágata musgosa, diez, abovedadas
❻ Ágata musgosa, dos, pulidas

1
2
4
3

5
6
6

Ágata

Color: todos los colores
Raya: blanca
Dureza de Mohs: 6½-7
Densidad: 2,60-2,64
Exfoliación: ninguna
Fractura: desigual
Cristales: (trigonal) agregados microcristalinos
Composición: SiO_2 dióxido de silicio

Transparencia: transparente, opaco
Ín. refracción: 1,530-1,540
Birrefringencia: 0,004-0,009
Dispersión: ninguna
Pleocroísmo: ausente
Absorción: teñida verde: 700, (665), (634)
Fluorescencia: diferente en cada banda; en parte fuerte: amarillo, azul blanco

El ágata es una calcedonia con franjas y capas concéntricas, a veces mezclada con ópalo. Las finas fibras de cuarzo siempre están perpendiculares a la superficie de las franjas individuales. Éstas pueden ser multicolores o de un solo color. Las ágatas de los antiguos yacimientos alemanes poseían colores de suaves a intensos (en especial rosa, rojo y pardusco) y capas intermedias brillantes. Las ágatas sudamericanas son mayormente de un gris deslucido sin dibujos especiales. Sólo mediante el tinte (pág. 152) muestran estas piedras su vívida estructura. En discos delgados las ágatas opacas también aparecen translúcidas.
El nombre es probable que se refiera al Achates, un río de Sicilia.

Formación Las ágatas se encuentran como inclusiones en forma almendrada o esféricas, de algunos milímetros a varios metros de perímetro, más raramente rellenando fisuras, en rocas volcánicas normalmente pobres en ácido silícico (p. ej., meláfido, porfirita), en casos aislados en vulcanitas ricas en ácido silícico (riolita, dacita). El dibujo en bandas se origina por una cristalización rítmica.
No obstante, las opiniones en cuanto al desarrollo del proceso difieren. Mientras que inicialmente se pensaba que huecos con ampollas de gas se iban rellenando sucesivamente por disoluciones ricas en ácido silícico que cristalizaba, luego ganó importancia la teoría que supone un origen contemporáneo de la roca madre. Según ésta, las gotas de ácido silícico fluido contenidas en la lava se enfriarían simultáneamente con la roca y así se provocaría una cristalización por capas desde afuera. Una nueva hipótesis parte de que no son fluidos los que penetran en las paredes el ágata, sino que son disoluciones coloides, es decir, materiales granulados finísimos, las que fluyen por las cavidades del ágata.
Las diferentes bandas del ágata varían en grosor pero mantienen la intensidad en toda la almendra. Si el interior de la almendra no se rellena del todo se pueden formar cristales bien desarrollados en el espacio vacío: cristal de roca (pág. 132), amatista (pág. 134) y cuarzo ahumado (pág. 132), ocasionalmente acompañados de espato anhidrita (pág. 222), anquerita (pág. 82), barita (pág. 222), calcita (pág. 224), goethita (pág. 238), hematites (pág. 178), siderita (pág. 222) o zeolita.
Una almendra con un hueco revestido de cristales se denomina drusa ❺. Si el interior está totalmente lleno hablamos de una geoda ❷.

Variedades de ágata, pág. 150
Yacimientos, pág. 150
Teñido del ágata, pág. 152
Industria del ágata, pág. 154
Empleo del ágata, pág. 156
Piedras en capas, pág. 158

❶ Ágata amigdaloide en sección transversal, ágata bandeada; 1/3 del tamaño natural. Yacimiento: Uruguay
❷ Ágata amigdaloide en sección transversal, ágata orbicular con un «ojo» concéntrico; 2/3 del tamaño natural. Yacimiento: India
❸ Ágata amigdaloide en sección transversal, ágata orbicular; 2/3 del tamaño natural. Yacimiento: India
❹ Ágata amigdaloide en sección transversal, ágata orbicular con un «ojo» excéntrico; 2/3 del tamaño natural. Yacimiento: India
❺ Ágata amigdaloide con drusa; 2/3 del tamaño natural. Yacimiento: México

1

2
3
4

5

Variedades de ágata En función del molde, el dibujo y la estructura de las capas del ágata, existen numerosas denominaciones comerciales (selección):
Ágata bandeada o listada pág. 149, n.° ❶ Bandas paralelas a la pared exterior del ágata amigdaloide de solidez parecida.
Ágata circular pág. 149, n.° ❸ Bandas en círculos concéntricas o excéntricas dispuestos alrededor de un punto central.
Ágata de fuego Calcedonia en capas opaca con limonita, con un juego de color semejante al del ópalo que se forma por difracción y refracción de la luz.
Ágata de Uruguay p. 149, n.° ❶ Ágata amigdaloide con capas rectilíneas, horizontales, que en el ángulo se topan con las capas que siguen las paredes.
Ágata dendrítica pág. 147, n.os ❶-❹ Calcedonia incolora o blanquecina, translúcida y con inclusiones dendríticas. Sin bandas, el nombre ágata no es correcto.
Ágata fortificada pág. 151, n.° ❷ Bandas con ángulos salientes de forma semejante a los bastiones de las antiguas murallas.
Ágata musgosa pág. 147, n.os ❺-❻, Calcedonia translúcida con inclusiones que se asemejan al musgo. Al no presentar bandas, el nombre ágata no es correcto.
Ágata orbicular pág. 149, n.os ❷ ❹ Dibujo en forma de anillo con punto central parecido a un ojo. Es un tipo de ágata circular.
Ágata paisaje pág. 149, n.° ❸ Dendrita que presenta con inclusiones dentríticas figuras de paisajes. Al no presentar bandas, el nombre ágata no es correcto.
Ágata ruinosa pág. 153, n.° ❸ Ágata quebrada por acción de la presión y unida de nuevo con guijarros como aglutinantes.
Ágata tubular pág. 151, n.° ❸ Ágata atravesada por numerosos tubos (antiguos canales de transporte). Bocas de los canales usualmente concéntricas.
Enhidros (Sinónimo: piedra de agua) Ágata amigdaloide o tubérculos de calcedonia de un solo color, parcialmente rellenas de agua, que brilla a través de las paredes. Generalmente se seca enseguida después de separarla de la roca madre.
Huevo de trueno Tubérculos de ágata bandeados con una superficie arrugada. Yacimientos en Oregón/Estados Unidos y México.
Pseudoágata (Sinónimo: cuarzo poliédrico) pág. 153, n.° ❷ Por el interior semejante al ágata por las bandas y la drusa. Exteriormente, sin embargo, no presenta figura amigdaloide o esférica, sino angulosa y geométrica. Formada probablemente como relleno de cuñas de cristales posteriormente desprendidos, una pseudomorfosis. Aparece en rocas poco compactas, Brasil.
Sardo pág. 149, n.° ❸ Ágata con bandas exteriores en capas concéntricas y un grupo de bandas internas rectilíneas.
Yacimientos Los más importantes se concentraron hasta principios del siglo XIX en los alrededores de Idar-Oberstein/Renania Palatinado. Esferas hasta del tamaño de una cabeza. Colores vivos, en gris, rosa, rojo, amarillo, pardo y azul pálido. No se podían teñir. Explotación interrumpida. Los yacimientos más importantes actualmente están al sur del Brasil (Rio Grande do Sul) y al norte de Uruguay. Las ágatas de suelos meteorizados y sedimentos fluviales proceden de rocas de meláfido. Los colores de las ágatas son predominantemente grises y no se les reconoce apenas el bandeado. Sólo con el teñido (pág. 152) adquieren su gracioso aspecto. Otros yacimientos en Australia (Queensland), China, India, el Cáucaso, Madagascar, México, Mongolia, Namibia, Estados Unidos (Wyoming, Montana).

❶ Ágata amigdaloide en sección transversal, sardo con bandas externas concéntricas y bandas rectilíneas en el interior; 1/3 del tamaño natural, yacimiento en Brasil
❷ Ágata amigdaloide en sección transversal, ágata fortificada con ángulos de las bandas salientes en forma de bastión; 1/3 del tamaño natural, yacimiento en Brasil
❸ Ágata amigdaloide pulida, ágata tubular con numerosos tubos, antiguos canales de transporte; ½ del tamaño natural, yacimiento Idar-Oberstein/Renania Palatinado

1

2

3

Teñido del ágata Los yacimientos sudamericanos, los productores más importantes del mundo en la industria del ágata, explotan ágatas de un gris poco vistoso y que normalmente no dejan reconocer ningún dibujo. Sólo con el teñido adquieren su colorido y destacan su vívida estructura.

El arte del teñido ya era conocido para los romanos. En Idar-Oberstein/Renania Palatinado se practica desde los años 20 del siglo pasado donde se han alcanzado niveles de perfección excepcional. Ésta es una de las razones por las que se ha convertido en el centro más importante de la talla del ágata y las piedras de color.

Según la porosidad y el contenido de ópalo y agua de las distintas capas, las posibilidades del teñido son diferentes. Las bandas blancas, compuestas por gruesos agregados de cuarzo, no toman nada o casi nada de color. Las capas que se pueden teñir con facilidad son denominadas por los especialistas blandas, las otras, duras.

Las particularidades del proceso de teñido son secreto de la compañía y están correspondientemente protegidas. El procedimiento genérico del teñido es naturalmente conocido. Usualmente se utilizan colores inorgánicos. Los materiales orgánicos no son generalmente estables a la luz y su efecto es también menor que con productos inorgánicos. Las ágatas teñidas no se pueden reconocer a simple vista, a menos que un determinado tono de color, como el azul intenso, no se den en el ágata natural.

Por efecto de las disposiciones de la CIBJO (pág. 92) desde 2007 para todas las ágatas bandeadas o monocromas, indiferentemente de si su teñido es permanente o no, se debe informar al comprador si han sido tratadas o teñidas.

Antes del teñido, y una vez limpiadas con ácido o sosa calientes, las ágatas se cortan en su forma definitiva y a menudo son talladas y pulimentadas.

Tinción roja (1b) La sustancia colorante es el óxido de hierro. Se sumerge el ágata en una solución de nitrato de hierro y luego se calienta a alta temperatura.

Mediante modificaciones del proceso se pueden obtener distintos tonos de rojo. Las capas que son del natural amarillas sólo con el tratamiento térmico se ponen rojas.

Tinción amarilla (1b) La sustancia colorante es el cloruro de hierro. Se embebe el ágata en ácido clorhídrico y luego se calienta ligeramente. Se obtiene un amarillo limón.

Tinción parda (1b) Mediante un tratamiento con una disolución de azúcar y calentamiento se obtiene el color pardo. Con nitrato de cobalto se obtienen los mismos resultados.

Tinción negra (1c) La sustancia colorante es el carbono. Se sumerge el ágata en una disolución de concentrado de miel o azúcar y seguidamente se trata con ácido sulfúrico caliente consiguiendo así un intenso color negro. Con determinadas variaciones en el proceso se obtienen diversos tonos parduscos. También el nitrato de cobalto puede conseguir el mismo resultado.

Tinción verde (1d) La sustancia colorante es el hierro. Se embebe en una disolución de cromato y después se calienta, obteniendo en el ágata un color verde.

Con una disolución de nitrato de níquel y fuerte calentamiento se obtienen los mismos resultados.

Tinción azul (1e) La sustancia colorante es el hierro. Las ágatas son introducidas primero en una disolución de ferrocianuro potásico y enseguida son cocidas en vitriolo de hierro (sulfato de hierro hidratado). Se obtiene así el azul de Prusia.

---

(1) Disco de ágata, a = natural, b-e = teñido; 1/3 del tamaño natural, yacimiento Brasil
(2) Pseudoágata (pág. 150); ½ del tamaño natural, yacimiento Brasil
(3) Ágata ruinosa (pág. 150); pulida; ½ del tamaño natural, yacimiento Estados Unidos

d
e
c
a
1
b

2

3

Antigua pulidora de ágatas hidráulica; Idar-Oberstein/Renania Palatinado (Alemania).

Desarrollo de la industria del ágata en Idar-Oberstein El ágata ocupa un lugar especial entre las piedras preciosas y ornamentales en la medida en que a ella está dedicada una industria singular con un centro sobresaliente en el mundo, Idar-Oberstein/Renania Palatinado. El fundamento de este desarrollo fueron unas condiciones naturales favorables: algunos yacimientos de ágatas y jaspes, buena arenisca en las proximidades para la fabricación de muelas para el pulido y fuerza hidráulica para accionar las piedras de amolar.

Los comienzos del trabajado de piedras preciosas en Idar-Oberstein se remontan a la 1.ª mitad del siglo XVI. En 1548 se menciona por primera vez una pulidora de ágatas en Idarbach. Aunque cien años antes se excavaba regularmente en busca de ágatas, jaspes y cuarzo, el trabajado se realizaba en otros lugares.

Hacia finales del siglo XVII hay ya 15, alrededor de 1800 más de 30 talladoras de ágatas de tracción hidráulica en Idarbach. Cuando se agotaron a principios del siglo XIX los yacimientos de ágatas locales, muchos especialistas abandonaron la patria. Y precisamente esto dio un nuevo impulso a la industria de las piedras preciosas en Idar-Oberstein. Por casualidad, unos emigrantes, que recorrían el país como músicos, descubrieron grandes yacimientos de ágatas en Brasil. En 1834 tiene lugar el primer envío de ágatas brasileñas a Idar-Oberstein. Toda la región experimentó prosperidad económica. En 1867 hay 153 talladoras de tracción hidráulica.

Con la aparición de la máquina de vapor y especialmente con la utilización de la energía eléctrica, el trabajado de las piedras dejó de estar vinculado a un lugar determinado, tuvo lugar una descentralización. Hoy en día hay numerosas empresas dedicadas al trabajado del ágata en Idar-Oberstein y en sus alrededores.

A partir de entonces, cada vez más países en el mundo construyeron sus propias empresas para la explotación y el trabajado de las piedras preciosas e Idar-Oberstein se especializó sólo en la talla de las ágatas de la mejor calidad.

---

1 Cuenco de ágata brasileña; diámetro 11,2 cm, altura 6,5 cm
2 Cuenco de ágata brasileña; diámetro 14 cm, altura 4 cm

1

2

Pulidores de ágata de finales del siglo XIX en su jornada de trabajo; Idar-Oberstein/Renania Palatinado (Alemania).

Historia de la talla del ágata La forma más antigua de tallar el ágata fue frotarla con muelas de gres horizontales. Probablemente es a principios del siglo XIV que se empezó a tallar mediante una muela de gres vertical accionada por la fuerza hidráulica. Una rueda hidráulica en el exterior del edificio, movida por un río o una pequeña cascada, accionaba en el interior de la casa un eje al cual se habían incorporado varias muelas de gres verticales (de unos 150 cm de alto y 40-50 cm de ancho).
Los talladores se tumbaban sobre un soporte, la llamada silla inclinable, y apretaban con fuerza contra la muela regada con agua. Como la muela de gres a lo largo de la superficie de rotación formaba un ángulo obtuso en el centro, podían trabajar dos tallistas en cada rueda.
Con el empleo de la máquina de vapor y de la corriente eléctrica como impulsores y con la introducción del carborundo como abrasivo ya se puede trabajar sentado. Es más cómodo y no requiere ejercer tanta fuerza como antes.
Más detalles sobre la talla moderna del ágata, pág. 70.

Empleo del ágata

Ya hace más de 3.000 años se trabajaba el ágata en Oriente Próximo para fabricar sellos, piedras para anillos, gemas y vasijas. Hoy se utiliza en objetos de arte industrial, para fines decorativos, piedras para anillos, broches, colgantes y en la glíptica (pág. 158). Debido a su dureza y resistencia química se emplea a menudo en la tecnología.

1. Ágata, huevo como objeto decorativo
2. Ágata, colgante
3. Ágata, anillo
4. Ágata, cuenco
5. Ágata, mangos de cuchillo y tenedor
6. Ágata, mango de un instrumento para manicura
7. Ágata, mango de un abrecartas
8. Ágata, broche
9. Ágata, sello
10. Ágata, estuche para pastillas
11. Ágata, instrumento odontológico
12. Ágata, abrecartas

1
4
3
2
5
6
7
8
9
10
11
12

Piedras en capas Los materiales de varias capas utilizados en la glíptica se llaman piedras en capas. Normalmente se tallan a partir de ágatas con bandas planas y paralelas, generalmente de modo que una capa clara se destaque sobre una oscura.
Las ágatas brasileñas proporcionan el mejor material en bruto. Por lo general se graba en piedras de dos capas, excepcionalmente de tres. Sin embargo hay obras maestras con cinco caras. Son muy raros los gravados en ágatas de más caras o de bandas abovedadas.
A continuación damos algunos conceptos sobre las piedras en capas y el grabado de piedras:
Ónice Piedra en capas con la combinación de una capa inferior negra y una superior blanca, también denominada ónice auténtico u ónice árabe pág. 161, n.° ❹. Por otro lado, ónice es también la denominación para la calcedonia de un solo color (p. ej., ónice negro). No se debe confundir con el mármol ónice, que también se denomina ónice en forma abreviada (pág. 244). El nombre procede del griego y significa «uña», probablemente por su débil transparencia.
Ónice sardo Piedra en capas; la inferior es parda y la superior blanca pág. 159, n.° ❶.
Ónice carneola Piedra en capas; la inferior roja y la superior blanca pág. 161, n.° ❺.
Niccolo Piedra en capas, la inferior muy delgada, y a través de la cual se producen tonalidades azul grises debido a la dispersión de la luz y a la transparencia del fondo negro. Muy apreciado como sello de un anillo para el grabado de escudos y monogramas.
Gema (lat.) Originariamente la denominación para los grabados en profundidad. Utilizado cada vez más como nombre colectivo para los grabados tallados tanto en alto como en bajorrelieve.
Intaglio (it.) Denominación para los grabados con dibujo en negativo, como se emplean en los sellos.
Camafeo (it.) Denominación para los altorrelieves.
Debido a que no es fácil encontrar ágatas con los colores de las bandas, tal como se necesitan para las piedras en capas, del color natural del ónice, la carneola o el sardo, son muchas veces teñidas, tal como se ha descrito en la página 152. Las piedras teñidas artificialmente se denominan como sus hermanas naturales.
Recientemente se obtienen piedras en capas ónice que proceden de calcedonias sólo de color gris y sin capas pero teñibles del siguiente modo: un bloque cúbico se embebe en una disolución de clorato de cobalto y cloruro amónico, con lo que adquiere un color negro. Con la ayuda del ácido clorhídrico se elimina de nuevo el color hasta una profundidad de 1 mm. Cuando se corta el bloque, se obtienen dos piedras en capas cuyas superficies de corte son negras y el resto blanco. Sin embargo, parece ser que este color oscuro no es muy duradero.

Elaboración de una gema

❶ De un ágata bandeada (como la representada en el fondo) se recorta o, como en la figura, se rompe un trozo con colores diferenciados y bandas que transcurren rectilíneas y paralelamente.
❷ De ella se pueden obtener varias piedras con dos capas.
❸ La inferior, la capa basal, se tiñe de negro o pardo rojizo. La parte superior permanece blanca, no se puede teñir.
❹ Las líneas principales de la figura posterior se marcan a grandes rasgos. En los trabajos en serie se utilizan plantillas.
❺ – ❽ Aquí tiene lugar el verdadero trabajo del grabador. Experiencia, conocimiento de la piedra y perfección técnica dan el toque personal.
❾ El producto final es un ejemplo de la maestría y precisión que exige la glíptica.

1 2 3 4

5 6 7 8

9

Grabador de piedras preciosas trabajando; delante el árbol fijo, en segundo plano los instrumentos.

Técnica de la glíptica El instrumento principal del grabador es un pequeño torno con un husillo horizontal sobre el que se pueden fijar distintos cabezales en función de las necesidades: en forma de disco, de esfera, de cono o de aguja. En una tabla para los cabezales se tienen a mano estos pequeños instrumentos. Un motor eléctrico acciona el torno a 3.000-5.000 revoluciones por minuto. Sobre el árbol fijo el grabador sujeta y mueve la piedra con la mano. Esto exige la máxima concentración, precisión y un gran conocimiento de la piedra. El esfuerzo es tal que un turno de trabajo no puede durar más de 2-3 horas.

Las «agujas» y «punzones» giratorios se untan constantemente con polvo abrasivo de diamante y con aceite, con lo que se refrigeran y al mismo tiempo se proveen de una superficie rugosa, pues las pequeñas esquirlas de diamante se clavan, al grabar, en el hierro blando de los instrumentos.

El pulimentado se realiza con madera, cuero u otros materiales blandos empleando a la vez agua y pastas especiales. Con ellos se eliminan las marcas que han quedado del trazado previo.

Recientemente se encuentran también ejes flexibles, pero se emplean principalmente sólo para las grandes esculturas, cuando la pieza es demasiado pesada para ser conducida con la mano.

Si bien hoy día se graban todo tipo de piedras preciosas y ornamentales, predomina en todo caso el trabajado del ágata, especialmente el de piedras en capas.

Sobre el desarrollo histórico de la glíptica, véase la página 69.

1. Grabado moderno abstracto, ónice con capas
2. Grabado moderno abstracto; ónice con capas
3. Grabado con sombra; Brasil, ónice con capas
4. Cabeza de mujer, estilo parisino; ónice con capas
5. Muchacha con flor; carneola con capas
6. Escudo; ónice con capas brasileño
7. Sombreado en relieve, Brasil. Ónice con capas
8. Monograma; Brasil. Ónice con capas

1

2

3

4

5

6

7

8

Jaspe

Color: todos los colores, en bandas o con manchas
Raya: blanca, amarilla, parda, roja
Dureza de Mohs: 6½–7
Densidad: 2,58-2,91
Exfoliación: ninguna
Fractura: astillosa, concoidea
Cristales: (trigonal) agregados microcristalinos
Composición: SiO_2 dióxido de silicio

Transparencia: opaco, incluso tallado en finos discos
Ín. refracción: 1,54 aprox.
Birrefringencia: ninguna
Dispersión: ninguna
Pleocroísmo: ausente
Absorción: no determinable
Fluorescencia: ninguna

El jaspe se suele contar entre las calcedonias (pág. 142), aunque muchas veces se lo considera, por su estructura granular, un grupo independiente dentro de la familia de cuarzo. El nombre viene del griego y significa «piedra moteada». Aunque en la antigüedad se atribuía este nombre a piedras totalmente diferentes a las de hoy, variedades transparentes de color verde.

El jaspe de grano fino contiene siempre materiales extraños, a veces hasta un 20%. De aquí las grandes oscilaciones de sus datos físicos; también son muy diferentes el tono, la raya y el dibujo. Los jaspes de un solo color son muy raros; mayoritariamente son multicolor, bandeado o con manchas en forma de llamas. El jaspe puede crecer también unido al ágata o al ópalo. También aparece como material petrificado (pág. 164). Se presenta rellenando fisuras o gangas y en nódulos. Yacimientos en Egipto, Australia, Brasil, la India, Canadá, Kazajstán, Madagascar, Rusia, Uruguay, Estados Unidos. Se usa en objetos de arte industrial, como cabujones y en piedras de mosaicos. Se debe tener cuidado al tallar y al pulir, los jaspes bandeados tienden a desmembrarse por las capas.

Variedades Según el color, el dibujo, el yacimiento y la composición química existen muchos nombres comerciales. A continuación una selección:

Basanita Jaspe negro, de grano fino. Se utiliza en joyería y orfebrería para la prueba de la raya en metales nobles.

Homsteno De grano muy fino, gris, pardo rojizo, más raramente verde o negro. Muchas veces se usa hornsteno como sinónimo de jaspe.

Jaspe ágata Salpicado de amarillo, pardo o verde, formado junto con el ágata.

Jaspe bandeado ⓭ Estructura en capas con bandas más o menos gruesas.

Jaspe de Nunkirchner (por el yacimiento en Renania Palatinado). Gris azulado, más raramente amarillo o pardo rojizo. Teñido de azul de Prusia se usa como imitación del lapislázuli con el nombre de «lapis alemán» o «Swiss Lapis» (pág. 188).

Jaspe egipcio (silicato del Nilo) Amarillo intenso o rojo.

Jaspe paisaje Dibujo pardo y en forma de paisaje producido por el óxido de hierro.

Jaspe sanguíneo Falso nombre para el heliotropo (pág. 144).

Mookaíta ❹ Manchas como nubes color rosa a rojo claro. Yacimiento Australia.

Plasma Grano fino uniforme, de color verde sucio.

Prasio Color verde puerro por las inclusiones de agujas de actinolita. No se debe confundir con el prasio agregado de cuarzo de color verde puerro.

Sílex ⓮ Con manchas o bandas amarillas y pardo rojizas.

❶ Brecha de jaspe, Australia
❷ Jaspe pop, dos, Sudáfrica
❸ Jaspe pop, dos, Australia
❹ Mookaíta, Australia
❺ Jaspe multicolor, dos, la India
❻ Jaspe multicolor, cabujón, Australia
❼ Jaspe cebra, Sudáfrica
❽ Jaspe amarillo, cabujón, Australia
❾ Jaspe amarillo, Australia
❿ Jaspe multicolor, la India
⓫ Jaspe bandeado, Sudáfrica
⓬ Jaspe multicolor, la India
⓭ Jaspe bandeado, Australia
⓮ Sílex, Egipto
⓯ Jaspe multicolor, la India
⓰ Jaspe multicolor, en bruto, la India

1
2
3
4
5
6
7
8
9
10
11
12
13
14
15
16

Xilópalo Sinónimo: ópalo xilomorfo

Grupo del quarzo

Color: pardo, gris, rojo, amarillo, negro
Raya: blanca, gris, amarillenta, pardusca
Dureza de Mohs: $5^1/_2$–7
Densidad: 2,58-2,91
Exfoliación: ninguna
Fractura: desigual, astillosa
Cristales: (trigonal) agregados cristalinos, raramente amorfo
Composición: SiO_2 dióxido de silicio

Transparencia: transparente a opaco
Ín. refracción: 1,54 aprox.
Birrefringencia: débil o ninguna
Dispersión: ninguna
Pleocroísmo: ausente
Absorción: no determinable
Fluorescencia: ninguna

El xilópalo es madera petrificada con la composición química del jaspe, de la calcedonia y más raramente del ópalo; está compuesto principalmente de dióxido de silicio. Es un fósil, madera petrificada, como se dice popularmente, aunque no es correcto, pues las partes orgánicas de la madera no se convierten nunca inmediatamente en piedra sino que sólo son transmitidos la forma y los elementos estructurales de la madera. El especialista habla de un seudomorfismo de calcedonia (jaspe, ópalo) en madera.
Una buena fosilización se da cuando la madera, después de su muerte, es cubierta enseguida por sedimentos de fino grano o por cenizas volcánicas. De este modo la estructura externa de la madera se mantiene en la roca que la envuelve como en un negativo.
El agua que circula disuelve muchos de sus componentes orgánicos, sustituyéndolos por materiales orgánicos. Por lo tanto, no tiene lugar ninguna transformación sino una sustitución. Según recientes concepciones, la fosilización de materiales celulares y el rellenado de cavidades vacías juega un papel más importante que la sustitución de material en el origen del xilópalo. Probablemente intervienen ambos procesos en su formación.
Los colores son en general gris o pardo poco vistosos, a veces rojo, rosa, pardo claro, amarillo, raramente azul a violeta, y alguna vez verde. Mediante la talla y el pulimentado los colores adquieren un tono más vivo.
El yacimiento más conocido es el «bosque petrificado» en Holbrook, Arizona/Estados Unidos. Aquí se encuentran troncos de árboles petrificados de hasta 65 m de largo y 3 m de grosor pertenecientes al género de las araucarias. Los troncos debieron de llegar hace más de 200 millones de años arrastrados desde distintas regiones y luego recubiertos de sedimentos de varios cientos de metros de espesor. Con el transcurso del tiempo se meteorizaron partes de la madera petrificada a partir de las areniscas que las rodeaban. En ningún lugar se encuentra madera petrificada con unos colores tan vistosos como en Arizona. En el año 1962 se declaró el área del «bosque petrificado» parque nacional. Yacimientos de xilópalo más pequeños se encuentran en todos los continentes. Xilópalos de buena calidad se obtienen en Egipto (Dschel Moka Heim, en El Cairo), Argentina (la Patagonia), Canadá (Alberta), Estados Unidos (Alaska, Wyoming). En el estado de Nevada/Estados Unidos (Virgin Valley) muestra la madera petrificada el imponente juego de colores del ópalo. Otros yacimientos en Australia (Queensland), Grecia (Lesbos), India, Madagascar, Mongolia, Namibia. V. también starstein, pág. 282.
Utilización en objetos de arte industrial y piezas decorativas (bandejas, ceniceros, pisapapeles), más raramente en joyería.

1 Xilópalo, cenicero
2 Xilópalo, empuñadura de tapón de botella
3 Xilópalo, cinco partes de un helecho arbóreo
4 Xilópalo, disco, pulido
5 Xilópalo, con anillos del tronco fósiles
6 Xilópalo, dos partes de tronco
Las imágenes han sido reducidas un 50% con respecto a los originales.

1
2
3
4
5
6

Grupo del ópalo

En los ópalos (Indio antiguo: «piedra») distinguimos entre los ópalos nobles iridiscentes, los ópalos de fuego amarillo rojos y los ópalos comunes. Las propiedades físicas están sometidas a importantes oscilaciones.

Color: todos los colores, opalescencia parcial
Raya: blanca
Dureza de Mohs: 5½–6½
Densidad: 1,98-2,50
Exfoliación: ninguna
Fractura: concoidea, astillosa, frágil
Cristales: amorfo; agregados en forma de riñón o de uva
Composición: $SiO_2 \cdot nH_2O$ dióxido de silicio hidratado

Transparencia: transparente a opaco
Ín. refracción: 1,37-1,52
Birrefringencia: ninguna
Dispersión: muy débil
Pleocroísmo: ausente
Absorción: Ó. de fuego: 700-640, 590–400
Fluorescencia: Ó. blanco: blanco, azulado, pardusco, verdoso; Ó. de fuego: verdoso a pardo

Ópalo noble

Lo más notable del ópalo noble es su «opalescencia», un tornasol en forma de arco iris (especialmente en las formas de tallas redondeadas), siempre cambiante según el ángulo de visión. El microscopio electrónico, con 20.000 aumentos, muestra la causa: pequeñas esferas (de una diezmilésima de milímetros de diámetro) del mineral cristobalita, incluidas en una masa silícea, producen fenómenos de reflexión e interferencia. El ópalo contiene siempre agua (3-30%). Con el tiempo la piedra puede perder su agua y con ello agrietarse y perder la opalescencia. Embebiéndolo en aceite, esperma de ballena o agua se disimulan las grietas temporalmente. Si se conserva en algodón húmedo se retardará su envejecimiento y el juego de colores se intensificará. Mucho cuidado al engarzar. El ópalo es sensible a la presión y a los golpes, así como a los cosméticos, el jabón y otros materiales para limpiar.

Girasol Ópalo noble casi incoloro y transparente con un brillo azulado.

Ópalo arlequín Ópalo noble de transparente a translúcido con vistosas bandas de colores dispuestas en segmentos. Es uno de los ópalos más apreciados.

Ópalo blanco ⑪ – ⑯ Un ópalo noble con un color de fondo blanco o claro y un juego de colores multicolor. También denominado ópalo claro.

Ópalo cristalino Algunos pocos reflejos rojos sobre un fondo incoloro vítreo.

Ópalo gelatinoso Ópalo gris azulado con juego de colores pobre.

Ópalo matriz (opalina) ① ② ⑥ Crecimiento en bandas o inclusiones de astillas de ópalo noble con o en la roca madre.

Ópalo negro ④ ⑤ y ⑦ – ⑩ Ópalo negro con color de fondo gris oscuro, azul oscuro, verde oscuro o negro gris. En negro intenso es muy raro. De ahí que se diferencie en el comercio entre el ópalo oscuro y el negro.

Ópalo rodado Ópalo noble con fondo mayormente oscuro, juego de colores y alta resistencia. Se presenta en círculos concéntricos, donde el ópalo ha rellenado espacios vacíos.

① Ópalo blanco en la matriz
② Ópalo negro en la matriz
③ Caracol opalinizado
④ Ópalo negro, formas diversas
⑤ Ópalo negro, 86 ct
⑥ Ópalo matriz, colgante
⑦ Ópalo negro, dos tripletes
⑧ Ópalo negro, cuatro cabujones
⑨ Ópalo negro, doblete, 16,90 ct
⑩ Ópalo negro, dos dobletes
⑪ Ópalo blanco, cuatro abovedados
⑫ Ópalo blanco, en bruto, tallado
⑬ Ópalo blanco, cabujón, 10,39 ct
⑭ Ópalo blanco, cabujón, 33,75 ctt
⑮ Ópalo blanco, dos abovedados, 7,78 ct
⑯ Ópalo blanco, 4 cabujones, 14,21 ct

Reducidas un 20% respecto de los originales; piedras no numeradas pertenecen al 4.

1
2
3

4
5
6
10
8
7
9
8

14
11
13
15
12
16

Yacimientos Hasta finales del siglo XIX las lavas de andesita de Cervenica, en el oeste de Eslovaquia, proporcionaban las mejores calidades. Luego fueron famosos los yacimientos australianos. Los más conocidos de Nueva Gales del Sur son Lightening Ridge y White Cliffs, en el sur de Australia Cooper Pedy y Andamooka. Numerosos yacimientos también en Queensland. Las capas de ópalo, frecuentemente de 1-2 mm de grosor, se encuentran principalmente como inclusiones en arenisca. Otros yacimientos: Etiopía, Brasil, Guatemala, Honduras, Indonesia, Japón, Malí, México, Dinamarca, Perú, Rusia, Estados Unidos (Nevada, Idaho).
Posibilidades de confusión con la amiolita (pág. 266), el nácar (pág. 265), la labradorita (pág. 182) y la piedra de luna (pág. 180). A los ópalos nobles muy delgados se les coloca debajo ópalo común o ónice para fortalecerlos: doblete de ópalo. En tripletes se pega además una capa protectora de cristal de roca.
Buenas imitaciones en vidrio y materiales artificiales. En 1970 se consiguió en los Estados Unidos una síntesis de ópalo blanco y negro, en 1995 también en Rusia. Se considera una falsificación el teñido de negro de ópalos claros u ópalos matriz para resaltar su juego de colores, así como la impregnación del ópalo con resina sintética.

Ópalo de fuego ❶–❼

El ópalo de fuego (nombrado así por su rojo fuego) normalmente no presenta opalescencia. Suele ser turbio lechoso, más raramente claro y transparente ❸ ❹ ❻. Muy sensible a cualquier tipo de tensión. Yacimientos en México, Brasil, Guatemala, Kazajstán, Estados Unidos y el oeste de Australia.
Posibilidades de confusión con el granate (pág. 120) y la rodocrosita (pág. 184).

Ópalo común ❽–⓮ (Sinónimo: semi-ópalo)

El ópalo común es normalmente opaco, más raramente translúcido y no presenta juego de colores. Nuevas variedades en pág. 280.
Cachalong Ópalo de color blanco lechoso con aspecto de porcelana, con tonalidades grises, amarillentas o rojizas y brillo perlado. De opaco a translúcido.
Hialita (ópalo de vidrio) ópalo incoloro, de la claridad del agua, con un intenso brillo.
Hidrofana Un ópalo lechoso que se enturbió por la pérdida del agua. Con absorción de agua vuelve a ser translúcido y opalescente.
Ópalo ágata Ágata con capas de ópalo claras y oscuras.
Ópalo céreo ⓬ Ópalo amarillo pardusco con brillo céreo.
Ópalo de los Andes Ópalo de diferentes colores procedente de Perú (pág. 280).
Ópalo de miel ❽ Ópalo translúcido de un amarillo miel.
Ópalo lechoso Blanco translúcido, a menudo con brillo rojizo.
Ópalo musgoso ⓫ Ópalo lechoso con inclusiones dendríticas oscuras.
Ópalo piel de ángel Denominación equívoca para la paligorskita (pág. 234), de aspecto similar al ópalo.
Ópalo porcelana Ópalo lechoso blanco y opaco.
Ópalo prasio (crisópalo) ❿ Verde manzana. Sustituto de la crisoprasa (pág. 144).
Ópalo xilomorfo Ópalo amarillento o pardusco como madera fosilizada (pág. 164).

❶ Ópalo de fuego, en bruto, México
❷ Ópalo de fuego, cinco abovedados, 11,80 ct
❸ Ópalo de fuego, nueve facetados, 11,95 ct
❹ Ópalo de fuego, cuatro facetados, 13,61 ct
❺ Ópalo de fuego, en bruto, México
❻ Ópalo de fuego, tres facetados, 5,89 ct
❼ Ópalo de fuego, cabujón y ovalado, 24,53 ct
❽ Ópalo de miel, Australia occidental
❾ Ópalo común, tres, México
❿ Ópalo prasio, Nevada/Estados Unidos
⓫ Ópalo musgoso, la India
⓬ Ópalo céreo, en bruto, Hungría
⓭ Ópalo dentrítico, en bruto
⓮ Ópalo del hígado, en bruto, Hungría
Las imágenes han sido reducidas un 20% con respecto a los originales.

1
2
3
4
5
6
7
8
9
10
11
12
13
14

Grupo del jade

El nombre jade se remonta a los tiempos de la conquista española de América Central y del Sur y significa «piedra de la ijada», es decir, piedra de los riñones, porque se usa como protección y como medio curativo contra el dolor de riñones. El nombre chino correspondiente «yü» no ha encontrado aceptación en el lenguaje popular.
En 1863 el francés Damour pudo demostrar que en aquella dura piedra, conocida desde hacía 7.000 años, se escondían dos minerales diferentes, la jadeíta y la nefrita. La diferenciación entre jadeíta y nefrita es en general difícil, lo cual puede ser una razón para continuar usando el nombre jade para englobar a ambos.
En tiempos prehistóricos el jade fue, debido a su extraordinaria dureza, muy apreciado para la fabricación de armas e instrumentos. De ahí que se designara en textos antiguos a la nefrita «piedra de flecha». Hace más de 2.000 se introdujo el jade en China para el culto divino, siendo tallado en forma de imágenes místicas y otros símbolos.
En la América Central precolombina el jade era más apreciado que el oro. Con la conquista española, terminó bruscamente el gran arte de la talla del jade en América. En China, por el contrario, no ha sido nunca interrumpido.

Jadeíta 9 – 13 Grupo del jade

Color: verde, también todos los demás colores
Raya: blanca
Dureza de Mohs: 6½–7
Densidad: 3,30-3,38
Exfoliación: buena
Fractura: astillosa frágil
Cristales: (monoclínico) agregados de finas fibras
Composición: $Na(Al,Fe^{3+})[Si_2O_6]$ silicato alumínico sódico

Transparencia: transparente, opaco
Ín. refracción: 1,652-1,688
Birrefringencia: 0,020
Dispersión: ninguna
Pleocroísmo: ausente
Absorción: J. verde natural: 691, 655, 630, (495), 450, 437, 433; J. verde teñido: 665, 655, 645
Fluorescencia: J. verdoso: muy débil: resplandor blanquecino

La jadeíta (nombre derivado de jade) es muy dura debido a la sólida trabazón en su estructura de granos diminutos y fibras afieltradas. Se presenta en casi todos los colores. En las superficies de fractura muestra un brillo mate, pulimentado un brillo graso.
Cloromelanita 15 16 Variedad verde con manchas negras, es una mezcla de jadeíta, diópsido y egirina.
Jade imperial Una jadeíta de Myanmar teñida con cromo de verde esmeralda y translúcida en las aristas. Es la variedad de jade más apreciada.
Jadealbita Jadealbita Mezcla de feldespato de albita (pág. 240) y jadeíta de Myanmar de un verde claro intenso y manchas verde oscuro.
Magnetita jade Denominación comercial para el jade dorado (pág. 222).

1 Nefrita, en bruto, tallada
2 Nefrita, dos tablas
3 Nefrita, seis cabujones
4 Nefrita, dos navettes, total 7,68 ct
5 Nefrita, tres cabujones
6 Nefrita, tabla abovedada
7 Nefrita, cabujón, Wyoming/EE.UU.
8 Nefrita, octógono, tabla abovedada
9 Jadeíta, en bruto
10 Jadeíta, tabla plana
11 Jadeíta, cuatro calidades distintas
12 Jadeíta, dos gotas
13 Jadeíta, tres tallas diferentes
14 Nefrita, ojo de gato
15 Cloromelanita, antigua, 14,32 ct
16 Cloromelanita, cuatro tallas

Las imágenes han sido reducidas un 20% con respecto a los originales.

1
2
3
4
5
6
7
8
10
11
12
13
14
15
16

Maw-Sit-Sit Denominación nativa para la jadealbita del norte de Myanmar.
Jade de Yünan Denominación comercial inexacta para la jadealbita.
El yacimiento más importante de jadeítas está en el norte de Myanmar, cerca de Tawmav, incluidas en capas en roca de serpentina, también en yacimientos secundarios como conglomerados o cantos rodados. Otros yacimientos en China, Japón, Canadá, Kazajstán, México, Rusia (Siberia), Estados Unidos (California). Para la utilización, las posibilidades de confusión y las imitaciones, ver más abajo.

Nefrita Pág. 171, ❶-❽ ⓮ Grupo del jade

Color: verde, también otros colores
Raya: blanca
Dureza de Mohs: 6–6½
Densidad: 2,90-3,03
Exfoliación: ninguna
Fractura: astillosa, frágil, de aristas agudas
Cristales: (monoclínico) agregado de finas fibras enmarañadas
Composición: $Ca_2(Mg,Fe^{2+})_5[OH\ I\ Si_4O_{11}]_2$ silicato de calcio, magnesio y hierro

Transparencia: opaco
Ín. refracción: 1,600-1,627
Birrefringencia: - 0,027; a veces ninguna
Dispersión: ninguna
Pleocroísmo: débil: amarillo a pardo, verde
Absorción: (689), 509, 490, 460
Fluorescencia: ninguna

La nefrita (gr. «riñón») es una actinolita (pág. 236) gruesa y afieltrada; es aún más resistente que la jadeíta. Aparece en casi todos los colores, también con bandas o moteado, a menudo con una tonalidad amarillenta. El color más apreciado es el verde. Brillo vítreo. La nefrita abunda más que la jadeíta. Yacimientos históricamente importantes en Nueva Zelanda, en rocas de serpentina, como cantos rodados. De río o de mar. Otros yacimientos: Australia, Brasil, China (Sinkiang), Canadá, México, Rusia, Zimbabue, Taiwán, Estados Unidos (Alaska), anteriormente también en Silesia superior/Polonia.
Utilización de la jadeíta y la nefrita como cabujón, para collares y otras joyas, para recipientes y objetos de decoración y de culto. Centros de talla en China (especialmente Hong Kong) y en Taiwán.
Posibilidades de confusión de la jadeíta y la nefrita con la agalmatolita (pág. 248), la amazonita (pág. 180), la aventurina (pág. 138), la bowenita (pág. 218), la californita (pág. 202), la crisoprasa (pág. 144), la connemara (pág. 218), la grosularia (pág. 122), la pectolita (pág. 228), el plasma (pág. 162), el prasio (pág. 138), la prehnita (pág. 204), la serpentina (pág. 218), la esmeralda (pág. 106), la esmeraldita (pág. 220), la smithsonita (pág. 214), el verde antiguo (pág. 218), la verdita (pág. 266), la williamsita (pág. 218). Numerosas imitaciones con vidrio y materiales artificiales. Se conocen tripletes cementados y teñidos para la mejora de la calidad del color.
Jade de la India Denominación comercial errónea para la aventurina (pág. 138) y para el vidrio de aventurina.
Jade ruso Denominación comercial para la nefrita de color verde espinaca de la región del lago Baikal/Rusia.
Jade de Wyoming Denominación comercial para la nefrita de Wyoming/Estados Unidos o para el jade matriz, así como para un crecimiento interpenetrado verde de tremolita y albita.

❶ Jade, elefante, China
❷ Jade, collar, China
❸ Jade, boquilla
❹ Jade, collar, Myanmar
❺ Jade, buda, China
❻ Jade, caballo, China
❼ Jade, tres figuras simbólicas
❽ Jade, collar, multicolor
❾ Jade, colgante
❿ Cloromelanita, colgante
Las imágenes han sido reducidas un 20% con respecto a los originales.

1
2
3
5
6
7
8
9
10

Peridoto Sinónimos: crisolita, olivino

Color: verde amarillo, verde oliva, pardusco
Raya: blanca
Dureza de Mohs: 6½–7
Densidad: 3,28–3,48
Exfoliación: imperfecta
Fractura: concoidea pequeña, frágil
Cristales: (ortorrómbico) prismas rechonchos, con bandas verticales
Composición: $(Mg,Fe^{2+})_2\,[SiO_4]$ silicato de hierro y magnesio

Transparencia: transparente
Ín. refracción: 1,650-1,703
Birrefringencia: +0,036 a +0,038
Dispersión: 0,020 (BG), 0,012-0,013 (CF)
Pleocroísmo: muy débil: incoloro a verde pálido, verde vivo, verde oliva
Absorción: 497, 495, 493, 473, 453
Fluorescencia: ninguna

El significado del nombre peridoto, que deriva del griego, es incierto. Puede hacer referencia a la riqueza de superficies de sus cristales. Crisolita (gr. «piedra de oro») es un sinónimo, en la antigüedad no sólo para el peridoto sino también para muchas piedras de color semejante. En mineralogía el nombre olivino (debido a su verde oliva) es más usual.

El peridoto es un mineral que pertenece a una serie isomórfica que tiene en sus extremos la forsterita ($Mg_2[SiO_4]$) y la fayalita ($Fe_2^{2+}[SiO_4]$). Brillo parecido al del vidrio y aceitoso. Vulnerable a los ácidos. Para evitar que se rompa cuando las tensiones son fuertes se engasta en un soporte metálico. Las piedras oscuras pueden adquirir tonalidades claras mediante calentamiento. El peridoto ojo de gato y el peridoto estrella son verdaderas rarezas.

Yacimientos históricamente más importantes son los del mar Rojo, en la isla volcánica Zebirget (St. John), 300 km al oeste de Assuan/Egipto; fue explotado ya hace más de 3.500 años. Durante siglos caído en el olvido, no fue redescubierto hasta 1900. Hoy ya no se explota. Las canteras de serpentina de Myanmar proporcionan también buen material. Otros yacimientos: Australia (Queensland), Brasil (Minas Gerais), China, Eritrea, Kenia, México, Pakistán, Sri Lanka, Sudáfrica, Tanzania, Estados Unidos (Arizona). En Europa hay también yacimientos en Noruega, al norte de Bergen.

El peridoto fue introducido en Europa central por los cruzados. En la Edad Media se utilizó mucho en la iglesia. Fue la piedra preferida en tiempos del Barroco. Muy apreciadas son la talla en tabla y en escalera, en ocasiones se talla también en brillante, especialmente cuando está engarzado en oro. Para los indios de Norteamérica es, tanto hoy como ayer, la piedra más apreciada. El peridoto tallado más grande pesa 310 ct, procede de la isla Zebirget y se encuentra en la Smithsonian Institution de Washington/Estados Unidos. En Rusia hay peridotos tallados que proceden de un meteorito caído en el este de Siberia en 1749.

Posibilidades de confusión con el crisoberilo (pág. 114), el demantoide (pág. 122), el diópsido (pág. 206), el berilo noble (pág. 112), la moldavita (pág. 246), la prasiolita (pág. 136), la prehnita (pág. 204), la sinhalita (pág. 202), la esmeralda (pág. 106), la turmalina (pág. 126) y la vesubianita (pág. 202). A las piedras de color pálido se les añade a veces una capa verde en la base. Imitaciones en vidrio. Síntesis de corindón o de espinela son buenos sustitutos del peridoto.

La fuerte birrefringencia del peridoto es una importante característica para su reconocimiento. En las piedras gruesas, la duplicación de las aristas de las facetas inferiores se puede ver claramente a simple vista a través de las tablas pulidas.

1. Peridoto, dos octógonos, cada uno 4,65 ct
2. Peridoto, dos ovalados, 5,67 y 6,38 ct
3. Peridoto, octógono, 4,14 ct
4. Peridoto, ovalado, 12,45 ct
5. Peridoto, cuatro formas diferentes
6. Peridoto, antigua, 24,02 ct
7. Peridoto, cinco facetados
8. Peridoto, cuatro facetados
9. Peridoto, cinco cabujones
10. Peridoto, parcialmente redondeados

Las imágenes han sido aumentadas un 20% con respecto a los originales.

1
2
3
4
5
6
7
8
9
10

Grupo de la zoisita

Del mineral zoisita (nombre por el coleccionista Von Zois), encontrado por primera vez en Saualpe, Carintia, en 1805, y denominado originalmente saualpina. No aparecieron hasta hace unos pocos decenios las calidades de piedra preciosa: tanzanita, thulita y aniolita. De otras variedades de zoisita transparentes con calidad de piedra preciosa (incolora, verde y parda) sólo se conocen ejemplares aislados o pequeñas cantidades, véase la página 278.

Tanzanita ①–⑪ — Grupo de la zoisita

Color: azul amatista, violeta amatista
Raya: blanca
Dureza de Mohs: 6½–7
Densidad: 3,35
Exfoliación: perfecta
Fractura: desigual, frágil
Cristales: (ortorrómbico) prismas con muchas caras, la mayoría con bandas
Composición: $Ca_2Al_3[O \mid OH \mid SiO_4 \mid Si_2O_7]$ silicato de calcio y aluminio

Transparencia: transparente
Ín. refracción: 1,691-1,700
Birrefringencia: -0,009
Dispersión: 0,030 (BG), 0,011 (CF)
Pleocroísmo: muy fuerte: azul púrpura, pardo o amarillo
Absorción: 595, 528, 455
Fluorescencia: ninguna

El nombre tanzanita (por Tanzania) fue introducido por la compañía joyera Tiffany/Nueva York. En buenas calidades el color es de un azul ultramarino a azul zafiro. Bajo luz artificial aparece en un violeta amatista. Mediante calentamiento a 400-500 °C desaparecen las tonalidades indeseadas amarillenta y parda y el azul se intensifica. También se conocen tanzanitas ojo de gato. Se talla en facetas. Los únicos yacimientos están en Tanzania, cerca de Arusha; aparecen en gangas y rellenando fisuras de gneis. La tanzanita verde es rara, v. pág. 278.
Posibilidades de confusión con la amatista (pág. 134), la cordierita (pág. 196), la lazulita (pág. 208), el zafiro (pág. 102), la espinela (pág. 116), el corindón sintético. Imitaciones en vidrio y dobletes de vidrio con parte superior de tanzanita o de dos espinelas sintéticas incoloras pegadas con cemento del color de la tanzanita.

Thulita ⑮ ⑯ — Grupo de la zoisita

Variedad de zoisita masiva y opaca de color rojo. Nombre por la legendaria isla de Thule. Yacimientos: Australia occidental, Namibia, Noruega, Estados Unidos (Carolina del Norte). Se usa como cabujón o como piedra ornamental.
Posibilidades de confusión con la eudialita (pág. 228), la carneola (pág. 142), la rodonita (pág. 184) y el rubí (pág. 98).

Aniolita ⑫–⑭

Zoisita verde con inclusiones negras de hornblenda y grandes rubíes, si bien la mayoría opacos. Nombre de la lengua masai («verde»). Descubierto en Tanzania en 1954. Por sus contrastes de color es una impresionante piedra ornamental y de adorno.
Posibilidades de confusión con la cloromelanita (pág. 170) y la turmalina (pág. 126).

① Tanzanita, cristal
② Tanzanita en la roca madre
③ Tanzanita, tres fragmentos de cristal
④ Tanzanita, forma de núcleo de pera, 5,2 ct
⑤ anzanita, antigua, 24,4 ct
⑥ Tanzanita, ovalada, 3,5 ct
⑦ Tanzanita, talla en brillante, 6,8 ct
⑧ Tanzanita, ovalada, 3,1 ct
⑨ Tanzanita, cabujón, 8,5 ct
⑩ Tanzanita, cinco facetados
⑪ Tanzanita, cinco cabujones
⑫ Aniolita con rubí
⑬ Aniolita, dos abovedados
⑭ Aniolita con rubí
⑮ Thulita, dos en bruto
⑯ Thulita, cabujón

1
2

4
6
3
3
5
7
8
9
10
3
11

12
14
13
15
16

Hematites ❶ – ❹ Sinónimos: piedra de sangre

Color: negro, gris negro, rojo pardo
Raya: rojo pardo
Dureza de Mohs: 5½–6½
Densidad: 5,12-5,28
Exfoliación: ninguna
Fractura: concoidea, desigual, fibrosa
Cristales: (trigonal) mayormente en tabla
Composición: Fe_2O_3 óxido de hierro

Transparencia: opaco
Ín. refracción: 2,940-3,220
Birrefringencia: -0,287
Dispersion: 0,500 (CF)
Pleocroísmo: ausente
Absorción: (700), (640), (595), (570), (480), (450), (425), (400)
Fluorescencia: ninguna

El nombre hematites (gr. «sangre») hace referencia al color rojo sangre del agua de refrigeración que deja la piedra al ser tallada. La denominación inglesa «blootstone», por el contrario, se refiere al heliotropo (pág. 144). Las variedades de hematites con una buena cristalización se denominan oligisto, las variedades de cristalización más fina hematites especular y los agregados radiales hematites terrosa. En delgadas placas la hematites es roja y translúcida, pulida tiene un vivo brillo metálico.Yacimientos con material apto para la talla en Cumberland/Inglaterra, otros en Bangladesh Brasil, China, Nueva Zelanda, la República Checa (Montes Metálicos), Estados Unidos (Minnesota), también en Elba/Italia. Anteriormente una joya para el luto, hoy se usa como piedra en anillos, para collares y para bajorrelieves.
Posibilidades de confusión con la davidita (pág. 232), la casiterita (pág. 200), la magnetita (pág. 230), la neptunita (pág. 228), la pirolusita (pág. 232) y la wolframita (pág. 230).
Hematina Denominación comercial para una imitación de la hematites con óxido de hierro prensado y sintetizado procedente de Estados Unidos. A diferencia de la hematites es levemente magnética.

Pirita ❺ – ⓫ Sinónimo: piritas de hierro

Color: amarillo latón, amarillo gris
Raya: negro verdoso
Dureza de Mohs: 6–6½
Densidad: 5,00-5,20
Exfoliación: imperfecta
Fractura: concoidea, desigual, frágil
Cristales: (cúbico) cubos, pentagonododecaedros, octaedros
Composición: FeS_2 sulfuro de hierro

Transparencia: opaco
Ín. refracción: no determinable
Birrefringencia: ninguna
Dispersión: ninguna
Pleocroísmo: ausente
Absorción: no determinable
Fluorescencia: ninguna

La pirita (gr. «fuego», porque al golpearla saltan chispas) se denomina en el mercado equívocamente marcasita. La auténtica marcasita (pág. 238) es igual a la pirita en muchos aspectos aunque menos apropiada como joya, porque se puede deshacer. Por su parecido con el oro recibe popularmente el nombre de oro de los tontos. Se conocen agregados radiales con forma de disco, los denominados soles de pirita. Brillo metálico. Yacimientos en Perú, también en Bolivia, México, Rumania, Suecia, España, Estados Unidos (Colorado).
Se talla en pequeñas rosas o se usa para engarzar otras piedras ornamentales. Las caras de la pirita se «ciegan» con el paso del tiempo.
Posibilidades de confusión con el oro (pág. 224) y la calcopirita (pág. 222).

❶ Hematites terrosa radial
❷ Hematites, dos fragmentos de cristales
❸ Hematites, cinco talladas
❹ Hematites, talla en tabla, ángulos romos
❺ Agregado de pirita cubierto por cristales, inferior en bruto
❻ Pirita, tallado en cabujón
❼ Pirita, facetada
❽ Pirita, cristales en la roca madre
❾ Pirita, cuatro cristales diferentes
❿ Agregado de pirita como brocheparte
⓫ Pirita, cristal octaédrico

1
2
3
4

5
6
7
8
9
10
11

Grupo del feldespato

En el grupo de los feldespatos (al. «Feld» = tierra y «Spalten» = escindir) distinguimos: los feldespatos potásicos y las plagioclasas (una serie cristalina isomorfa de feldespatos cálcicos y sódicos). Muchas variedades con calidad de piedra preciosa.

Amazonita ❶–❸ Sinónimo: piedra del Amazonas Grupo del feldespato

Color: verde, verde azulado
Raya: blanca
Dureza de Mohs: 6–6½
Densidad: 2,56-2,58
Exfoliación: perfecta
Fractura: desigual, astillosa, frágil
Cristales: (triclínico) prismáticos
Composición: $K[AlSi_3O_8]$
silicato alumínico potásico

Transparencia: translúcida, opaca
Ín. refracción: 1,522-1,530
Birrefringencia: -0,008
Dispersión: ninguna
Pleocroísmo: ausente
Absorción: no determinable
Fluorescencia: débil: verde oliva

La amazonita (nombre por el río Amazonas) es un feldespato potásico principalmente opaco. Distribución no uniforme de los colores. Brillo vítreo. Yacimientos en Colorado/Estados Unidos, Brasil, la India, Kenia, Madagascar, Namibia, Rusia.
Posibilidades de confusión con la crisoprasa (pág. 144), el jade (pág. 170), la serpentina (pág. 218), la turquesa (pág. 186).

Piedra de luna ❼–❿ Grupo del feldespato

Color: incoloro, varios colores, resplandor
Raya: blanca
Dureza de Mohs: 6–6½
Densidad: 2,56-2,59
Exfoliación: perfecta
Fractura: desigual, concoidea
Cristales: (triclínico) prismáticos
Composición: $K[AlSi_3O_8]$
silicato alumínico potásico

Transparencia: transparente turbia
Ín. refracción: 1,518-1,526
Birrefringencia: -0,008
Dispersión: 0,012 (BG), 0,008 (CF)
Pleocroísmo: ausente
Absorción: no determinable
Fluorescencia: débil: azulada, naranja

Feldespato potásico (adularia) con un resplandor blanco semejante al de la luna (de ahí el nombre), el denominado adularescencia (pág. 52). También piedra de luna ojo de gato. Brillo vítreo, sensible a la presión. Yacimientos: Sri Lanka, Brasil, la India, Madagascar, Myanmar, Estados Unidos. Se usa como cabujón.
Posibilidades de confusión con la amatista recalentada (pág. 134), la calcedonia (pág. 142), la espinela sintética e imitaciones en vidrio. Otras piedras de luna del grupo del feldespato: andesina, microclina, oligoclasa y peristerita (pág. 278).

Ortoclasa ❹–❻ Grupo del feldespato

La ortoclasa (gr. «rotura recta») es un feldespato potásico transparente de color blanco, amarillo o rojizo. Brillo vítreo. Yacimientos: Kenia, Madagascar, Myanmar.
Posibilidades de confusión on el apatito (pág. 210), el crisoberilo (pág. 114), el citrino (pág. 136), el berilo noble (pág. 112), la prehnita (pág. 204), el topacio (pág. 118) y el zircón (pág. 124).

❶ Amazonita, fragmento cristalino
❷ Amazonita, en bruto
❸ Amazonita, seis tallas diferentes
❹ Ortoclasa, fragmento cristalino
❺ Ortoclasa, tres facetados
❻ Ortoclasa, en bruto, Kenia
❼ Piedra de luna, dos, en bruto
❽ Piedra de luna, siete cabujones, la India
❾ Piedra de luna, dos cabujones, Sri Lanka
❿ Piedra de luna, tres cabujones, 13,23 ct
Las imágenes han sido reducidas un 10% con respecto a los originales.

1
2
3
4
5
6
7
8
9
10
7

Labradorita ❶ – ❹ Sinónimo: p. de El Labrador Grupo del feldespato

Color: gris oscuro, negro gris, con juego de colores; incoloro, pardusco, verde, rojo
Raya: blanca
Dureza de Mohs: 6–6½
Densidd: 2,65-2,75
Exfoliación: perfecta
Fractura: desigual, astillosa, frágil
Cristales: (triclínico) en tablas, prismáticos
Composición: $(Ca,Na)[(Al,Si)_2Si_2O_8]$ silicato alumínico cálcico sódico

Transparencia: transparente a opaca
Ín. refracción: 1,559-1,570
Birrefringencia: +0,008 a +0,010
Dispersión: 0,019 (BG), 0,010 (CF)
Pleocroísmo: ausente
Absorción: no determinable
Fluorescencia: bandas amarillentas

La labradorita (nombre por la península El Labrador/Canadá, un yacimiento) es una plagioclasa. Presenta un juego de colores (labradorescencia) en tonos metálicos brillantes. Son usuales los efectos azules y verdes, la más apreciada es la que presenta el espectro entero. La causa de la iridiscencia son probablemente fenómenos de interferencia en lamelas de interferencia. Brillo vítreo, sensible a la presión. Yacimientos en Canadá (El Labrador, Terranova), en Australia (Nueva Gales del Sur), Madagascar, México, Rusia, EE.UU.
Se emplea en collares, broches, anillos y objetos de arte industrial. Conocidas desde hace tiempo labradoritas transparentes incoloras y pardas amarillentas ❸.Últimamente han aparecido en el mercado labradoritas en colores intensos (pág. 238).
Espectrolita ❷ Denominación comercial para una labradorita de Finlandia, que presenta muy bellos colores del espectro.
Piedra de luna de Madagascar Nombre comercial para una piedra de luna oligoclasa (plagioclasa) casi opaca de Madagascar con un tornasolado azul intenso.

Piedra del sol ❺ – ❽ Sinónimo: feldespato aventurina Grupo delfeldespato

Color: naranja, pardo rojizo, centelleante
Raya: blanca
Dureza de Mohs: 6-61/2 6–6½
Densidad: 2,62-2,65
Exfoliación: perfecta
Fractura: granuda, astillosa, frágil
Cristales: (triclínico) raros, agregados masivos
Composición: $(Ca,Na)[(Al,Si)_2Si_2O_8]$ silicato alumínico cálcico sódico

Transparencia: translúcida, opaca
Ín. refracción: 1,525-1,548
Birrefringencia: +0,010
Dispersión: 0,012 (BG)
Pleocroísmo: débil o ausente
Absorción: no determinable
Fluorescencia: pardo rojizo oscuro

Una plagioclasa con un brillo como el de los rayos solares (de ahí el nombre). Su otro nombre se debe a un vidrio descubierto hacia 1700 por casualidad (ital. «a ventura»). Es típico el efecto metálico en rojo, producido por la interferencia de la luz en plaquitas de hematites o goethita. Yacimientos: la India, Canadá, Madagascar, Noruega, Rusia (Siberia), EE.UU. Se utiliza con superficies planas y abovedadas para utensilios ornamentales.
Posibilidades de confusión con aventurina (pág. 138) y vidrio artificial «río de oro».
Otros feldespatos con calidad de piedra preciosa: albita (pág. 240), andesina (pág. 232), anortita (pág. 242), oligoclasa (pág. 226), peristerita (pág. 220), sanidina (pág. 220).

❶ Labradorita, en bruto, Canadá
❷ Espectrolita, en bruto, Finlandia
❸ Labradorita, facetada, 4,08 ct, EE.UU.
❹ Labradorita, trece abovedadas
❺ Piedra del sol, dos en bruto
❻ Piedra del sol, cuatro cabujones
❼ Piedra del sol, facetada
❽ Piedra del sol, abovedada
Las imágenes han sido reducidas un 10% con respecto a los originales.

1
2
3
4
5
6
7
8

Rodocrosita ❶ – ❺ Sinónimo: espato manganoso, rosa inca

Sinónimo: espato manganoso, rosa inca
Raya: blanca
Dureza de Mohs: 4
Densidad: 3,45-3,70
Exfoliación: perfecta
Fractura: desigual, concoidea
Cristales: (trigonal) romboédrico, masiva
Composición: $Mn[CO_3]$ carbonato de manganeso
Transparencia: transparente a opaca
Ín. refracción: 1,600-1,820
Birrefringencia: -0,208 a -0,220
Dispersión: 0,015 (BG), 0,010-0,020 (CF)
Pleocroísmo: ausente
Absorción: 551, 449, 415
Fluorescencia: débil: roja

La rodocrosita (gr. «color rosa») está en el mercado tan sólo desde los años 50. Son raros los cristales transparentes, la mayoría son agregados con bandas claras y oscuras en zigzag. El más apreciado es el rojo grosella. Brillo vítreo. Yacimientos importantes en Argentina, cerca de San Luis, 230 km al este de Mendoza, donde en las minas de plata abandonadas por los incas en el siglo XII la rodocrosita ha formado estalagmitas. Otros yacimientos en Chile, México, Namibia, Perú, Sudáfrica, Estados Unidos. Se suele utilizar en grandes fragmentos porque es como queda mejor resaltado el dibujo, en objetos de arte industrial, y como cabujones para collares. Facetada la buscan coleccionistas. La rodocrosita facetada más grande con 59,65 ct procede de Sudáfrica.
Posibilidades de confusión con el ópalo de fuego (pág. 168), la rodonita (abajo), el cuarzo rosado (pág. 138), la tugtupita (pág. 220), la turmalina (pág. 126).

Rodonita ❻ – ⓬ Sinónimo: guijarros de manganeso

Color: rojo oscuro, rojo carne, inclusiones dendríticas negras
Raya: blanca
Dureza de Mohs: 5½–6½
Densidad: 3,40-3,74
Exfoliación: perfecta
Fractura: desigual, concoidea, dura
Cristales: (triclínico) en tabla, columnar, sobre todo masiva
Composición: $((Ca,Mg)(Mn^{2+},Fe^{2+})_4[Si_5O_{15}]$
Transparencia: transparente a opaca
Ín. refracción: 1,716-1,752
Birrefringencia: +0,010 a +0,014
Dispersión: ninguna
Pleocroísmo: medio: amarillo rojo, rosado, amarillo rojo
Absorción: 548, 503, 455, (412), (408)
Fluorescencia: ninguna

La rodonita (gr. «rosa») suele presentar, en su color de fondo rojo, inclusiones dentríticas negras de óxido de manganeso. Las variedades transparentes son muy raras. Brillo vítreo, en las superficies de exfoliación brillo perlado. Yacimientos: Australia (Nueva Gales del Sur), Finlandia, Japón, Canadá, Madagascar, México, Rusia (Urales), Suecia, Sudáfrica, Tanzania, EE. UU. (Nueva Jersey). Se usa como tabla y cabujón, en collares, arte industrial y azulejos (por ejemplo, la estación de metro de Moscú). Las piedras transparentes se tallan en tabla o en brillante.
Posibilidades de confusión con la rodocrosita (arriba), la tulita (pág. 176), las variedades transparentes de hesonita (pág. 122), la piroxmanguita (pág. 242), la espesartita (pág. 120), la espinela (pág. 116), la turmalina (pág. 126).
Fowlerita Variedad de rodonita con una tonalidad pardusca o amarillenta procedente de Franklin/Nueva Jersey (EE.UU.).

❶ Rodocrosita, collar barroco
❷ Rodocrosita, tres pulidas
❸ Rodocrosita, cristales
❹ Rodocrosita, cuatro abovedados
❺ Rodocrosita, tres abovedados
❻ Rodonita, cabujón
❼ Rodonita, collar de esferas
❽ Rodonita, talla plana
❾ Rodonita, cabujón monocromo
❿ Rodonita, cinco transparentes
⓫ Rodonita, en bruto, tallada
⓬ Rodonita, cinco abovedadas
Las imágenes han sido reducidas un 40% con respecto a los originales.

1
2
3
4
5
5
6
7
8
9
10
11
12

Turquesa Sinónimo: calaíta

Color: azul celeste, verde azul, verde manzana
Raya: blanca
Dureza de Mohs: 5-6
Densidad: 2,31-2,84
Exfoliación: perfecta
Fractura: concoidea, desigual
Cristales: (triclínico) raros; agregados arracimados
Composición: $Cu(Al,Fe^{3+})_6[(OH)_4 \mid (PO_4)_2]_2 \cdot 4H_2O$ fosfato alumínico con contenido de cobre

Transparencia: translúcida, opaca
Ín. refracción: 1,610-1,650
Birrefringencia: +0,040
Dispersión: ninguna
Pleocroísmo: débil: incoloro, azul pálido o verde pálido
Absorción: (460), 432, (422)
Fluorescencia: débil: amarillo verdoso, azul claro

El nombre turquesa significa «piedra turca», porque su ruta comercial antes atravesaba Turquía. El sinónimo calaíta (gr. «piedra bella») es casi desconocido. El color azul puro ⑨ ⑫ es raro, la turquesa suele estar atravesada por venas de otros minerales o de rocas contiguas, de color pardo, gris oscuro o negro. Estas piedras se denominan turquesa matriz o matriz de turquesa. También existen crecimientos de turquesa con malaquita (pág. 192) y crisocola (pág. 216). La sustancia colorante para los tonos azules es el cobre, para los verdes el hierro. Brillo céreo o mate.
La codiciada turquesa azul celeste se torna a 250 °C en un verde deslucido. ¡Mucho cuidado al pulir y al soldar! Es posible un deterioro del color también por influencia de la luz, el sudor, aceites y cosméticos, agentes limpiadores del hogar, así como por una secado de la humedad natural. ¡Hay que quitarse los anillos de turquesa al lavarse las manos!
Se presenta rellenando fisuras, como cubierta arracimada o en forma de nódulos. Grosor de las bandas de turquesa de hasta 20 mm. Yacimientos con las mejores calidades en Irán, cerca de Nishapur. Otros yacimientos: Afganistán, Argentina, Australia, Brasil, China, Israel, México, Tanzania, Estados Unidos (Nuevo México, Arizona).
Los yacimientos de Sinaí/Egipto, eran explotados ya en el 4000 a. de C., hoy tienen sólo valor histórico. En la época Biedermeier el color azul celeste en la turquesa era el preferido. Hoy se utiliza como cabujón, en broches, collares y brazaletes, y también en objetos de arte industrial.
Posibilidades de confusión con amatriz (pág. 212), amazonita (pág. 180), crisocola (pág. 216), hemimorfita (pág. 214), lazulita (pág. 208), odontolita (pág. 252), serpentina (pág. 218), smithsonita (pág. 214) y variscita (pág. 212).
Debido a su gran porosidad, la turquesa se suele embeber en resina artificial, con lo que además se endurece su superficie. Se puede mejorar su color con aceite o parafina, azul de Prusia, colorantes de anilina, sales de cobre o aún otros materiales. Imitaciones con calcedonia (pág. 142) o howlita (pág. 224) teñidas, con turquesas pulverizadas y cocidas con una masa cementante, así como con vidrio, porcelana y materiales sintéticos. Turquesa sintética, con o sin matriz, desde los años 70 de buena calidad en el mercado.
Neolita (Sinónimo: turquesa reese) Buena imitación de turquesa con matriz oscura de hidróxido de aluminio($Al(OH)_3$).
Neoturquesa Imitación de turquesa con gibsita $Al(OH)_3$ y fosfato de cobre.
Turquesa de Viena Buena imitación de turquesa con arcilla coloreada.

① Turquesa con matriz, dos abovedadas
② Turquesa, figura china
③ Turquesa, tres cabujones, 25,89 ct
④ Turquesa, en bruto
⑤ Turquesa, nueve cabujones, 26,10 ct
⑥ Turquesa, tres cabujones, octógono
⑦ Turquesa, collar de esferas
⑧ Turquesa con matriz, dos abovedadas
⑨ Turquesa, siete abovedadas, 14,30 ct
⑩ Turquesa, collar barroco
⑪ Turquesa, en bruto, tallado
⑫ Turquesa, dos cabujones, 38,53 ct
⑬ Turquesa, cuatro cabujones, 42,28 ct
⑭ Turquesa, tres abovedados
Las imágenes han sido reducidas un 40% con respecto a los originales.

1
2
4
3
5
8
6
7
11
13
12
9
14
10
14
14

Lapislázuli (Lapis) Sinónimos: piedra lazure, lazurita falsa

Color: azul ultramarino, violeta, azul verdoso
Raya: azul claro
Dureza de Mohs: 5-6
Densidad: 2,50-3,00
Exfoliación: imperfecta
Fractura: concoidea pequeña, granuda
Cristales: (cúbico) raros; agregados gruesos
Composición: $Na_6Ca_2[(S,SO_4,Cl_2)_2 \mid Al_6Si_6O_{24}]$ silicato alumínico cálcico sódico

Transparencia: opaco
Ín. refracción: 1,50 aprox.
Birrefringencia: ninguna
Dispersión: ninguna
Pleocroísmo: ausente
Absorción: no determinable
Fluorescencia: fuerte: blanca, también naranja, cobriza

Como en el lapislázuli (árab.-lat. «piedra azul»), junto al componente principal, la lazurita (25-40%), se encuentran siempre otros minerales (p. ej., augita, calcita, diópsido, enstatita, mica, haunita, hornblenda, noselita, pirita), bien se puede considerar como una roca. La cambiante composición comporta grandes oscilaciones en los datos del cuadro.

La sustancia colorante es el azufre. En las mejores calidades el color se distribuye uniformemente, aunque es más usual que aparezca con bandas o manchas. En el lapislázuli de Chile (lapis chileno) y de Rusia, la importante presencia de calcita blanquecina o gris devalúa la piedra. La presencia de pirita finamente repartida es bien recibida porque es una prueba de su autenticidad. Demasiada pirita produce un deslucido tono verdoso. Es posible resaltar el color mediante un calentamiento moderado y posterior tinción. Brillo vítreo y graso.

Es vulnerable a fuertes presiones y altas temperaturas, baños calientes, ácidos y jabones. Hay que quitarse los anillos durante las tareas domésticas.

El yacimiento más importante desde hace ya 6.000 años se encuentra en los montes Hindu Kush occidentales, en Afganistán. En condiciones muy primitivas y en un terreno intransitable, el lapislázuli se extrae aquí como inclusiones irregulares en la roca caliza. Los yacimientos rusos se encuentran al suroeste del lago Baikal. La roca madre es un mármol dolomítico blanco. Los de Chile están al norte de Santiago. Otros yacimientos en Angola, Canadá, Myanmar, Pakistán, Estados Unidos (California, Colorado).

El lapislázuli se utilizaba ya en tiempos prehistóricos para fines ornamentales. En la Edad Media sirvió como colorante para el azul ultramarino. En algunos palacios e iglesias se utilizó el lapislázuli para trabajos de incrustación, azulejos y recubrimientos de columnas. En la actualidad se emplea como piedra en anillos, para collares, en esculturas, recipientes y otros objetos de arte industrial. Posibilidades de confusión con la azurita (pág. 190), la dumortierita (pág. 198), la howlita (pág. 224) teñida, la lazulita (pág. 208), la sodalita (pág. 190) y las imitaciones en vidrio. En 1954 apareció una espinela sintética de estructura granuda coloreada con óxido de cobalto que conseguía bien el color del lapis. La adición de laminillas de oro imita a la pirita. En el mercado, imitaciones con trocitos y polvo de lapislázuli prensados o unidos con resina sintética. Desde 1976 se puede encontrar lapislázuli sintético de buena calidad.

Lapis alemán (Sinónimo: lapis suizo, Swiss lapis) Denominación comercial equívoca para un jaspe teñido (pág. 162). No presenta inclusiones de pirita.

1. Lapislázuli, cuenco, Chile
2. Lapislázuli, en bruto, Afganistán
3. Lapislázuli, fragmento cristalino
4. Lapislázuli, tallado, Afganistán
5. Lapislázuli, figura de Buda, Afganistán
6. Lapislázuli, collar, Afganistán
7. Lapislázuli, abovedado, Afganistán
8. Lapislázuli, tres cabujones, Afganistán
9. Lapislázuli, piedra de anillo, Siberia
10. Lapislázuli, siete tallas diferentes
11. Lapislázuli, talla en tabla, Chile
12. Lapislázuli, en bruto, Siberia/Rusia
13. Lapislázuli, en bruto, Afganistán
14. Lapislázuli, en bruto, Chile

Las imágenes han sido reducidas un 40% con respecto a los originales.

1
2
7
4
5
6
8
9
10
11
12
13
14

Sodalita ❶–❹

Color: blanco, azul, gris
Raya: blanca
Dureza de Mohs: 5½-6
Densidad: 2,14-2,40
Exfoliación: imperfecta
Fractura: desigual, concoidea
Cristales: (cúbico) rombododecaedro
Composición: $Na_8[(Cl,OH)_2 | Al_6Si_6O_{24}]$
silicato alumínico sódico que contiene cloro

Transparencia: transparente a opaco
Ín. refracción: 1,48
Birrefringencia: ninguna
Dispersión: 0,018 (BG), 0,009 (CF)
Pleocroísmo: ausente
Absorción: no determinable
Fluorescencia: fuerte: naranja

Nombre por su contenido en sodio. Para fines ornamentales se utilizan normalmente sólo los tonos azules. Éstos, muchas veces con una tonalidad violeta, están a menudo atravesados por venas blancas de calcita. Brillo vítreo, en las superficies de exfoliación brillo graso. Suele aparecer en rocas de sienita y traquita, así como en pegmatitas. Yacimientos: Brasil (Bahía), Groenlandia, la India, Canadá (Ontario), Namibia (cristales transparentes), Rusia (Urales), Estados Unidos (Montana). Se usa como cabujón, para collares, principalmente en objetos de arte industrial, también como piedra ornamental.
Posibilidades de confusión con la azurita (abajo), la dumortierita (pág. 198), la haunita (pág. 240), el lapislázuli (pág. 188), la lazulita (pág. 208). Sodalita sintética conocida desde 1975.
Hackmanita Variedad de la sodalita de color rosa. Encontrada en 1991 por primera vez con calidad de piedra preciosa en Quebec/Canadá.

Azurita ❺–❽ Sinónimo: esmalte de cobre

Color: azul intenso, azur
Raya: azul celeste
Dureza de Mohs: 3½-4
Densidad: 3,7-3,9
Exfoliación: buena
Fractura: concoidea, desigual, frágil
Cristales: (monoclínico) columnas cortas, agregados masivos
Composición: $Cu_3[OH | CO_3]_2$
carbonato básico de cobre

Transparencia: transparente a opaco
Ín. refracción: 1,720-1,848
Birrefringencia: +0,108 a +0,110
Dispersión: ninguna
Pleocroísmo: medio: azul claro, azul oscuro
Absorción: 500
Fluorescencia: ninguna

El nombre azurita se debe a su color azur. Brillo vítreo. Se presenta juntamente con la malaquita en yacimientos de cobre o en sus proximidades. Yacimientos: Australia (Queensland), Chile, México, Namibia, Rusia (Urales), Estados Unidos (Arizona, Nuevo México). El conocido yacimiento cerca de Lyon/Francia parece estar agotado. Anteriormente utilizado para el teñido de color azur. Debido a su escasa dureza es apto casi sólo para objetos de arte industrial. Para coleccionistas, tallado en cabujón y con facetas.
Posibilidades de confusión con la dumortierita (pág. 198), la haunita (pág. 240), el lapislázuli (pág. 188), la lazulita (pág. 208), la sodalita (arriba).
Azurmalaquita ❽ Crecimiento de azurita y malaquita (pág. 192) bandeado y en forma de esfera o de riñón. Se suele tallar en cabujón.
Burnita Crecimiento de azurita y cuprita (pág. 222).

❶ Sodalita, en bruto, tallado
❷ Sodalita, collar barroco
❸ Sodalita, cuatro, talla plana
❹ Sodalita, dos cabujones
❺ Azurita, fase cristalina
❻ Azurita, cinco tallas diversas
❼ Azurita, fragmento cristalino
❽ Azurmalaquita, en bruto
Las imágenes han sido reducidas un 20% con respecto a los originales

1
2
3
4
5
6
7
8

Malaquita

Color: verde claro a negruzco, bandeado
Raya: verde clara
Dureza de Mohs: 3½-4
Densidad: 3,25-4,10
Exfoliación: perfecta
Fractura: astillosa, cóncava
Cristales: (monoclínico) pequeños, prismas largos
Composición: $Cu_2[(OH)_2|CO_3]$ carbonato básico de cobre

Transparencia: translúcido, opaco
Ín. refracción: 1,655-1,909
Birrefringencia: -0,254
Dispersión: ninguna
Pleocroísmo: muy fuerte: casi incoloro, verde amarillo, verde intenso
Absorción: no determinable
Fluorescencia: ninguna

El color verde (gr. «malache» = malva), quizás también su poca dureza (gr. «malakos» = blando), dan a la malaquita su nombre. En la fractura o tallados los agregados muestran un bandeado de capas claras y oscuras formando anillos concéntricos, listas rectilíneas u otros dibujos, producidos por su estructura cóncava. Más raramente se obtienen grandes piezas de un solo color. En finos discos es translúcida, de otro modo opaca. La sustancia colorante es el cobre. Los cristales son raros, aparece mayoritariamente como gruesos agregados fibrosos de finos cristales. En bruto muestra un débil brillo vítreo o mate, en las superficies pulidas de una exfoliación reciente o presenta un brillo sedoso. La malaquita es sensible al calor y al ácido, al amoníaco y a los baños calientes.
Se presenta en nódulos redondeados, arracimados, en forma de piña o en estalactitas, más raramente en costras planas. Formado a partir de disoluciones cupríferas en yacimientos de mineral de cobre o en sus proximidades. Los yacimientos más conocidos estaban antes en los Urales, cerca de Ekaterimburgo (Sverdlovsk). Se extraían bloques de hasta 20 toneladas de peso. De aquí extrajeron los zares la malaquita para sus palacios.
Actualmente el yacimiento más importante de malaquitas está cerca de Zambia Shaba (Katanga), en el Zaire. Otros yacimientos: Australia (Queensland, Nueva Gales del Sur), Chile, Namibia, Zimbabue, Estados Unidos (Arizona). La malaquita ya era usada por egipcios, griegos y romanos como piedra ornamental, como amuleto o, pulverizado, muy apreciado como maquillaje de ojos. También se usaba como colorante verde.
A pesar de su poca dureza y de su vulnerabilidad, la malaquita es actualmente muy buscada. Se usa como cabujón, tallada en tabla ligeramente abovedada, para collares y para objetos de arte industrial, como platas, frascos, ceniceros y esculturas. El tallista debe resaltar al máximo el bandeado natural de la malaquita. Son muy apreciados los anillos concéntricos en forma de ojo (denominados malaquita ojo de pavo real). Debido a su escasa dureza, la malaquita se raya fácilmente y a veces se torna mate. Con resina artificial se puede endurecer su superficie.
El trabajado de la malaquita es algo problemático, después de que se descubriera que desprende cobre y níquel en polvo en el medio ambiente.
Posibilidades de confusión con otras piedras preciosas y ornamentales, en los fragmentos más grandes, no hay ninguna debido a su estructura bandeada. Las piedras pequeñas y no bandeadas, por el contrario, pueden confundirse con piedras preciosas opacas de color verde.
Azurmalaquita Crecimiento de azurita y malaquita (pág. 190).
Piedra de Eilat Crecimiento de crisocola con turquesa y malaquita (pág. 216).

❶ Malaquita, en bruto, tallado
❷ Malaquita, collar
❸ Malaquita, dos, talla abovedada
❹ Malaquita, cabujón, Zimbabue
❺ Malaquita, siete muestras distintas
❻ Malaquita, en bruto
Las imágenes han sido reducidas un 40% con respecto a los originales.

PIEDRAS PRECIOSAS Y ORNAMENTALES MENOS CONOCIDAS

A este grupo pertenecen aquellas piedras preciosas y ornamentales no universalmente conocidas pero que disfrutan de creciente aprecio. V. también pág. 84.

Andalucita ❷ ❸

Color: verde amarillo, verde, rojo pardusco
Raya: blanca
Dureza de Mohs: 7½
Densidad: 3,05-3,20
Exfoliación: buena
Fractura: desigual, frágil
Cristales: (ortorrómbico) gruesas columnas
Composición: $Al_2[O \mid SiO_4]$
silicato de aluminio

Transparencia: transparente a opaco
Ín. refracción: 1,627-1,649
Birrefringencia: -0,007 a -0,013
Dispersión: 0,016 (BG), 0,009 (CF)
Pleocroísmo: muy fuerte: amarillo, oliva, pardo rojo a rojo oscuro
Absorción: 553, 550, 547, (525), (518), (495), 455, 447, 436
Fluorescencia: débil: verde, verde amarillo

Andalucitas (de Andalucía) transparentes con calidad de piedra preciosa son raras. Brillo vítreo o mate. Al tallar tener en cuenta su fuerte pleocroísmo. Yacimientos en pizarras, gneis y en placeres de piedras preciosas: Australia, Brasil, Canadá, Rusia, España, Sri Lanka, EE.UU. (California, Maine). Se usa con talla en tabla y en brillante. **Posibilidades de confusión** con el crisoberilo (pág. 114), el cuarzo ahumado (pág. 132), la sinhalita (pág. 202), la titanita (pág. 210), la turmalina (pág. 126), la vesubianita (pág. 202).

Quiastolita ❶ Variedad opaca de la andalucita; blanca, gris, amarillenta; dureza de Mohs: 5-5½. Se presenta en largos prismas que, cortados en perpendicular a los ejes del prisma, muestran inclusiones de sustancia carbonífera en forma de cruz. Yacimientos en Algeria, Sudáfrica, Bolivia, Chile, Francia (Bretaña), Rusia (Kola, Siberia), España (Galicia), Estados Unidos (California). Se usa como amuleto. Talla abovedada plana.

Posibilidades de confusión, debido a su característico dibujo, ninguna.

Viridina Variedad de andalucita verde oscura con hierro y manganeso.

Euclasa ❹ – ❻

Color: incoloro, verde mar, azul claro, azul oscuro
Raya: blanca
Dureza de Mohs: 7½
Densidad: 3,10
Exfoliación: perfecta
Fractura: concoidea, frágil
Cristales: (monoclínico) prismas
Composición: $BeAl[OH \mid SiO_4]$
silicato básico de aluminio y berilio

Transparencia: transparente
Ín. refracción: 1,650-1,677
Birrefringencia: +0,019 a +0,025
Dispersión: 0,016 (BG), 0,009 (CF)
Pleocroísmo: muy débil: verde blanco, verde amarillo, verde azul
Absorción: 706, 704, 650, 639, 468, 455
Fluorescencia: débil o ninguna

Debido a la perfecta exfoliación, la euclasa (gr. «buena fractura») es difícil de tallar y de pulir. Vívido brillo vítreo. Se presenta en pegmatitas, en placeres, en drusas. Yacimientos: Brasil (Minas Gerais), República Dominicana del Congo, Rusia (Urales), Zimbabue, Tanzania. Se talla en escalera. **Posibilidades de confusión** con la aguamarina (pág. 110), el berilo noble (pág. 112), la hiddenita (pág. 130), el zafiro (pág. 102). Mediante radiación las euclasas incoloras adquieren un color azul.

❶ Quiastolita, cuatro talladas
❷ Andalucita, dos fragmentos cristalinos
❸ Andalucita, cuatro facetadas
❹ Euclasa, incolora, dos facetadas
❺ Euclasa, azul claro, facetada
❻ Euclasa, cristal en la roca madre

1
2
2
3
4
5
6

Hambergita ❶ ❷

Color: incoloro, blanco gris, blanco amarillo
Raya: blanca
Dureza de Mohs: 7½
Densidad: 2,35
Exfoliación: perfecta
Fractura: concoidea, frágil
Cristales: (ortorrómbico) prismas
Composición: $Be_2[(OH,F) | BO_3]$ borato básico de berilio

Transparencia: transparente, translúcido
Ín. refracción: 1,553–1,628
Birrefringencia: +0,072
Dispersión: 0,015 (BG), 0,009–0,010 (CF)
Pleocroísmo: ausente
Absorción: no determinable
Fluorescencia: normalmente ninguna, a veces naranja

La hambergita (por un mineralogista sueco) tiene el efecto del vidrio. En las piedras facetadas, se observa su birrefringencia. Yacimientos: Brasil, la India, Madagascar, EE.UU. **Posibilidades de confusión** con el cristal de roca (pág. 132), danburita (pág. 198), euclasa (pág. 194), leucogranate (pág. 122), zircón (pág. 124).

Cordierita ❸ – ❻ Sinónimos: dicroíta, iolita

Color: azul, violeta, pardusco, incoloro
Raya: blanca
Dureza de Mohs: 7-7½
Densidad: 2,58–2,66
Exfoliación: buena
Fractura: concoidea, desigual, frágil
Cristales: (ortorrómbico) prismas cortos
Composición: $Mg_2Al_3[AlSi_5O_{18}]$ silicato de magnesio y aluminio

Transparencia: transparente, traslúcido
Ín. refracción: 1,542-1,578
Birrefringencia: -0,008 a -0,012
Dispersión: 0,017 (BG), 0,009 (CF)
Pleocroísmo: muy fuerte: amarillo, violeta azul oscuro, azul pálido
Absorción: 645, 593, 585, 535, <u>492</u>, <u>456</u>, 436, 426
Fluorescencia: ninguna

El color de la cordierita (por un mineralogista francés) es azul. Inclusiones de hematites o goethita producen la coloración rojiza. Cordieritas incoloras o azul pálido son muy raras (pág. 234). Brillo vítreo graso. Yacimientos: Brasil, la India, Madagascar, Myanmar, Noruega, Sri Lanka, EE.UU. (Connecticut). **Posibilidades de confusión** con la benitoíta (pág. 200), la kyanita (pág. 212), el zafiro (pág. 102), la tanzanita (pág. 176). Se le conocen imitaciones en vidrio.

Fenaquita ❼ ❽

Color: incoloro, amarillo vino, rosa
Raya: blanca
Dureza de Mohs: 7½-8
Densidad: 2,95-2,97
Exfoliación: buena
Fractura: concoidea
Cristales: (trigonal) columnas cortas
Composición: $Be_2[SiO_4]$ silicato de berilio

Transparencia: transparente
Ín. refracción: 1,650-1,670
Birrefringencia: +0,016
Dispersión: 0,015 (BG), 0,009 (CF)
Pleocroísmo: medio: incoloro, amarillo naranja
Absorción: no determinable
Fluorescencia: verdoso pálido, azul

La fenaquita (gr. «tramposo») suele ser transparente como el agua, de un vivo brillo vítreo, pulida de un brillo graso. Las piedras de color pueden palidecer. Yacimientos: Brasil, México, Namibia, Noruega, Zimbabue, Sri Lanka, Tanzania, Estados Unidos (California). **Posibilidades de confusión** con el cristal de roca (pág.132), la berilonita (pág. 206), la cerusita (pág. 216), la danburita (pág. 198), el berilo noble (pág. 112), el topacio (pág. 118).

❶ Hambergita, tres facetadas
❷ Hambergita, dos fragmentos cristalinos
❸ Cordierita, seis facetadas
❹ Cordierita, dos, en bruto
❺ Cordierita, dos cubos tallados
❻ Cordierita, tres ovaladas
❼ Fenaquita, tres, en bruto
❽ Fenaquita, dos facetadas

1
2
3
4
6
5
7
8
7

Dumortierita ❶ ❷

Color: azul intenso, violeta, pardo, incoloro
Raya: blanca
Dureza de Mohs: 7-8½
Densidad: 3,16-3,41
Exfoliación: buena
Fractura: concoidea
Cristales: (ortorrómbico) muy raros; agregados fibrosos o radiales
Composición: $Al_7[(O,OH)_3 \mid BO_3 \mid (SiO_4)_3]$ borosilicato de aluminio

Transparencia: transparente a opaco
Ín. refracción: 1,678-1,689
Birrefringencia: -0,015 a -0,037
Dispersión: ninguna
Pleocroísmo: fuerte: negro, pardo rojizo, pardo
Absorción: no determinable
Fluorescencia: débil: azul, blanca azul, violeta

Los agregados de dumortierita poseen una dureza de Mohs de 7, los cristales de 8½. Nombre por un paleontólogo francés. Yacimientos: Brasil, Francia, la India, Canadá, Madagascar, Namibia, Sri Lanka, Estados Unidos. **Posibilidades de confusión** con la azurita (pág. 190), el cuarzo azul (pág. 138), el lapislázuli (pág. 188), la sodalita (pág. 190).

Cuarzo dumortierita Cuarzo masivo penetrado de dumortierita azul ❶.

Danburita ❸ ❹

Color: incoloro, amarillo vino, pardo, rosa
Raya: blanca
Dureza de Mohs: 7-7½
Densidad: 2,97-3,03
Exfoliación: imperfecta
Fractura: desigual, concoidea
Cristales: (ortorrómbico) prismáticos
Composición: $Ca[B_2Si_2O_8]$ borosilicato de calcio

Transparencia: transparente
Ín. refracción: 1,630-1,636
Birrefringencia: -0,006 a -0,008
Dispersión: 0,017 (BG), 0,009 (CF)
Pleocroísmo: débil: amarillo claro
Absorción: 590, 586, <u>585</u>, 584, 583, 582, 580, 578, 573, 571, 568, 566, 564
Fluorescencia: azul celeste

Nombre por el lugar del primer hallazgo, en Estados Unidos. Brillo vítreo graso. Debido a su gran dureza y escasa exfoliación es muy apta para la talla. Yacimientos: Japón, Madagascar, México, Myanmar, Rusia, Estados Unidos (Connecticut) (pág 280). **Posibilidades de confusión** con el citrino (pág. 136), la hambergita (pág. 196), la fenaquita (pág. 196), el topacio (pág. 118).

Axinita ❺ ❻

Color: pardo, violeta, azul
Raya: blanca
Dureza de Mohs: 6½-7
Densidad: 3,26-3,36
Exfoliación: buena
Fractura: concoidea, frágil
Cristales: (triclínico) tabulares
Composición: $Ca_2Fe^{2+}Al_2B[O \mid OH \mid (Si_2O_7)_2]$ borosilicato de calcio y aluminio

Transparencia: transparente, translúcido
Ín. refracción: 1,656-1,704
Birrefringencia: -0,010 a -0,012
Dispersión: 0,018–0,020 (BG), 0,011 (CF)
Pleocroísmo: fuerte: verde oliva, pardo rojo, pardo amarillo
Absorción: 532, <u>512</u>, <u>492</u>, <u>466</u>, 444, <u>415</u>
Fluorescencia: roja, naranja

Nombre (gr. «hacha») por los agudos cantos de sus cristales. Fuerte brillo vítreo. Como es piroeléctrica y piezoeléctrica, la axinita atrae al polvo y debe ser limpiada con frecuencia. Yacimientos: Brasil, Inglaterra (Cornualles), Francia (Pirineos, Dep. Isére), México (Baja California), Rusia (Urales), Sri Lanka, Tanzania, Estados Unidos (California). **Posibilidades de confusión** con la andalucita (pág. 194), la barita (pág. 222), el cuarzo ahumado (pág. 132), la titanita (pág. 210).

❶ Cuarzo dumortierita, California/EE.UU.
❷ Dumortierita, dos abovedados
❸ Danburita, nueve tallas distintas
❹ Danburita, tres fragmentos cristalinos
❺ Axinita, cinco tallas distintas
❻ Axinita, en bruto

1
2
4
3
4
6
5

Benitoíta ❶ ❷

Color: azul, púrpura, rosa, incoloro
Raya: blanca
Dureza de Mohs: 6-6½
Densidad: 3,64-3,68
Exfoliación: imperfecta
Fractura: concoidea, frágil
Cristales: (hexagonal) dipiramidales
Composición: $BaTi[Si_3O_9]$ silicato de titanio y bario

Transparencia: transparente, translúcido
Ín. refracción: 1,757-1,804
Birrefringencia: +0,047
Dispersión: 0,046 (BG), 0,026 (CF)
Pleocroísmo: muy fuerte: incoloro, azul
Absorción: no determinable
Fluorescencia: fuerte: azul

Debe el nombre al primer yacimiento donde se encontró, en San Benito, California/ EE.UU. Pocos cristales con calidad de piedra preciosa. Brillo vítreo a adamantino. Yacimientos: Nueva Zelanda, EE.UU. (California). **Posibilidades de confusión** con cordierita (pág. 196), kyanita (pág. 212), zafiro (pág. 102), espinela (pág. 116), tanzanita (pág. 176), turmalina (pág. 126), zircón (pág. 124).

Casiterita ❸ – ❺ Sinónimo: estaño

Color: distintos pardos, incoloro
Raya: blanca a amarilla clara
Dureza de Mohs: 6-7
Densidad: 6,7-7,1
Exfoliación: imperfecta
Fractura: concoidea, frágil
Cristales: (tetragonal) columnas cortas
Composición: SnO_2 dióxido de estaño

Transparencia: transparente a opaco
Ín. refracción: 1,997-2,098
Birrefringencia: +0,096 a +0,098
Dispersión: 0,071 (BG), 0,035 (CF)
Pleocroísmo: débil a fuerte: amarillo verde, pardo, pardo rojo
Absorción: no determinable
Fluorescencia: ninguna

La casiterita (gr. «estaño») tiene brillo adamantino. Yacimientos: Australia (Nueva Gales del Sur), Bolivia, Inglaterra (Cornualles), Malasia, México, Namibia, España, EE.UU. (California). **Posibilidades de confusión** con el diamante (pág. 86), el cuarzo ahumado (pág. 132), scheelita (pág. 212), la sinhalita (pág. 202), la titanita (pág. 210), la vesubianita (pág. 202), el zircón (pág. 124).

Epidoto ❻ – ❽ Sinónimo: pistacita

Color: verde, pardo negro
Raya: gris
Dureza de Mohs: 6-7
Densidad: 3,3-3,5
Exfoliación: perfecta
Fractura: concoidea, astillosa
Cristales: (monoclínico) prismas
Composición: $Ca_2(Fe^{3+},Al)Al_2[O|OH|SiO_4|Si_2O_7]$ silicato de calcio, hierro y aluminio

Transparencia: transparente a opaco
Ín. refracción: 1,729-1,768
Birrefringencia: +0,015 a -0,049
Dispersión: 0,030 (BG), 0,012-0,027 (CF)
Pleocroísmo: E. pardo verdoso: verde, pardo, amarillo
Absorción: 475, <u>455</u>, 435
Fluorescencia: ninguna

El nombre (gr. «suplemento») alude a sus caras cristalinas. Vivo brillo vítreo. Yacimientos: Brasil, Kenia, México, Mozambique, Noruega, Austria (Untersulzbachtal/ Salzburg), Sri Lanka, Estados Unidos (California). **Posibilidades de confusión** con el diópsido (pág. 206), la dravita (pág. 126), la vesubianita (pág. 202).

Piemontita Epidoto con manganeso. Rojo cereza, opaca, dureza de Mohs: 6, densidad: 3,45-3,52. Yacimientos: Italia (Piamonte), Francia (Bretaña), Japón.

Tawmawita variedad cromífera de epidoto. Verde oscura, transparente a opaca. Yacimientos: Finlandia (Outokumpu), Myanmar.

❶ Benitoíta, dos fases cristalinas
❷ Benitoíta, ocho facetadas
❸ Casiterita, fase cristalina, Cornualles/Inglaterra
❹ Casiterita, tres pardas claras, Malasia
❺ Casiterita, cristal, Cornualles/Inglaterra
❻ Epidoto, tres facetados
❼ Epidoto, dos fragmentos cristalinos
❽ Epidoto, agregado

Las imágenes han sido aumentadas un 30% con respecto a los originales.

1
2
3
4
5
6
7
7
8

Vesubianita ❶–❹ Sinónimo: idocrasa

Color: verde oliva, pardo amarillo, azul pálido
Raya: blanca
Dureza de Mohs: 6½
Densidad: 3,32-3,47
Exfoliación: imperfecta
Fractura: desigual, astillosa
Cristales: (tetragonal) gruesas columnas
Composición: $Ca_{19}(Mg,Fe^{2+},Ti)_4Al_9[(OH,F)_{10} | (SiO_4)_{10} | (Si_2O_7)_4]$
complejo silicato de aluminio y calcio

Transparencia: transparente, translúcido
Ín. refracción: 1,700-1,723
Birrefringencia: +0,002 a -0,012
Dispersión: 0,019-0,025 (BG), 0,014 (CF)
Pleocroísmo: V. verde débil: verde amarillo pardo amarillo;
V. amarilla débil: amarillo, casi incoloro
Absorción: verde: (528), 461;
braun: 591, 588, 584, 582, 577, 574
Fluorescencia: ninguna

Nombre por el Vesubio/Italia. Debido a su cambiante composición química hay grandes oscilaciones en sus propiedades físicas. Brillo vítreo a graso. Yacimientos: Brasil, México, Kenia, Rusia, Suiza, Sri Lanka, Estados Unidos. **Posibilidades de confusión** con el demantoide (pág. 122), el diópsido (pág. 206), el epidoto (pág. 200), el jacinto (pág. 124), el peridoto (pág. 174), la sinhalita (abajo).

Californita Variedad verde, mal llamada jade vesubianita (pág. 279).

Ciprina Variedad de vesubianita azul celeste de Noruega.

Sinhalita ❺ ❻

Color: pardo amarillo, pardo verdoso
Raya: blanca
Dureza de Mohs: 6½-7
Densidad: 3,46-3,50
Exfoliación: no determinable
Fractura: concoidea
Cristales: (ortorrómbico) muy raros; granudos
Composición: $MgAl[BO_4]$
borato de magnesio, hierro y aluminio

Transparencia: transparente, translúcido
Ín. refracción: 1,665-1,712
Birrefringencia: -0,036 a -0,042
Dispersión: 0,018 (BG), 0,010 (CF)
Pleocroísmo: medio: verde, pardo claro, pardo oscuro
Absorción: 526, 492, 475, 463, 452
Fluorescencia: ninguna

Reconocido en 1952. Su nombre procede de «Ceilán» (sánscrito «sinhala»). Brillo vítreo. Yacimientos: Myanmar, Rusia, Sri Lanka, Tanzania. **Posibilidades de confusión** con el crisoberilo (pág. 114), el peridoto (pág. 174), la turmalina (pág. 126), la vesubianita (arriba), el zircón (pág. 124).

Cornerupina ❼ ❽ Sinónimo: prismatina

Color: verde, pardo verde
Raya: blanca
Dureza de Mohs: 6½-7
Densidad: 3,27-3,45
Exfoliación: buena
Fractura: concoidea
Cristales: (ortorrómbico) prismas largos
Composición: $Mg_4Al_6[(O,OH)_2 | BO_4 | (SiO_4)_4]$
silicato de borato, magnesio y aluminio

Transparencia: transparente, translúcido
Ín. refracción: 1,660-1,699
Birrefringencia: -0,012 a -0,017
Dispersión: 0,018 (BG), 0,010 (CF)
Pleocroísmo: fuerte: verde, amarillo, pardo rojizo
Absorción: 540, 503, 463, 446, 430
Fluorescencia: normalmente ninguna;
C. verde de Kenia: amarilla

Nombre por un geólogo danés. Brillo vítreo. Yacimientos: Canadá (Quebec), Kenia, Madagascar, Myanmar, Sri Lanka, Tanzania, Sudáfrica. **Posibilidades de confusión** con la enstatita (pág. 208), el epidoto (pág. 200), la turmalina (pág. 126).

❶ Vesubianita, fase cristalina
❷ Vesubianita, tres facetadas, 6,25 ct
❸ Vesubianita, cabujón, 4,19 ct
❹ Vesubianita, cuatro facetadas
❺ Sinhalita, en bruto
❻ Sinhalita, dos facetadas
❼ Cornerupina, tres facetadas
❽ Cornerupina, agregado, Sri Lanka
Las imágenes han sido aumentadas un 20% con respecto a los originales.

1
2
3
4
5
6
7
8

Prehnita 1 – 3

Color: verde amarillento, amarillo pardusco
Raya: blanca
Dureza de Mohs: 6-6½
Densidad: 2,82-2,94
Exfoliación: buena
Fractura: desigual
Cristales: (ortorrómbico) tabulares, columnares
Composición: $Ca_2Al[(OH)_2 \mid AlSi_3O_{10}]$
silicato básico de calcio y aluminio

Transparencia: transparente, translúcido
Ín. refracción: 1,611-1,669
Birrefringencia: +0,021 a -0,039
Dispersión: no se conoce
Pleocroísmo: ausente
Absorción: 438
Fluorescencia: débil: naranja

Nombre en honor a un coronel holandés. Brillo vítreo a perlado. Existe la prehnita ojo de gato. Yacimientos: Australia, China, Escocia, Sudáfrica, EE.UU. **Posibilidades de confusión** con el apatito (pág. 210), la brasilianita (pág. 206), la crisoprasa (pág. 144), el jade (pág. 170), el peridoto (pág. 174), la periclasa (pág. 222), la serpentina (pág. 218).

Petalita 4 5

Color: incoloro, rosa, amarillento
Raya: blanca
Dureza de Mohs: 6–6½
Densidad: 2,40
Exfoliación: perfecta
Fractura: concoidea, frágil
Cristales: (monoclínico) tabulares gruesos, columnares
Composición: $Li[AlSi_4O_{10}]$ silicato de litio y aluminio

Transparencia: transparente a opaco
Ín. refracción: 1,502-1,519
Birrefringencia: +0,012 a +0,017
Dispersión: no se conoce
Pleocroísmo: ausente
Absorción: (454)
Fluorescencia: débil: naranja

El nombre (gr. «hoja») se refiere a su perfecta exfoliación. Brillo vítreo, en las superficies de exfoliación brillo perlado. Los cristales son raros, se suele presentar en agregados masivos. Hay petalitas ojo de gato. Yacimientos: Australia occidental, Brasil (Minas Gerais), Italia (Elba), Namibia, Suecia, Zimbabue, EE.UU. **Posibilidades de confusión** con muchas piedras preciosas incoloras y con el vidrio.

Escapolita 6 – 8 Sinónimo: wernerita

Color: amarillo, pardusco, rosa, violeta, incoloro
Raya: blanca
Dureza de Mohs: 5½–6
Densidad: 2,57-2,74
Exfoliación: buena
Fractura: concoidea, frágil
Cristales: (tetragonal) columnares
Composición: $(Ca, Na)_4[(CO_3, Cl) \mid (Si,Al)_6Si_6O_{24}]$
silicato de sodio, calcio y aluminio

Transparencia: transparente, translúcido
Ín. refracción: 1,540-1,579
Birrefringencia: – 0,006 bis – 0,037
Dispersión: 0,017 (BG)
Pleocroísmo: medio; E. amarilla: incoloro, amarillo
Absorción: E. rosa: 663, 652
Fluorescencia: E. rosa: naranja, rosa; E. amarilla: lila, roja azulada

Escapolita es el nombre (gr. «bastón») para una serie isomórfica de minerales semejantes: meionita (pág. 236) y marialita. Brillo vítreo. Yacimientos: Brasil, la India, Canadá, Madagascar, Myanmar, Tanzania. **Posibilidades de confusión** con la ambligonita (pág. 208), el crisoberilo (pág. 114), el berilo dorado (pág. 112), el cuarzo rosado (pág. 138), la titanita (pág. 210), la turmalina (pág. 126).
Petchita Variedad de escapolita violeta de Tanzania descubierta en 1975.

1 Prehnita, dos cabujones, 31,91 ct
2 Prehnita, dos facetadas, Australia
3 Prehnita con cristales de apofilita
4 Petalita, en bruto
5 Petalita, tres facetadas
6 Escapolita, cinco facetadas
7 Escapolita ojo de gato, cinco
8 Escapolita, cuatro fragmentos cristalinos

1
2
3
4
5
6
7
8

Diópsido (1) – (3)

Color: verde, amarillo, incoloro
Raya: blanca
Dureza de Mohs: 5-6
Densidad: 3,22-3,38
Exfoliación: buena
Fractura: desigual, rugosa
Cristales: (monoclínico) columnares
Composición: $CaMg[Si_2O_6]$
silicato de calcio y magnesio

Transparencia: transparente a opaco
Ín. refracción: 1,664-1,730
Birrefringencia: +0,024 a -0,031
Dispersión: 0,017-0,020 (BG), 0,012 (CF)
Pleocroísmo: débil: verde amarillo, verde oscuro
Absorción: (505), (493), (446);
D. cromífero: (690), (670), (655), (635), 508, 505, 490
Fluorescencia: violeta, naranja, amarilla, verde

El nombre (gr. «doble visión») se refiere a su forma cristalina. Brillo vítreo. Yacimientos: Finlandia, la India, Madagascar, Myanmar, Austria, Sri Lanka, Sudáfrica, Estados Unidos. Se conocen diópsidos estrella (3) y diópsidos ojo de gato. **Posibilidades de confusión** con la hiddenita (pág. 130), la moldavita (pág. 246), el peridoto (pág. 174), la esmeralda (pág. 106), la vesubianita (pág. 202).

Diópsido cromífero Variedad de diópsido con intenso color esmeralda.

Violana Variedad de diópsido masiva, azul violeta; translúcida a opaca. Piamonte/Italia. Se emplea en objetos de arte industrial.

Berilonita (4)

Color: incoloro, blanco, ligeramente amarillento
Raya: blanca
Dureza de Mohs: 5½–6
Densidad: 2,80-2,87
Exfoliación: perfecta
Fractura: concoidea, frágil
Cristales: (monoclínico) prismas cortos
Composición: $NaBe[PO_4]$
fosfato de sodio y berilio

Transparencia: transparente
Ín. refracción: 1,552-1,561
Birrefringencia: -0,009
Dispersión: 0,010 (BG), 0,007 (CF)
Pleocroísmo: ausente
Absorción: no determinable
Fluorescencia: ninguna

Nombre por su contenido en berilio. Brillo vítreo; en las superficies de exfoliación, brillo perlado. Yacimientos: Brasil, Finlandia, Zimbabue, EE.UU. (Maine). **Posibilidades de confusión** con muchas piedras preciosas y con el vidrio.

Brasilianita (5) (6)

Color: amarillo, amarillo verdoso
Raya: blanca
Dureza de Mohs: 5½
Densidad: 2,98-2,99
Exfoliación: buena
Fractura: concoidea pequeña, frágil
Cristales: (monoclínico) prismas cortos
Composición: $NaAl_3[(OH)_2 \mid PO_4]_2$
fosfato de sodio y aluminio

Transparencia: transparente, translúcido
Ín. refracción: 1,602-1,623
Birrefringencia: +0,019 a +0,021
Dispersión: 0,014 (BG), 0,008 (CF)
Pleocroísmo: muy débil
Absorción: no determinable
Fluorescencia: ninguna

Nombre por Brasil, el primer yacimiento (1944). Brillo vítreo. Yacimientos en Brasil (Minas Gerais) y Estados Unidos (New Hampshire). **Posibilidades de confusión** con la ambligonita (pág. 208), el apatito (pág. 210), el crisoberilo (pág. 114), el berilo noble (pág. 112), el topacio (pág. 118).

(1) Diópsido, diez tallas distintas
(2) Diópsido, dos fragmentos cristalinos
(3) Diópsido, estrella de cuatro puntas
(4) Berilonita, tres facetadas
(5) Brasilianita, en bruto
(6) Brasilianita, cinco facetadas
Las imágenes han sido aumentadas un 15% con respecto a los originales.

1
2
2
3
4
5
6

Ambligonita ❶ ❷

Color: amarillo oro, incoloro, lila
Raya: blanca
Dureza de Mohs: 6
Densidad: 3,01-3,11
Exfoliación: perfecta
Fractura: desigual, frágil
Cristales: (triclínico) prismáticos
Composición: $(Li,Na)Al[(F,OH) | PO_4]$
fosfato básico de aluminio y litio

Transparencia: transparente, translúcido
Ín. refracción: 1,578-1,646
Birrefringencia: +0,024 a +0,030
Dispersión: 0,014-0,015 (BG), 0,008 (CF)
Pleocroísmo: débil
Absorción: no determinable
Fluorescencia: muy débil: verde

Nombre (gr. «de ángulos oblicuos») por su forma cristalina. Brillo vítreo, en sup. de exfoliación, perlado. Yacimientos: Brasil (Minas Gerais, São Paulo), Myanmar, Suecia, California. Variedad lila de Namibia. **Posibilidades de confusión** con el apatito (pág. 210), brasilianita (pág. 206), citrino (pág. 136), berilo dorado (pág. 112), hiddenita (pág. 130), escapolita (pág. 204).

Enstatita ❸ ❹

Color: verde pardo, verde, incoloro, amarillento
Raya: blanca
Dureza de Mohs: 5½
Densidad: 3,20-3,30
Exfoliación: buena
Fractura: cóncava
Cristales: (ortorrómbico) prismáticos
Composición: $Mg_2[Si_2O_6]$ silicato de magnesio

Transparencia: transparente a opaco
Ín. refracción: 1,650-1,680
Birrefringencia: +0,009 a +0,012
Dispersión: 0,010 (CF)
Pleocroísmo: medio: verde, verde amarillo
Absorción: 547, 509, 505, 502, 483, 459, 449;
E. cromífera: 688, 669, 506
Fluorescencia: ninguna

Nombre (gr. «adversario») por su gran resistencia a fundirse. Brillo vítreo. Yacimientos: Brasil, la India, Kenia, México, Myanmar, Sri Lanka, Sudáfrica, Tanzania, EE.UU. Hay enstatitas ojo de gato gris verdoso. V. también pág. 278. **Posibilidades de confusión** con la andalusita (pág. 194), la cornerupina (pág. 202), la esfalerita (pág. 216), la vesubianita (pág. 202), el zircón (pág. 124).

Broncita Enstatita con contenido de hierro, fig. pág. 234.

Lazulita ❺ ❻ Sinónimo: espato azul

Color: azul intenso a blanco azul, azul verde
Raya: blanca
Dureza de Mohs: 5-6
Densidad: 3,04-3,14
Exfoliación: imperfecta
Exfoliación: imperfecta
Cristales: (monoclínico) pirámides agudas
Composición: $(Mg,Fe^{2+})Al_2[OH | PO_4]_2$
fosfato básico de magnesio y aluminio

Transparencia: transparente a opaco
Ín. refracción: 1,612-1,646
Birrefringencia: -0,031 a -0,036
Dispersión: no conocida
Pleocroísmo: fuerte: incoloro, azul intenso
Absorción: no determinable
Fluorescencia: ninguna

Nombre (persa-gr. «piedra azul») por su color. Brillo vítreo. Véase pág. 280. Yacimientos: Afganistán, Angola, Bolivia, Brasil (Minas Gerais), la India, Madagascar, Austria, Suecia, Estados Unidos (Carolina del Norte). **Posibilidades de confusión** con la azurita (pág. 190), la cordierita (pág. 196), la indigolita (pág. 126), lapislázuli (pág. 188), la sodalita (pág. 190), el topacio (pág. 118), la turquesa (pág. 186).

❶ Ambligonita, dos en bruto
❷ Ambligonita, seis tallas distintas
❸ Enstatita, dos facetadas y E. estrella
❹ Enstatita, tres en bruto
❺ Lazulita, nueve tallas distintas
❻ Lazulita, en bruto
Las imágenes han sido aumentadas un 20% con respecto a los originales.

1
2
3
4
4
5
6

Dioptasa ❶ ❷

Color: verde esmeralda, verde azul
Raya: verdosa
Dureza de Mohs: 5
Densidad: 3,28-3,35
Exfoliación: perfecta
Fractura: concoidea, frágil
Cristales: (trigonal) columnas cortas
Chemismus: $Cu_6[Si_6O_{18}] \cdot 6H_2O$
silicato de cobre hidratado

Transparencia: transparente, translúcido
Ín. refracción: 1,644-1,709
Birrefringencia: +0,051 a +0,053
Dispersión: 0,036 (BG), 0,021 (CF)
Pleocroísmo: débil: verde esmeralda oscuro, verde esmeralda claro
Absorción: 550, 465
Fluorescencia: ninguna

Nombre (gr. «se ve a través suyo») por su estructura cristalina. Brillo vítreo. Yacimientos: Chile, Kirguizistán, Namibia, Perú, Congo, Rusia, EE.UU. (Arizona). **Posibilidades de confusión** con el demantoide (pág. 122), diópsido (pág. 206), fluorita (pág. 214), esmeralda (pág. 106), uvarovita (pág. 122), verdelita (pág. 126).

Apatito ❸ – ❻

Color: incoloro, amarillo, verde, azul, violeta
Raya: blanca a gris amarillento
Dureza de Mohs: 5
Densidad: 3,16-3,23
Exfoliación: imperfecta
Fractura: cóncava, frágil
Cristales: (hexagonal) columnares, tab. gruesos
Composición: $Ca_5(F,Cl,OH)[PO_4]_3$
fosfato básico de calcio con contenido de flúor y cloro

Transparencia: transparente
Ín. refracción: 1,628-1,649
Birrefringencia: -0,002 a -0,006
Dispersión: 0,013 (BG) 0,010 (CF)
Pleocroísmo: A. verde: amarillo, verde;
A. azul: muy fuerte: azul, amarillo.
Absorción: A. verde y amarillo: 597, 585, 577, 533, 529, 527, 525, 521, 514, 469;
A. azul: 512, 507, 491, 464
Fluorescencia: A. amarillo: lila a rosa

Nombre (gr. «engaño») por la facilidad de confundirse con otras piedras preciosas. Brillo vítreo. Mediante mezcla hay distintas variedades de apatito (pág. 238). Yacimientos: Brasil, la India, Kenia, Madagascar, México, Myanmar, Sri Lanka, Sudáfrica, EE.UU. **Posibilidades de confusión** con la ambligonita (pág. 208), la andalucita (pág. 194), la brasilianita (pág. 206), el berilo noble (pág. 112), la titanita (abajo), el topacio (pág. 118), la turmalina (pág. 126).
Piedra espárrago Nombre comercial para una variedad de apatito verde clara.

Titanita ❼ – ❽ Sinónimo: esfena

Color: amarillo, pardo, verde, rojizo
Raya: blanca
Dureza de Mohs: 5–5½
Densidad: 3,52–3,54
Exfoliación: buena
Fractura: concoidea, frágil
Cristales: (monoclínico) aplanados
Composición: $CaTi[O \mid SiO_4]$
silicato de calcio y titanio

Transparencia: transparente a opaco
Ín. refracción: 1,843–2,110
Birrefringencia: +0,100 a +0,192
Dispersión: 0,051 (BG), 0,019-0,038 (CF)
Pleocroísmo: T. amarilla fuerte: incoloro, amarillo verdoso, rojizo; T. verde: incoloro, amarillo verde, amarillo rojizo
Absorción: 586, 582
Fluorescencia: ninguna

Nombre por su contenido en titanio. Brillo adamantino, talla en brillante con fuego intenso. Yacimientos: Brasil, Canadá, México, Myanmar, Austria, Sri Lanka, EE.UU. Con tratamiento térmico la titanita parda se torna roja o naranja. **Posibilidades de confusión** con crisoberilo (pág. 114), dravita (pág. 126), berilo dorado (pág. 112), scheelita (pág. 212), topacio (pág. 118), zircón (pág. 124).

❶ Dioptasa, dos fases cristalinas
❷ Dioptasa, doce facetadas
❸ Apatito, fase cristalina
❹ Apatito ojo de gato, Brasil
❺ Apatito, ocho tallas distintas
❻ Apatito, tres cristales
❼ Titanita, ocho tallas distintas
❽ Titanita, en bruto

1
1
2
3
4
5
6
7
8

Kyanita (Cyanit) ❶–❸ Sinónimo: distena

Color: azul a incoloro, verde azul, pardo
Raya: blanca
Dureza de Mohs: long.4–4½, transv. 6–7
Densidad: 3,53–3,70
Exfoliación: perfecta
Fractura: fibrosa, frágil
Cristales: (triclínico) largos prismas planos
Composición: $Al_2O[SiO_4]$
silicato de aluminio

Transparencia: transparente, translúcido
Ín. refracción: 1,710-1,734
Birrefringencia: -0,015 a -0,033
Dispersión: 0,020 (BG), 0,011 (CF)
Pleocroísmo: fuerte: incoloro, azul claro, azul oscuro
Absorción: (706), (689), (671), (652), 446, 433
Fluorescencia: débil: roja

Nombre (gr. «azul») por su color. Brillo vítreo, a menudo con bandeado zonal. Por su variable dureza es difícil de tallar. Yacimientos: Brasil, Kenia, Myanmar, Austria, Suiza, Zimbabue, EE.UU.
Posibilidades de confusión con la aguamarina (pág. 110), la benitoíta (pág. 200), la cordierita (pág. 196), la dumortierita (pág. 198), el zafiro (pág. 102), la turmalina (pág. 126). Una variedad en la página 280.

Scheelita ❹❺

Color: amarillo, pardo, naranja, incoloro
Raya: blanca
Dureza de Mohs: 4½–5
Densidad: 5,9-6,3
Exfoliación: buena
Fractura: concoidea, astillosa, frágil
Cristales: (tetragonal) dipiramidal
Composición: $Ca[WO_4]$wolframato de calcio

Transparencia: transparente, translúcido
Ín. refracción: 1,918-1,937
Birrefringencia: +0,010 a +0,018
Dispersión: 0,038 (BG), 0,026 (CF)
Pleocroísmo: variable
Absorción: 584
Fluorescencia: fuerte: azul claro

Nombre en honor a un químico sueco. Brillo adamantino. Yacimientos: Japón, Corea, México, Sri Lanka, EE.UU. (Arizona).
Posibilidades de confusión con el crisoberilo (pág. 114), el diamante (pág. 86), el berilo dorado (pág. 112), el zircón (pág. 124).

Variscita ❻–❽ Sinónimo: utahlita

Color: verde amarillo, azulado
Raya: blanca
Dureza de Mohs: 4-5
Densidad: 2,42-2,58
Exfoliación: perfecta
Fractura: concoidea, frágil
Cristales: (ortorrómbico) agujas cortas
Composición: $Al[PO_4] \cdot 2H_2O$
fosfato de aluminio hidratado

Transparencia: translúcido, opaco
Ín. refracción: 1,563-1,594
Birrefringencia: -0,031
Dispersión: no conocida
Pleocroísmo: ausente
Absorción: 688, (650)
Fluorescencia: verde pálido, verde

Nombre (lat. «variscia») por el antiguo nombre del Vogtland (Alemania). Agregados con matriz parda. Yacimientos: Australia, Brasil, EE.UU.
Posibilidades de confusión con la crisocola (pág. 216), crisoprasa (pág. 144), jade (pág. 170), esmeraldita (pág. 220), turquesa (pág. 186), verdita (pág. 266).
Amatriz («American matrix», sinónimo: cuarzo variscita) Crecimiento de variscita con cuarzo (pág. 132) o calcedonia (pág. 142), Nevada/EE.UU.

❶ Kyanita, tres fragmentos cristalinos
❷ Kyanita, cinco tallas distintas
❸ Kyanita, fase cristalina
❹ Scheelita, fragmento cristalino
❺ Scheelita, tres facetadas
❻ Variscita, tres abovedadas
❼ Variscita, dos en la roca madre
❽ Variscita, cabujón, con roca madre

1
2
3
1
4
5
6
7
8

Fluorita ❶ – ❸ Sinónimo: espato de flúor

Color: incoloro, todos los colores
Raya: blanca
Dureza de Mohs: 4
Densidad: 3,00–3,25
Exfoliación: perfecta
Fractura: lisa a concoidea, frágil
Cristales: (cúbico) cubos, octaedros
Composición: CaF_2 fluoruro cálcico

Transparencia: transparente, translúcido
Ín. refracción: 1,434
Birrefringencia: ninguna
Dispersión: 0,007 (BG), 0,004 (CF)
Pleocroísmo: ausente
Absorción: F. verde: 634, 610, 582, 445, 427
Fluorescencia: fuerte: azul a violeta

Debe el nombre (lat. «fluidez») a su empleo como fundente para aumentar la fluidez de las impurezas. Brillo vítreo, distribución del color a menudo zonal y en manchas. Yacimientos: Alto Palatinado/Baviera, Argentina, Inglaterra, Francia, India, Myanmar, Namibia, Austria, Suiza, Estados Unidos (Illinois).
Posibilidades de confusión debido a su riqueza cromática con muchas piedras preciosas y ornamentales. Es posible modificar su color mediante rayos gamma.
Blue John Variedad de fluorita con bandas blancas y de color, Derbyshire/Inglaterra.

Hemimorfita ❹ – ❻ Sinónimo: zinc silíceo

Color: azul, verde, incoloro
Raya: blanca
Dureza de Mohs: 5
Densidad: 3,30-3,50
Exfoliación: perfecta
Fractura: concoidea, desigual, frágil
Cristales: (ortorrómbico) tabulares
Composición: $Zn_4[(OH)_2 \mid Si_2O_7] \cdot H_2O$ silicato de zinc hidratado

Transparencia: transparente a opaco
Ín. refracción: 1,614-1,636
Birrefringencia: +0,022
Dispersión: 0,020 (BG), 0,013 (CF)
Pleocroísmo: ausente
Absorción: no determinable
Fluorescencia: débil

Nombre (gr. «media forma») por su forma cristalina. Brillo vítreo. Agregados a menudo con bandas blancas y azules, también mezclados con matriz más oscura ❺. Yacimientos: Algeria, Australia, Italia, México, Namibia, Austria, EE.UU.
Posibilidades de confusión con el crisoberilo (pág. 216), la smithsonita (abajo), la turquesa (pág. 186).

Smithsonita ❼ ❽ Sinónimo: espato de zinc

Color: verde claro, azul claro, rosa
Raya: blanca
Dureza de Mohs: 5
Densidad: 4,00-4,65
Exfoliación: perfecta
Fractura: desigual, frágil
Cristales: (trigonal) romboédricos
Composición: $Zn[CO_3]$ carbonato de zinc

Transparencia: translúcido, opaco
Ín. refracción: 1,621-1,849
Birrefringencia: -0,228
Dispersión: 0,014-0,031 (BG), 0,008-0,017 (CF)
Pleocroísmo: ausente
Absorción: no determinable
Fluorescencia: blanca azul, rosa, parda

Nombre en honor a un mineralogista americano. Brillo vítreo, las masas arracimadas presentan un brillo perlado, a menudo con un tenue bandeado. Yacimientos: Australia, Grecia, Italia (Cerdeña), México, Namibia, España, EE.UU.(Nuevo México).
Posibilidades de confusión con la crisoprasa (pág. 144), la hemimorfita (arriba), el jade (pág. 170), la turquesa (pág. 186).

❶ Fluorita, dos octaedros de exfoliación
❷ Fluorita, dos piedras en bruto
❸ Fluorita, nueve tallas diversas
❹ Hemimorfita, fase cristalina y dos tallas
❺ Hemimorfita, tres cabujones
❻ Hemimorfita, agregado radial
❼ Smithsonita, dos agregados
❽ Smithsonita, tres abovedados

1
2
2
3
4
5
6
7
8
7

Esfalerita ❶–❸ Sinónimo: blenda de zinc

Color: amarillo, rojizo, verdoso, incoloro
Raya: amarillenta a parda clara
Dureza de Mohs: 3½–4
Densidad: 3,90-4,10
Exfoliación: perfecta
Fractura: desigual, frágil
Cristales: (cúbico) tetraédricos
Composición: ZnS sulfuro de zinc

Transparencia: transparente, translúcido
Ín. refracción: 2,368-2,371
Birrefringencia: ninguna
Dispersión: 0,156 (BG), 0,088 (CF)
Pleocroísmo: ausente
Absorción: 690, 667, 651
Fluorescencia: amarillo a naranja, rojo

Nombre (gr. «engañosamente») por su uso como bronce. Brillo graso a adamantino. Dispersión tres veces más que la del diamante. Yacimientos: Canadá, Congo, México, Namibia, España, EE.UU. (Wisconsin) (pág. 280).
Posibilidades de confusión con el crisoberilo (pág. 114), casiterita (pág. 200), scheelita (pág. 212), sinhalita (pág. 202), topacio (pág. 118), turmalina (pág. 126), vesubianita (pág. 202), zircón (pág. 124), diamante incoloro (pág. 86).

Cerusita ❹ ❺ Sinónimo: plomo blanco

Color: incoloro, gris, pardusco
Raya: blanca
Dureza de Mohs: 3–3½
Densidad: 6,46-6,57
Exfoliación: buena
Fractura: cóncava, desigual, muy frágil
Cristales: (ortorrómbico) tabulares, columnares
Composición: $Pb[CO_3]$ carbonato de plomo

Transparencia: transparente, translúcido
Ín. refracción: 1,804-2,079
Birrefringencia: -0,274
Dispersión: 0,055 (BG), 0,033-0,050 (CF)
Pleocroísmo: ausente
Absorción: no determinable
Fluorescencia: amarilla, rosa, verde, azulada

Nombre (lat. «cerusa») por su composición. Brillo adamantino. Por su poca dureza y gran fragilidad, muy difícil de tallar. Yacimientos: Australia, Italia, Namibia, Austria, Zambia, Escocia, EE.UU.
Posibilidades de confusión con la esfalerita (arriba).

Crisocola (Chrysokolla) ❻–❽

Color: verde, azul
Raya: blanca verdosa
Dureza de Mohs: 2-4
Densidad: 2,00-2,40
Exfoliación: ninguna
Fractura: concoidea
Cristales: amorfa, agregados arracimados
Composición: $(Cu,Al)_2H_2[(OH)_4 \mid Si_2O_5] \cdot nH_2O$ silicato de cobre hidratado

Transparencia: opaca, a veces ligeramente translúcida
Ín. refracción: 1,460-1,570
Birrefringencia: -0,023 a -0,040
Dispersión: ninguna
Pleocroísmo: débil
Absorción: no determinable
Fluorescencia: ninguna

Nombre (gr. «pegamento para oro») por su uso. Brillo vítreo graso. Yacimientos: Chile, Israel, Congo, México, Perú, Rusia, EE.UU. (Nevada).
Posibilidades de confusión con la azurita (pág. 190), calcedonia coloreada (pág. 142), malaquita (pág. 192), turquesa (pág. 186), variscita (pág. 212).
Cuarzo crisocola Crecimiento de crisocola con cuarzo (pág. 132).
Piedra de Eilat ❽ Crecimiento de crisocola con turquesa (pág. 186) y malaquita (pág. 192). Yacimiento junto a Eilat/Israel.

❶ Esfalerita, tres, en bruto
❷ Esfalerita, facetada, 47,97 ct
❸ Esfalerita, tres facetadas
❹ Cerusita, macla de cristales
❺ Cerusita, cinco facetadas
❻ Crisocola, cuatro cabujones
❼ Crisocola, dos, en bruto
❽ Piedra de Eilat, dos cabujones

2
1
1
3
4
5
6
7
8

Serpentina ❶–❸ Sinónimo: serpentina noble

Color: verde, amarillento
Raya: blanca
Dureza de Mohs: 2½–5½
Densidad: 2,44-2,62
Exfoliación: perfecta
Fractura: concoidea, astillosa, dura
Cristales: (monoclínico) microcristalina
Composición: $Mg_6[(OH)_8 | Si_4O_{10}]$
silicato básico de magnesio

Transparencia: transparente a opaco
Ín. refracción: 1,560-1,571
Birrefringencia: +0,008 a +0,014
Dispersión: ninguna
Pleocroísmo: ausente
Absorción: bowenita: 492, 464
Fluorescencia: williamsita débil: verdosa

La serpentina (lat. «serpiente») se presenta en dos agregados estructurales: antigorita hojosa (serpentina hojosa) y crisoberilo fibroso (serpentina fibrosa). Las variedades de fibras finas se denominan asbesto. Brillo graso a sedoso, vulnerable a los ácidos. Colores a menudo en manchas. Yacimientos: Afganistán, China, Nueva Zelanda, EE.UU. **Posibilidades de confusión** con el jade (pág. 170), el mármol ónice (pág. 244), la turquesa (pág. 186), la verdita (pág. 276).
Bastita Serpentina con brillo sedoso en la forma cristalina de la broncita (pág. 234).
Bowenita Variedad de serpentina verde manzana, a menudo con manchas claras.
Connemara Crecimiento de roca de serpentina verde con mármol.
Verde antico Roca de serpentina atravesada por venas de calcita verde a blanca o de espato dolomita. En el mercado se la denomina simplemente serpentina.
Williamsita ❸ Variedad de serpentina verde aceituna a veces inclusiones negras.

Stichtita ❹

Rosada a lila. Raya blanca. Transparente a opaca. Dureza de Mohs 1½ -2. Densidad 2,16-2,18. Ín. refracción 1,516-1,544, birrefringencia 0,026. Trigonal, $Mg_6Cr_2[(OH)_{16} | CO_3] \cdot 4\ H_2O$. Exfoliación perfecta. Yacimientos: Australia, Canadá, Zimbabue, Sudáfrica.

Ulexita ❺ ❻ Sinónimo: espato azul

Color: blanco
Raya: blanca
Dureza de Mohs: 2–2½
Densidad: 1,65-1,95
Exfoliación: perfecta
Fractura: fibrosa
Cristales: (triclínico) pequeños; agregados fibrosos
Composición: $NaCa[B_5O_6(OH)_6] \cdot 5H_2O$
borato de sodio y calcio hidratado

Transparencia: transparente, translúcido
Ín. refracción: 1,491-1,520
Birrefringencia: +0,029
Dispersión: ninguna
Pleocroísmo: ausente
Absorción: no determinable
Fluorescencia: verde a amarilla, azu

Nombre en honor a un químico alemán. Brillo sedoso. Tallado en láminas planas si se pone un escrito debajo lo reproduce en su superficie (de ahí el nombre piedra TV). Tallado en cabujón presenta efecto ojo de gato ❺. Yacimientos: Argentina, Chile, Canadá, Kazajstán, Perú, Rusia, Estados Unidos.

Hierro de tigre ❼ ❽

Denominación comercial para un agregado mineral en el que se combinan capas con estructuras similares al ojo de tigre (pág. 140) y capas sólo de óxido de hierro.

❶ Serpentina, en bruto
❷ Crisolita, dos cabujones
❸ Williamsita, dos facetados
❹ Stichtita, en bruto y abovedada
❺ Ulexita, tres cabujones
❻ Ulexita, tres en bruto
❼ Hierro de tigre, dos tallados
❽ Hierro de tigre, en bruto

1
2
3
4
5
6
7
8

PIEDRAS PRECIOSAS Y ORNAMENTALES PARA COLECCIONISTAS

Muchos minerales no se pueden llevar como ornamento porque son demasiado blandos o demasiados frágiles, o porque están de algún modo amenazados o son demasiado pequeños. Sin embargo, se ofrecen facetados o como cabujones para coleccionistas u otros interesados. Para más detalles, pág. 84.

1 **Gahnita** (Sinónimo: zinc espinela) Violeta rojo (0,92 ct), también azul, verde, negruzca. Raya blanca gris. Transparente. Dureza de Mohs 7½-8. Densidad 4,00-4,62. Ín. refracción 1,791-1,818, birrefringencia ninguna. Cúbico, $ZnAl_2O_4$. Exfoliación imperfecta.

2 **Binghamita** Parda gris. Denominación comercial para un cuarzo (pág. 132) con inclusiones de goethita (pág. 238). Cabujón con delicados visos.

3 **Willemita** Naranja (0,18 ct), verde (0,18 ct), pardo claro (0,20 ct), también blanca, amarilla. Raya blanca. Transparente a opaca. Dureza de Mohs 5½. Densidad 3,89-4,18. Ín. refracción 1,690-1,723, birrefringencia 0,028-0,033. Trigonal, $Zn_2[SiO_4]$. Exfoliación imperfecta.

4 **Sanidina** Pardusca clara, también incolora, blanca. Raya blanca. Transparente. Dureza de Mohs 6-6½. Densidad 2,56-2,58. Ín. refracción 1,518-1,530, birrefringencia 0,008. Monoclínico, $(K,Na)[AlSi_3O_8]$. Exfoliación perfecta. La sanidina es una variedad de ortoclasa (pág. 180).

5 **Natriolita** Incolora, blanca, amarillenta, también rojiza. Raya blanca. Transparente. Dureza de Mohs 5-5½. Densidad 2,20-2,26. Ín. refracción 1,480-1,493, birrefringencia 0,013. Ortorrómbico, $Na_2[Al_2Si_3O_{10}] \cdot 2H_2O$.

6 **Tantalita** Parda roja, también negra. Raya parda negra. Transparente a translúcida. Dureza de Mohs 6-6½. Densidad 5,18-8,20. Ín. refracción 2,26-2,43, birrefringencia 0,160. Ortorrómbico, $(Fe^{2+},Mn^{2+})(Ta,Nb)_2O_6$.

7 **Esmeraldita** Verde césped a verde esmeralda. Raya blanca. Transparente a translúcida. Dureza de Mohs 6-6½. Densidad 3,24-3,50. Ín. refracción 1,608-1,630, birrefringencia 0,022. Una variedad de actinolita (pág. 236).

8 **Rutilo** Pardo rojizo, también rojo sangre, negro. Raya amarilla a pardo claro. Transparente. Dureza de Mohs 6-6½. Densidad 4,20-4,30. Ín. refracción 2,616-2,903, birrefringencia 0,287. Tetragonal, TiO_2. Exfoliación buena. El rutilo sintético (titania, v. pág. 267) es una imitación del diamante.

9 **Leucita** Amarillenta (0,32 y 0,14 ct), también incolora, blanca. Raya blanca. Transparente. Dureza de Mohs 5½-6. Densidad 2,45-2,50. Ín. refracción 1,504-1,509, birrefringencia 0,001. Tetragonal, $K[AlSi_2O_6]$.

10 **Peristerita** Color de fondo marrón con tornasol azulado. Raya blanca. Opaca. Dureza de Mohs 6-6½. Densidad 2,59-2,68. Ín. refracción 1,534-1,543, birrefringencia 0,009. Triclínico, $(Na,Ca)[(Si,Al)_4O_8]$. Mezcla de albita (pág. 240) y oligoclasa (pág. 226).

11 **Hiperstena** Verde negra, parda. Raya blanca, gris. Transparente. Dureza de Mohs 5-6. Densidad 3,4-3,5. Ín. refracción 1,673-1,731, birrefringencia 0,010-0,016. Ortorrómbico, $(Fe,Mg)_2[Si_2O_6]$.

12 **Tugtupita** Roja oscura con una tonalidad violeta. Raya blanca. Opaca. Dureza de Mohs 5½-6. Densidad 2,36-2,57. Ín. refracción 1,496-1,502, birrefringencia 0,006. Tetragonal, $Na_4[(Cl,S) \mid BeAlSi_4O_{12}]$. Exfoliación buena.

13 **Datolita** Incolora (redondeada 8,74 ct), amarilla, verdosa. Raya blanca. Transparente. Dureza de Mohs 5-5½. Densidad 2,90-3,00. Ín. refracción 1,621-1,675, birrefringencia 0,040-0,050. Monoclínico, $Ca_2B_2[OH \mid SiO_4]_2$.

1
2
3
4
5
6
7
8
9
10
11
12
13

1 **Periclasa sintética** Amarilla, verde gris, también incolora. Raya blanca. Transparente. Dureza de Mohs 5½-6. Densidad 3,7-3,9. Ín. refracción 1,74, birrefringencia ninguna. Cúbico, MgO. Exfoliación perfecta. Desde 2001 se conocen también periclasas naturales con calidad de piedra preciosa.

2 **Cuprita** Rojo carmín (36,03 ct). Raya rojo pardo. Translúcida. Dureza de Mohs 3½-4. Densidad 5,85-6,15. Ín. refracción 2,849, birrefringencia ninguna. Cúbico, Cu_2O.

3 **Barita** (Sinónimo: espato pesado) Pardo amarilla (octógono 7,62 ct), amarilla (octógono 2,72 ct), incolora (3,38 ct), también roja, verde y parda. Raya blanca. Transparente. Dureza de Mohs 3-3½. Densidad 4,43-4,46. Ín. refracción 1,636-1,648, birrefringencia 0,012. Ortorrómbico, $Ba[SO_4]$.

4 **Apofilita** Incolora (octógono 7,47 ct), también rojiza, amarillenta, verdosa, azulada. Raya blanca. Transparente. Dureza de Mohs 4½-5. Densidad 2,30- 2,50. Ín. refracción 1,535-1,537, birrefringencia 0,002. Tetragonal, $KCa_4[(F,OH) | (Si_4O_{10})_2] \cdot 8H_2O$. Cristales de apofilita en la página 105, n.º 3.

5 **Zincita** (Sinónimo: espartalita) Roja a rojo naranja (octógono 6,46 y 0,62 ct, redondeada 0,51 ct). Raya amarillo naranja. Translúcida. Dureza de Mohs 4-5. Densidad 5,66. Ín. refracción 2,013-2,029, birrefringencia 0,016. Hexagonal, (Zn,Mn)O. Exfoliación perfecta.

6 **Espatodolomita** (Sinónimo: dolomita) incolora (octógono 5,91 ct, ovalado 2,81 y 1,96 ct), también colores pastel. Raya blanca. Transparente. Dureza de Mohs 3½-4. Densidad 2,80-2,95. Ín. refracción 1,502-1,698, birrefringencia 0,185. Trigonal, $CaMg[CO_3]_2$. Exfoliación perfecta.

7 **Kurnakovita** Incolora (redondeada 3,85 ct, octógono, 0,81 ct), también rosa. Raya blanca. Transparente. Dureza de Mohs 3. Densidad 1,86. Ín. refracción 1,488-1,525, birrefringencia 0,036. Triclínico, $Mg[B_3O_3(OH)_5] \cdot 5H_2O$.

8 **Calcopirita** Amarillo latón, amarillo oro, con una tonalidad verdosa. Raya blanca. Transparente. Dureza de Mohs 3½-4. Densidad 4,10-4,30. Tetragonal, $CuFeS_2$. Exfoliación ninguna.

9 **Siderita** Parda roja, también parda amarilla. Raya blanca. Transparente. Dureza de Mohs 3½-4½. Densidad 3,83-3,96. Ín. refracción 1,633-1,875, birrefringencia 0,242. Trigonal, $Fe[CO_3]$. Exfoliación perfecta. Los agregados radiales, con formas esféricas (esferosideritas) se tallan preferentemente en cabujón.

10 **Witherita** Amarillenta (6,46 ct), amarillo oro, también incolora. Raya blanca. Transparente. Dureza de Mohs 3-3½. Densidad 4,27-4,79. Ín. refracción 1,529-1,677, birrefringencia 0,148. Ortorrómbico, $Ba[CO_3]$. Exfoliación buena. El polvo de witherita es venenoso ¡no se debe inhalar!

11 **Colemanita** Incolora, también blanco gris. Raya blanca. Transparente. Dureza de Mohs 4½. Densidad 2,40-2,42. Ín. refracción 1,586-1,615, birrefringencia 0,028-0,030. Monoclínico, $Ca[B_3O_4(OH)_3] \cdot H_2O$.

12 **Espato anhidrita** (Sinónimo: anhidrita) Incoloro, también azulado, rojizo. Raya blanca. Transparente. Dureza de Mohs 3½. Densidad 2,90-2,98. Ín. refracción 1,570-1,614, birrefringencia 0,044. Ortorrómbico, $Ca[SO_4]$. Exfoliación perfecta.

13 **Magnetita jade** Denominación comercial para el jade opaco de color negro con inclusiones doradas de magnetita galvanizada, originalmente también negras. Dureza de Mohs 5½-7. Densidad 3,4-4,4. Yacimientos en California/ Estados Unidos. Para el jade, pág. 170, para la magnetita, pág. 230.

1
2
3
4
5
6
7
8
9
10
11
12
13

1 **Calcita** (Sinónimo: espato calizo) Incolora (cuadrado), amarillo oro (octógono 0,49 ct), amarillo (antigua 20,16 ct), también otros colores. Raya blanca. Transparente a translúcida. Dureza de Mohs 3. Densidad 2,69-2,71. Ín. refracción 1,486-1,658, birrefringencia 0,172. Trigonal, $Ca[CO_3]$.

2 **Howlita** Blanco lechoso, a menudo atravesada por venas negras o pardas oscuras. Raya blanca. Opaca. Dureza de Mohs 3-3½. Densidad 2,45-2,58. Ín. refracción 1,586-1,605, birrefringencia 0,019. Monoclínico, $Ca_2\ [SiB_5O_9\ (OH)_5]$. Exfoliación imperfecta. Teñida de azul (pág. siguiente, n.° 2 abajo) sustituye a la turquesa (pág. 186).

3 **Crocoíta** (Sinónimo: plomo rojo) Naranja roja, también amarilla. Raya amarilla naranja. Transparente a translúcida. Dureza de Mohs 2½-3. Densidad 5,9-6,1. Ín. refracción 2,29-2,66, birrefringencia 0,270. Monoclínico, $Pb[CrO_4]$. Exfoliación buena.

4 **Gaylusita** Blanca, también incolora, amarilla. Raya blanca. Transparente. Dureza de Mohs 2½-3. Densidad 1,99. Ín. refracción 1,443-1,523, birrefringencia 0,080. Monoclínico, $Na_2Ca[CO_3]_2 \cdot 5\ H_2O$. Exfoliación buena.

5 **Fosgenita** Incolora, blanca, amarillenta, rosa claro (3,10 ct), también verdoso. Raya blanca. Transparente. Dureza de Mohs 2-3. Densidad 6,13. Ín. refracción 2,114-2,145, birrefringencia 0,028. Tetragonal, $Pb_2[Cl_2 \mid CO_3]$. Exfoliación buena.

6 **Esferocobaltita** Rosada. Raya rojo claro. Translúcida. Dureza de Mohs 4. Densidad 4,13. Ín. refracción 1,601-1,855, birrefringencia 0,254. Trigonal, $Co[CO_3]$. Exfoliación perfecta.

7 **Plata** Las inclusiones dendríticas en cuarzo, originalmente de color blanco plateado, se han tornado en un negro intenso. Raya blanca. Transparente. Dureza de Mohs 2½-3. Densidad 9,6-12,0. Ín. refracción ninguno. Cúbico, Ag.

8 **Celestina** Incolora (redondeada 16,77), blanco azulada (octógono), rosa pálido (redondeada), también verdosa. Raya blanca. Transparente. Dureza de Mohs 3-3½. Densidad 3,97-4,00. Refracción 1,619-1,635, birrefringencia 0,010-0,012. Ortorrómbico, $Sr[SO_4]$. Exfoliación perfecta.

9 **Oro** Oro de ley rociado sobre cuarzo. Color amarillo oro. Raya amarilla. Opaca. Dureza de Mohs 2½-3. Densidad 15,5-19,3. Refracción ninguna. Cúbico, Au. Exfoliación ninguna.

10 **Vivianita** Verde azul, también incolora, azul intenso. Raya incolora o azul. Transparente a translúcida. Dureza de Mohs 1½-2. Densidad 2,64-2,70. Ín. refracción 1,560-1,640, birrefringencia 0,050-0,075. Monoclínico, $Fe_3^{2+}[PO_4]_2 \cdot 8\ H_2O$. Exfoliación perfecta. El color blanco original se vuelve progresivamente en un tono azulado.

11 **Azufre** Amarillo, también pardusco. Raya blanca. Translúcida. Dureza de Mohs 1½-2½. Densidad 2,05-2,08. Ín. refracción 1,958-2,245, birrefringencia 0,291. Ortorrómbico, S. Exfoliación imperfecta.

12 **Aragonito** Incoloro (0,49 ct), verdoso, también otros colores. Raya blanca. Transparente. Dureza de Mohs 3½-4. Densidad 2,94. Ín. refracción 1,530-1,685, birrefringencia 0,155. Ortorrómbico, $Ca[CO_3]$.

13 **Proustita** Rojo cinabrio. Raya rojo claro. Translúcida. Dureza de Mohs 2½. Densidad 5,51-5,64. Ín. refracción 2,881-3,084, birrefringencia 0,203. Trigonal, Ag_3AsS_3. Exfoliación buena. Con la luz, el color se oscurece.

1
2
3
4
5
6
7
8
9
10
11
12
2
13

1. **Boleíta** Azul índigo (1,75 ct), también azul intenso. Raya azul. Transparente a translúcida. Dureza de Mohs 3-3½. Densidad 5,05. Ín. refracción 2,03-2,05, birrefringencia ninguna. Cúbico, $KPb_{26}Ag_9Cu_{24}(OH)_{48}Cl_{62}$.

2. **Oligoclasa** Incolora (1,74 ct, 4,14 ct, 2,06 ct). Raya blanca. Transparente. Dureza de Mohs 6-6½. Densidad 2,62-2,67. Ín. refracción 1,542-1,549, birrefringencia 0,007. Triclínico, $(Na,Ca)[(Si,Al)_2Si_2O_8]$.

3. **Ludlamita** Verde claro a verde manzana (1,06 ct), también incoloro. Raya blanca. Transparente a translúcida. Dureza de Mohs 3-4. Densidad 3,1-3,2. Ín. refracción 1,650-1,697, birrefringencia 0,038-0,044. Monoclínico, $(Fe^{2+}, Mg, Mn^{2+})_3[PO_4]_2 \cdot 4H_2O$. Exfoliación perfecta.

4. **Adamina** (adamita) Parda (0,91 ct), verde amarilla (0,45 ct), también incolora, rosa, violeta. Raya blanca. Transparente a translúcida. Dureza de Mohs 3½. Densidad 4,30-4,68. Ín. refracción 1,708-1,760, birrefringencia 0,048-0,050. Ortorrómbico, $Zn_2[OH \mid AsO_4]$. Exfoliación buena.

5. **Augelita** Incolora, blanca, rosa, amarillenta, azul claro. Raya blanca. Transparente. Dureza de Mohs 4½-5. Densidad 2,70-2,75. Ín. refracción 1,570-1,590, birrefringencia 0,014-0,020. Monoclínico, $Al_2[(OH)_3 \mid PO_4]$.

6. **Friedelita** Roja (15,38 ct), también amarilla, parda. Raya rojo pálido. Translúcida a opaca. Dureza de Mohs 4-5. Densidad 3,06-3,19. Ín. refracción 1,625-1,664, birrefringencia 0,030. Trigonal, $Mn_8^{2+} [(OH,Cl)_{10} [Si_6O_{15}]$. Exfoliación perfecta.

7. **Talco** Verde gris, también blanco perla, amarillento, verde pardo. Raya blanca. Translúcida a opaca. Dureza de Mohs 1. Densidad 2,55-2,80. Ín. refracción 1,54-1,59, birrefringencia 0,050. Monoclínico, $Mg_3[(OH)_2 \mid Si_4O_{10}]$. Los agregados masivos se denominan jaboncillo de sastre o esteatita.

8. **Manganotantalita** Rojo escarlata. Raya rojo oscuro. Transparente. Dureza de Mohs 5½-6½. Densidad 7,73-7,97. Ín. refracción 2,19-2,34, birrefringencia 0,150. Ortorrómbico, $(Mn^{2+},Fe^{2+}) (Ta,Nb)_2O_6$.

9. **Gadolionita** Negra (8,51 ct), también parda, verde pálido, negro verde. Raya blanca, gris verdosa. Transparente a opaca. Dureza de Mohs 6½-7. Densidad 4,00-4,65. Ín. refracción 1,77-1,82, birrefringencia 0,01-0,04. Monoclínico, $Y_2Fe^{2+}Be_2[O \mid SiO_4]_2$. Exfoliación ninguna.

10. **Anglesita** Incolora, amarilla, también blanca, verdosa. Raya blanca. Transparente a translúcida. Dureza de Mohs 3-3½. Densidad 6,30-6,39. Ín. refracción 1,878-1,895, birrefringencia 0,017. Ortorrómbico, $Pb[SO_4]$.

11. **Whewhelita** Incolora, amarillo huevo, amarillo claro, blanca. Raya blanca. Transparente. Dureza de Mohs 2½-3. Densidad 2,19-2,25. Ín. refrac. 1,489-1,651, birrefringencia 0,159-0,163. Monoclínico, $Ca[C_2O_4] \cdot H_2O$.

12. **Ekanita** Verde oscuro (1,34 ct), también amarilla, parda. Raya blanca. Transparente a translúcida. Dureza de Mohs 4½-6½. Densidad 3,28-3,32. Ín. refracción 1,527-1,573, birrefringencia 0,001. Tetragonal, $Ca_2Th[Si_8O_{20}]$. ¡Radiactiva!

13. **Fosfofilita** Verde azul, también incolora. Raya blanca. Transparente. Dureza de Mohs 3-3½. Densidad 3,07-3,13. Ín. refracción 1,594-1,621, birrefringencia 0,021-0,033. Monoclínico, $Zn_2(Fe^{2+},Mn^{2+})[PO_4]_2 \cdot 4H_2O$.

14. **Yeso** (Sinónimo: selenita) Blanco, también incoloro, rosa, azulado. Raya blanca. Transparente a opaco. Dureza de Mohs 2. Densidad 2,20-2,40. Ín. refracción 1,520-1,529, birrefringencia 0,009. Monoclínico, $Ca[SO_4] \cdot 2H_2O$.

Las imágenes han sido aumentadas un 40% respecto a los originales.

1
2
3
4
5
6
7
8
9
10
11
12
13
14

1 2 **Analcita** Incolora, blanca, rosa ojo de gato, verdosa. Raya blanca. Transparente a opaca. Dureza de Mohs 5-5½. Densidad 2,22-2,29. Ín. refracción 1,479-1,489, birrefringencia ninguna. Cúbico, $Na_2[Al_2Si_4O_{12}] \cdot 2H_2O$.

3 **Trifilina** Pardusca, también verdosa, azulada. Raya blanca. Transparente a translúcida. Dureza de Mohs 4-5. Densidad 3,34-3,58. Ín. refracción 1,689-1,702, birrefringencia 0,006-0,008. Ortorrómbico, $LiFe^{2+}[PO_4]$.

4 **Estaurolita** Parda, amarilla. Raya blanca. Transparente a opaca. Dureza de Mohs 7-7½. Densidad 3,65-3,77. Ín. refracción 1,736-1,762, birrefringencia 0,010-0,015. Monoclínico, $(Fe^{2+},Mg,Zn)_2Al_9[O_6 \mid (OH,O)_2 \mid (SiO_4)_4]$.

5 **Hornblenda** Parda, verde, negra. Raya verde gris, parda. Translúcida a opaca. Dureza de Mohs 5-6. Densidad 2,9-3,4. Ín. refracción 1,675-1,695, birrefringencia 0,02. Monoclínico.

6 **Pectolita** Blanca, azul verde, incolora, azul. Raya blanca. Transparente a translúcida. Dureza de Mohs 4½-5. Densidad 2,74-2,88. Ín. refracción 1,595-1,645, birrefringencia 0,038. Triclínico, $NaCa_2[Si_3O_8(OH)]$.

7 **Zektzerita** Incolora, también rosa claro. Raya blanca. Transparente a translúcida. Dureza de Mohs 6. Densidad 2,79. Ín. refracción 1,582-1,585, birrefringencia 0,003. Ortorrómbico, $Na_2Li_2Zr_2[Si_{12}O_{30}]$.

8 **Nefelina** Rosa, incolora, blanca, verde. Raya blanca. Dureza de Mohs 5-6. Densidad 2,55-2,65. Ín. refrac. 1,526-1,546, birrefringencia 0,004. Hexagonal.

9 **Greenockita** Naranja, también amarilla y parda. Raya naranja a roja. Transparente a translúcida. Dureza de Mohs 3-3½. Densidad 4,73-4,79. Ín. refracción 2,506-2,529, birrefringencia 0,023. Hexagonal, CdS.

10 **Anatasa** Parda, incolora, rojiza, amarilla, azul, negra. Raya blanca. Transparente a translúcida. Dureza de Mohs 5½-6. Densidad 3,82-3,97. Ín. refrac. 2,488-2,564, birrefringencia 0,046-0,067. Tetragonal, TiO_2.

11 **Milarita** Amarilla, incolora, blanca, verde. Raya blanca. Transparente. Dureza de Mohs 5½-6. Densidad 2,46-2,61. Ín. refracción 1,529-1,551, birrefringencia 0,003. Hexagonal.

12 **Descloizita** Pardo rojo, también negro pardo. Raya pardo claro. Transparente a opaca. Dureza de Mohs 3-3½. Densidad 5,5-6,2. Ín. refracción 2,185-2,350, birrefringencia 0,165. Ortorrómbico, $Pb(Zn,Cu)[OH \mid VO_4]$.

13 **Litiofilita** Parda, también incolora, amarillenta. Raya blanca. Transparente. Dureza de Mohs 4-5 Densidad 3,4-3,6. Ín. refracción 1,68-1,70, birrefringencia 0,01. Ortorrómbico, $Li(Mn^{2+},Fe^{2+})[PO_4]$.

14 **Jeremejevita** Azulada, también incolora, amarillenta. Raya blanca. Transparente. Dureza de Mohs 6½-7½. Densidad 3,28-3,31. Ín. refracción 1,637-1,653, birrefringencia 0,007-0,013. Hexagonal, $Al_6[(F,OH)_3 \mid (BO_3)_5]$.

15 **Clinohumita** Amarillo oro, blanca, parda. Raya blanca. Transparente y opaca. Dureza de Mohs 6. Densidad 3,13-3,75. Ín. refracción 1,629-1,674, birrefringencia 0,028-0,041. Monoclínico, $(Mg,Fe^{2+})_9[(F,OH)_2 \mid (SiO_4)_4]$.

16 **Neptunita** Negra. Raya pardo rojiza. Translúcida a opaca. Dureza de Mohs 5-6. Densidad 3,19-3,23. Ín. refracción 1,690-1,736, birrefringencia 0,029-0,045. Monoclínico, $KNa_2Li(Fe^{2+},Mg,Mn^{2+})_2Ti_2^{4+}[O \mid Si_4O_{11}]_2$

17 **Eudialita** Rojo pardo, verde rojo. Raya blanca. Translúcida a opaca. Dureza de Mohs 5-5½. Densidad 2,74-2,98. Ín. refracción 1,591-1,633, birrefringencia 0,003-0,010. Trigonal.

1
2
3
4
5
6
7
8
9
10
11
12
13
14
15
16
17

1 **Montebrasita** Incolora, amarillenta, verde claro, verde azulada, también blanca. Raya blanca. Transparente. Dureza de Mohs 5½-6. Densidad 2,98-3,11. Ín. refracción 1,594-1,633, birrefringencia 0,22. Triclínico, $LiAl[(OH,F) \mid PO_4]$.

2 **Cinabrio** Rojo (1,53 y 1,13 ct), tb. gris pálido. Raya rojo cinabrio. Translúcido a opaco. Dureza de Mohs 2-2½. Densidad 8,0-8,2. Ín. refracción 2,905-3,256, birrefringencia 0,351. Trigonal, HgS. Exfoliación perfecta.

3 **Boracita** Verde claro (0,62 ct), también incolora, blanca, amarilla, azulada. Raya gris pálido. Transparente a translúcida. Dureza de Mohs 7-7½. Densidad 2,95-2,96. Ín. refracción 1,658-1,673, birrefringencia 0,010-0,011. Ortorrómbico, $Mg_3[Cl \mid BO_3 \mid B_6O_{10}]$. Exfoliación ninguna.

4 **Magnesita** Incolora (1,99 ct), tb. blanca, amarilla, parda. Raya blanca. Transparente a translúcida. Dureza de Mohs 3½-4½. Densidad 2,96-3,12. Ín. refracción 1,509-1,717, birrefringencia 0,208. trigonal, $Mg[CO_3]$.

5 **Wolframita** Negra (6,37 ct), también pardo oscuro. Raya parda a negra. Translúcida a opaca. Dureza de Mohs 5-5½. Densidad 7,1-7,6. Ín. refracción 2,21, birrefringencia 0,14. Monoclínico, $(Fe^{2+},Mn^{2+})WO_4$. Exfoliación perfecta.

6 **Herderita** Azul descolorido (0,65 y 1,05 ct) también incolora, amarillenta, verde pálido. Raya blanca. Transparente a translúcida. Dureza de Mohs 5-5½. Densidad 2,95-3,02. Ín. refracción 1,587-1,627, birrefringencia 0,023-0,0032. Monoclínico, $CaBe[(F,OH) \mid PO_4]$. Exfoliación perfecta.

7 **Leucofana** Amarilla con inclusiones de agujas de egirina (0,63 ct), también verdosa. Raya blanca. Dureza de Mohs 4. Densidad 3,0. Ín. refracción 1,556-1,598, birrefringencia 0,025. Triclínico, $(Na,Ca)_2Be[Si_2O_6(F,OH)]$.

8 **Pirargirita** Rojo oscuro (8,13 ct). Raya rojo púrpura. Translúcida. Dureza de Mohs 2½-3. Densidad 5,85. Ín. de refracción 2,88-3,08, birrefringencia 0,200. Trigonal, Ag_3SbS_3. Exfoliación buena.

9 **Magnetita** Negra (3,10 ct). Raya negra. Opaca. Dureza de Mohs 5½-6½. Densidad 5,2. Ín. refracción 2,42, birrefringencia ninguna. Cúbico, $Fe^{2+}Fe_2^{3+}O_4$. Exfoliación imperfecta.

10 **Estroncianita** Amarillo claro, incolora, blanca, parda, rojiza. Raya blanca. Transparente a translúcida. Dureza de Mohs 3½. Densidad 3,63-3,79. Ín. refracción 1,52-1,67, birrefringencia 0,150. Ortorrómbico, $Sr[CO_3]$.

11 **Parisita** Pardo amarilla, también rojiza. Raya blanca. Transparente a translúcida. Dureza de Mohs 4½. Densidad 4,33-4,42. Ín. refracción 1,671-1,772, birrefringencia 0,081-0,101. Trigonal, $Ca(Ce,La)_2[F_2 \mid (CO_3)_3]$.

12 **Taafeíta** Violeta, también incolora, roja, verde, azulada. Raya blanca. Transparente. Dureza de Mohs 8-8½. Densidad 3,60-3,62. Ín. refracción 1,719-1,730, birrefringencia 0,004-0,009. Hexagonal, $Mg_3Al_8BeO_{16}$.

13 **Simpsonita** Naranja, también incolora, blanca, pardusca. Raya blanca. Translúcida. Dureza de Mohs 7-7½. Densidad 5,92-6,84. Ín. refracción 1,994-2,040, birrefringencia 0,058. Hexagonal, $Al_4(Ta,Nb)_3O_{13}(OH)$.

14 **Diásporo** Pardo verdoso (7,73 ct), también incoloro, blanco, rosa, amarillo, azulado. Raya blanca. Transparente a translúcida. Dureza de Mohs 6½-7. Densidad 3,30-3,39. Ín. refracción 1,702-1,750, birrefringencia 0,048. Ortorrómbico, AlO(OH). Exfoliación perfecta.

Las imágenes han sido aumentadas un 40% respecto de los originales.

1
2
3
4
5
6
7
8
9
10
11
12
13
14

1 **Thaumasita** Incolora, también blanca, amarillo claro. Raya blanca. Translúcida. Dureza de Mohs 3½. Densidad 1,91. Ín. refracción 1,464-1,507, birrefringencia 0,036. Hexagonal, $Ca_6Si_2[(OH)_{12} \mid (CO_3)_2 \mid (SO_4)_2] \cdot 24H_2O$.

2 **Cancrinita** Amarilla a naranja, también incolora, blanca, rosa, azulada. Raya blanca. Transparente a translúcida. Dureza de Mohs 5-6. Densidad 2,42-2,51. Ín. refracción 1,495-1,528, birrefringencia 0,024-0,029. Hexagonal, $Na_6Ca_2[(CO_3)_2 \mid Al_6Si_6O_{24}] \cdot 2H_2O$.

3 **Tremolita** (sinónimo: grammatita) pardo gris, verde, también incolora, blanca, rosa. Raya blanca. Transparente a translúcida. Dureza de Mohs 5-6. Densidad 2,95-3,07. Ín. refracción 1,560-1,653, birrefringencia 0,017-0,027. Monoclínico, $Ca_2Mg_5[(OH,F) \mid Si_4O_{11}]_2$. Exfoliación buena.

4 **Yigavaralita** Incolora (0,51 ct), blanco turbio (0,64 ct). Raya blanca. Transparente a translúcida. Dureza de Mohs 4½. Densidad 2,19-2,23. Ín. refracción 1,490-1,509, birrefringencia 0,011-0,014. Monoclínico, $Ca[Al_2Si_6O_{16}] \cdot 4H_2O$. Exfoliación imperfecta.

5 **Zafirina** Azul oscuro, incolora, rosa verdosa, violeta. Raya blanca. Transparente. Dureza 7½. Densidad 3,40-3,58. Ín. refracción 1,701-1,734, birrefringencia 0,004-0,007. Monoclínico, $(Mg,Al)_8[O_2 \mid (Al,Si)_6O_{18}]$.

6 **Egirinaugita** Negra (2,53 ct), también negro verde. Raya gris verdosa. Opaca. Dureza de Mohs 6. Densidad 3,40-3,55. Ín. refracción 1,700-1,800, birrefringencia 0,030-0,050. Monoclínico, $(Na,Ca)\ (Mg,Fe^{3+})\ [Si_2O_6]$. Exfoliación buena.

7 **Melinofana** (melifana) Amarillo miel (1,35 ct), naranja (0,50 ct), también incolora. Raya blanca. Translúcida. Dureza de Mohs 5-5½. Densidad 3,00-3,03. Ín. refracción 1,593-1,612, birrefringencia 0,019. Tetragonal, $((Ca,Na)_2\ (Be,Al)\ [Si_2O_6(OH,F)]$. Exfoliación perfecta.

8 **Polucita** (Sinónimo: pólux) Incolora, ligeramente pardusca (0,99 ct), también blanca, azulada, violeta. Raya blanca. Transparente a translúcida. Dureza de Mohs 6½-7. Densidad 2,85-2,94. Ín. refracción 1,517-1,525, birrefringencia ninguna. Cúbico, $(Cs,Na)_2[Al_2Si_4O_{12}] \cdot$ ½–$1H_2O$.

9 **Andesina** Rosa claro (0,89 ct), también rojo, blanco, gris, amarillento, verde. Raya blanca. Transparente a opaca. Dureza de Mohs 6-6½. Densidad 2,65-2,69. Ín. refracción 1,543-1,551, birrefringencia 0,008. Triclínico, $(Na,Ca)\ [(Al,Si)_2Si_2O_8]$. Exfoliación perfecta.

10 **Moscovita** Rosa (2,57 ct), también incolora, blanco argénteo, amarillenta, verdosa. Raya blanca. Transparente a opaca. Dureza de Mohs 2-3. Densidad 2,78-2,88. Ín. refracción 1,552-1,618, birrefringencia 0,036-0,043. Monoclínico, $KAl_2[(OH,F)_2 \mid AlSi_3O_{10}]$.

11 **Davidita** Negra (2,04 ct). Raya negro gris. Opaca. Dureza de Mohs 5-6. Densidad 4,5. Ín. refracción 2,3, birrefringencia ninguna. Trigonal, $(Ce,La,Y,U)_2Fe_2^{3+}(Ti,Fe^{3+})_{18}O_{38}$. ¡Es radiactiva!

12 **Mesolita** Incolora (0,98 ct), o blanca. Raya blanca. Transparente a translúcida. Dureza de Mohs 5-5½. Densidad 2,26-2,40. Ín. refracción 1,504-1,508, birrefringencia 0,001. Monoclínico, $Na_2Ca_2[Al_2Si_3O_{10}]_3 \cdot 8H_2O$.

13 **Pirolusita** Negra (24,46 ct), también gris oscuro. Raya negra. Opaca. Dureza de Mohs 6-7. Densidad 4,5-5,0. Ín. refracción no determinable porque es un agregado. Tetragonal, MnO_2. Exfoliación perfecta.

Las imágenes han sido aumentadas un 50% respecto a los originales.

1
2
3
4
5
6
7
8
9
10
11
12
13

1 **Cordierita** Azul pálido, incolora (total 14,07 ct). Transparente. Aquí variedades raras de la cordierita (pág. 196), que suele presentar un intenso azul.

2 **Legrandita** Amarilla (0,97 ct), también incolora. Raya blanca. Transparente. Dureza de Mohs 4½-5. Densidad 3,98-4,04. Ín. refracción 1,675-1,740, birrefringencia 0,060. Monoclínico, $Zn_2[OH \mid AsO_4] \cdot H_2O$.

3 **Eosforita** Rosa naranja (0,67 ct), también incolora, parda. Raya blanca. Transparente a translúcida. Dureza de Mohs 5. Densidad 3,05-3,08. Ín. refracción 1,638-1,671, birrefringencia 0,028-0,035. Ortorrómbico, $(Mn^{2+}, Fe^{2+})Al[(OH)_2 \mid PO_4] \cdot H_2O$. Exfoliación imperfecta.

4 **Cabujón de cuarzo** Incoloro, con inclusiones fibrosas de pirita de color latón a dorado, efecto ojo de gato. Cuarzo pág. 132, pirita pág. 178.

5 **Paligorkita** Gris amarillento (2,34 ct), también blanca, rosa. Raya blanca. Translúcida. Dureza de Mohs 1-2. Densidad 2,21. Ín. refracción 1,522-1,548, birrefringencia 0,017. Monoclínico u ortorrómbico, $(Mg,Al)_2\,[OH \mid Si_4O_{10}] \cdot 4\ H_2O$. Por su parecido con el ópalo se lo denomina falsamente ópalo piel de ángel (pág. 168).

6 **Ceruleíta** Azul turquesa, azul celeste. Raya blanco azulada. Translúcida a opaca. Dureza de Mohs 5-6. Densidad 2,70-2,80. Ín. refracción 1,60 aprox., birrefringencia ninguna. Triclínico, $Cu_2Al_7[(OH)_{13} \mid (AsO_4)4] \cdot 12\ H_2O$. Agregados en forma de tubérculo a partir de cristales muy pequeños.

7 8 **Sillimanita** Verde claro (antigua 1,78 ct) blanco gris, atravesada de cuarzo (ovalada 5,95 ct), incolora (forma libre de seis aristas 0,35 ct), amarilla, parda, azulada. Ojo de gato pardo violeta (n.° 8, 1,60 ct). Raya blanca. Transparente a opaca. Dureza de Mohs 6½-7½. Densidad 3,23-3,27. Ín. refracción 1,655-1,684, birrefringencia 0,014-0,021. Ortorrómbico, $Al_2[O \mid SiO_4]$. Exfoliación perfecta.

9 **Monacita** Parda (2,92 y 2,48 ct), también blanca, rosa, rojo parda, amarillenta. Raya blanca. Translúcida a opaca. Dureza de Mohs 5-5½. Densidad 4,98-5,43. Ín. refracción 1,774-1,849, birrefringencia 0,049-0,055. Monoclínico, (Ce, La, Nd, Th) $[PO_4]$. Exfoliación perfecta. Con contenidos de torio es radiactiva.

10 **Espodúmena** Incolora (antigua 21,75 ct, octógono 20,26 ct, ovalada 6,29 ct), también blanco gris, amarilla. Raya blanca. Transparente, translúcida. Dureza de Mohs 6½-7. Densidad 3,15-3,21. Ín. refracción 1,660-1,681, birrefringencia 0,014-0,016. Monoclínico, LiAl $[Si_2O_6]$. Exfoliación perfecta. Para la variedad verde amarilla hiddenita y la variedad violeta rosa kunzita, véase página 130.

11 **Broncita** Negro parda (1,83 ct), pardo amarilla (3,71 ct), incolora, gris, amarilla, verde. Raya blanca o pardusca. Transparente a opaca. Dureza de Mohs 5-6. Densidad 3,30-3,43. Ín. refracción 1,665-1,703, birrefringencia 0,015. Ortorrómbico, $(Mg,Fe)_2[Si_2O_6]$. Exfoliación buena.

12 **Goodletita** Roca metamórfica con rubí y/o zafiro, así como corindón gris rosa, contenidos en una masa de grano fino compuesta de turmalina verde y mica translúcida rica en cromo. Yacimientos isla Sur de Nueva Zelanda. Se presenta como guijarros. En Nueva Zelanda se llama también «ruby rock» o «treasure stone».

13 **Sellaíta** Incolora (22,18 ct), también blanca. Raya blanca. Transparente a translúcida. Dureza de Mohs 5-5½. Densidad 3,15. Ín. refracción 1,378-1,390, birrefringencia 0,012. Tetragonal, MgF_2. Sellaítas incoloras aptas para la talla se encontraron por primera vez en 1979 en Brasil.

1
1
2
6
3
4
5
7
10
9
8
11
12
13

1 **Chambersita** Incolora, rojo púrpura, también pardusca. Raya blanca, rosa. Transparente. Dureza de Mohs 7. Densidad 3,49. Ín. refracción 1,732-1,744, birrefringencia 0,012. Ortorrómbico, $Mn_3^{2+}[Cl \mid BO_3 \mid B_6O_{10}]$.

2 **Escorzalita** Verde azul, violeta, también azul intenso. Raya blanca. Transparente a opaca. Dureza de Mohs 5½-6. Densidad 3,38. Ín. refracción 1,627-1,680, birrefringencia 0,038-0,040. Monoclínico, $(Fe^{2+},Mg)Al_2 [OH \mid PO_4]_2$. Exfoliación imperfecta.

3 **Rodicita** Amarillo claro, también incolora, blanca, rosa, verde. Raya blanca. Transparente a translúcida. Dureza de Mohs 8-8½. Densidad 3,44. Ín. refracción 1,690, birrefringencia ninguna. Cúbico, $(K,Cs,Rb)Al_4Be_4[O_4 \mid B_{11}BeO_{24}]$.

4 **Meionita** Amarilla, también incolora, blanca. Raya blanca. Transparente a opaca. Dureza de Mohs 5½-6. Densidad 2,74-2,78. Ín. refracción 1,556-1,600, birrefringencia 0,024-0,037. Tetragonal, $Ca_4[CO_3 \mid Al_6Si_6O_{24}]$.

5 **Linarita** Azul oscuro (0,15 ct). Raya azul pálido. Transparente a translúcida. Dureza de Mohs 2½. Densidad 5,30. Ín. refracción 1,809-1,859, birrefringencia 0,050. Monoclínico, $PbCu[(OH)_2 \mid SO_4]$.

6 **Durangita** Rojo naranja (0,15 ct), tb. amarillo pálido, verde oscuro. Raya amarilla. Transparente. Dureza de Mohs 5-5½. Densidad 3,94-4,07. Ín. refracción 1,634-1,685, birrefringencia 0,051. Monoclínico, $NaAl[F \mid AsO_4]$.

7 **Clinoenstatita** Verde amarillenta (2,17 ct), también incolora, pardo amarilla. Raya blanca. Transparente a translúcida. Dureza de Mohs 5-6. Densidad 3,19. Ín. refracción 1,651-1,660, birrefringencia 0,009. Monoclínico, $Mg_2[Si_2O_6]$. Exfoliación buena.

8 **Childrenita** Pardo naranja (0,27 ct), también pardo oscuro. Raya blanca. Transparente a translúcida. Dureza de Mohs 5. Densidad 3,11-3,19. Ín. refracción 1,630-1,685, birrefringencia 0,030-0,040. Ortorrómbico, $(Fe^{2+},Mn^{2+})Al[(OH)_2 \mid PO_4] \cdot H_2O$. Exfoliación imperfecta.

9 **Shortita** Blanca (0,17 ct), también incolora, amarillo pálido. Raya blanca. Transparente. Dureza de Mohs 3. Densidad 2,60. Ín. refracción 1,531-1,570, birrefringencia 0,039. Ortorrómbico, $Na_2Ca_2[CO_3]_3$. Exfoliación buena.

10 **Vlasovita** Pardo claro (ojo de gato 1,56 ct), pardo amarilla (octógono 0,97 ct, pentágono 0,33 ct), también incolora. Raya blanca. Transparente. Dureza de Mohs 6. Densidad 2,92-2,97. Ín. refracción 1,605-1,625, birrefringencia 0,020. Monoclínico, $Na_2Zr[Si_4O_{11}]$. Exfoliación buena.

11 **Kammererita** Violeta roja. Raya blanca. Transparente a translúcida. Dureza de Mohs 2-2½. Densidad 2,64. Ín. refracción 1,597-1,600, birrefringencia 0,003. Monoclínico, $(Mg,Cr)_6[(OH)_8(Al,Si)_3O_{10}]$.

12 **Senarmontita** Incolora (1,72 ct), también blanca, gris. Raya blanca. Transparente a translúcida. Dureza de Mohs 2-2½. Densidad 5,2-5,5. Ín. refracción 2,087, birrefringencia ninguna. Cúbica, Sb_2O_3.

13 **Actinolita** Verde, también incolora, blanca, gris, parda. Raya blanca. Transparente. Dureza de Mohs 5½-6. Densidad 3,03-3,07. Ín. refracción 1,614-1,653, birrefringencia 0,020-0,025. Monoclínico, $Ca_2(Mg,Fe^{2+})_5[OH \mid Si_4O_{11}]_2$. Exfoliación buena.

14 **Grandierita** Verde azul (octógono 1,51 ct, hexágono 3,05 ct, rectánculo 0,73 ct). Raya blanca. Translúcida a opaca. Dureza de Mohs 7-7½. Densidad 2,85-3,00. Ín. refracción 1,590-1,623, birrefringencia 0,033. Ortorrómbico, $(Mg,Fe^{2+})Al_3[O \mid BO_4 \mid SiO_4]$.

Las imágenes han sido aumentadas un 40% respecto a los originales.

1
2
3
4
7
8
6
5
9
11
10
12
13
14
14

1 **Goethita** Negro parda (4,70 ct), también pardo amarilla. Raya parda a amarilla. Translúcida a opaca. Dureza de Mohs 5-5½. Densidad 3,8-4,3. Ín. refracción 2,275-2,415, birrefringencia 0,14. Ortorrómbico, $Fe^{3+}O(OH)$. Exfoliación perfecta.

2 **Schlossmacherita** Verde claro (para la ceruleíta azul turquesa, pág. 234), también verde gris. Raya blanca. Opaca. Dureza de Mohs 5. Densidad 3,00. Ín. refracción 1,597. Trigonal, $(H_3O,Ca)Al_3[(OH)_6 \mid (SO_4,AsO_4)_2]$. Se describió como mineral en 1980.

3 **Pumpelita** Verde, verde azulada, también blanca, parda. Raya verdosa. Agregados cristalinos radiales (6,28 y 7,85 ct). Translúcida a opaca. Dureza de Mohs 6. Densidad 3,18-3,33. Ín. refracción 1,674-1,722. Monoclínico, $Ca_2Fe^{2+}Al_2[(OH)_2 \mid SiO_4 \mid Si_2O_7] \cdot H_2O$.

4 **Inderita** Blanca, incolora, también rosa. Raya blanca. Transparente a translúcida. Dureza de Mohs 2½-3. Densidad 1,78-1,86. Ín. refracción 1,486-1,507, birrefringencia 0,017-0,020. Monoclínico, $Mg[B_3O_3(OH)_5] \cdot 5H_2O$. Exfoliación perfecta.

5 **Wavelita** Blanco azulada (12,13 ct), también incolora, amarilla, parda, verde, azul. Raya blanca. Translúcida. Dureza de Mohs 3½-4. Densidad 2,36. Ín. refracción 1,520-1,561, birrefringencia 0,025. Ortorrómbico, $Al_3[(OH,F)_3 \mid (PO_4)_2] \cdot 5H_2O$. Exfoliación perfecta.

6 **Powellita** Amarillo claro (0,71 ct), blanco gris, amarillo verde, parda, azul pálido. Raya blanca gris. Transparente. Dureza de Mohs 3½-4. Densidad 4,23. Ín. refrac. 1,967-1,985, birrefringencia 0,011. Tetragonal, $Ca[MoO_4]$.

7 **Villiaumita** Pardo naranja, rojo carmín (juntas 1,03 ct), incolora, amarilla. Raya blanca. Transparente. Dureza de Mohs 2-2½. Densidad 2,79. Ín. refracción 1,327, birrefringencia a menudo anómala. Cúbica, NaF.

8 **Hidroxiapatita** Amarillo verde (10,98 ct), también incolora, blanca, parda, verde, negra. Raya blanca. Transparente a translúcida. Dureza de Mohs 5. Densidad 3,14-3,21. Ín. refracción 1,642-1,654, birrefringencia 0,012. Hexagonal, $Ca_5[OH \mid (PO_4)_3]$. Exfoliación imperfecta.

9 **Manganoapatito** Negro verde. Piedra preciosa del grupo de los apatitos (v. pág. 210). Propiedades físicas como las de la hidroxiapatita (arriba n.° 8).

10 **Marcasita** Amarillo bronceado, también amarillo verde, pardusco. Raya negro verdosa. Opaca. Dureza de Mohs 6-6½. Densidad 4,85-4,92. Ín. refracción no determinable. Ortorrómbico, FeS_2. La marcasita puede descomponerse y liberar ácido sulfúrico. De ahí que sólo se encuentre esporádicamente. Sobre la pirita, muy semejante, véase la página 178.

11 **Clinozoisita** Amarilla a pardo amarilla, también incolora, verdosa, rosa. Raya blanca a gris. Transparente a translúcida. Dureza de Mohs 6-7. Densidad 3,21-3,38. Ín. refracción 1,670-1,734, birrefringencia 0,010. Monoclínico, $Ca_2Al_3[O \mid OH \mid SiO_4 \mid Si_2O_7]$. Exfoliación perfecta.

12 **Labradorita** Verde, verde parda, rojo oscuro, rojo parda. Raya blanca. Las labradoritas transparentes son raras, normalmente son opacas y con juego de colores. Más datos, en la página 182.

13 **Bixbyíta** Negra (4,97 ct). Raya negra. Opaca. Dureza de Mohs 6-6½. Densidad 4,95. Ín. refracción no determinable. Cúbico, $(Mn^{3+},Fe^{3+})_2O_3$. Exfoliación imperfecta.

14 **Bustamita** Rosa claro, también rojo parda. Raya blanca. Transparente. Dureza de Mohs 5½-6. Densidad 3,32-3,43. Ín. refracción 1,622-1,707, birrefringencia 0,014-0,015. Triclínico, $(Mn^{2+},Ca)_3[Si_3O_9]$.

1
2
3
4
5
8
7
6
9
10
11
12
13
14

1 **Albita** Verdosa (12,81 ct), incolora, blanca, gris, rojiza, amarilla. Raya blanca. Transparente a translúcida. Dureza de Mohs 6-6½. Densidad 2,57-2,69. Ín. refracción 1,527-1,538, birrefringencia 0,011. Triclínico, $Na[AlSi_3O_8]$. Exfoliación perfecta. Ver también la jadealbita, pág. 170.

2 **Ametrina** Cuarzo bicromo (15,23 ct) a partir de amatista (pág. 134) violeta y citrino (v. pág. 136) pardo amarillo. Los únicos yacimientos económicamente importantes se encuentran en Bolivia.

3 **Cuarzo cacoxenita** Cuarzo (pág. 132) incoloro o de un leve blanco lechoso con inclusiones fibrosas de cacoxenita amarillo oro, un fosfato con dureza de Mohs 3-4 y densidad 2,2-2,6.

4 **Hedenbergita** Verde negra (19,52 ct), también verde azulada, negra. Raya blanca, gris. Transparente a opaca. Dureza de Mohs 5½-6½. Densidad 3,50-3,56. Ín. refracción 1,716-1,751, birrefringencia 0,025-0,029. Monoclínico, $CaFe^{2+}[Si_2O_6]$. Exfoliación buena.

5 **Serandita** Rojo naranja (0,77 ct), pardo pálido. Raya blanca. Transparente. Dureza de Mohs 4-5½. Densidad 3,32. Ín. refracción 1,660-1,688, birrefringencia 0,028. Triclínico, $Na\,(Mn^{2+},Ca)_2[Si_3O_8(OH)]$.

6 **Stolzita** Amarillo gris (2,16 ct), también roja, parda, verde. Raya blanca. Transparente a translúcida. Dureza de Mohs 2½-3. Densidad 7,9-8,34. Ín. refracción 2,19-2,27, birrefringencia 0,08. Tetragonal, $Pb\,[WO_4]$.

7 **Haunita** Azul lapis, también azul verde, blanco azul. Raya blanca a azulada. Transparente a translúcida. Dureza de Mohs 5½-6. Densidad 2,4-2,5. Ín. refracción 1,496-1,510, birrefringencia ninguna. Cúbico, $Na_{5-6}Ca_2[(SO_4,Cl)_2 \mid Al_6Si_6O_{24}]$. Exfoliación buena.

8 **Hübnerita** Pardo rojizo oscuro (1,23 y 0,44 ct), también pardo amarilla, pardo negra. Raya pardo rojiza. Transparente a opaca. Dureza de Mohs 4-4½. Densidad 7,12-7,18. Ín. refracción 2,17-2,32, birrefringencia 0,13. Monoclínico, $Mn^{2+}WO_4$. Exfoliación perfecta.

9 **Pietersita** Denominación comercial para un agregado gris azul oscuro en forma de breccia (20,40 ct) a partir de ojo de halcón (pág. 140) y ojo de trigre (pág. 140). Densidad 2,60. Ín. refracción 1,544-1,553, birrefringencia 0,009. Único yacimiento en Namibia.

10 **Escolecita** Incolora (octógono 2,42 ct, cuadrilátero 1,68 ct, octógono 0,20 ct), también blanca. Raya blanca. Transparente a opaca. Dureza de Mohs 5-5½. Densidad 2,21-2,29. Ín. refracción 1,509-1,525, birrefringencia 0,007-0,012. Monoclínico, $Ca[Al_2Si_3O_{10}] \cdot 3H_2O$.

11 **Wulfenita** Naranja, roja. Raya blanca. Transparente a translúcida. Dureza de Mohs 3. Densidad 6,50-7,00. Ín. refracción 2,280-2,400, birrefringencia 0,120. Tetragonal, $Pb\,[MoO_4]$.

12 **Fucsita** Una variedad de moscovita (pág. 232) con contenido de cromo. Azul verde (total 37,94 ct), también verde esmeralda. Raya verde claro, blanca. Translúcida. Dureza de Mohs 2-3. Densidad 2,8-2,9. Ín. refracción 1,552-1,615, birrefringencia 0,036-0,043. Monoclínico, $K(Al,Cr)_2[(OH,F)_2 \mid AlSi_3O_{10}]$. Todas las piedras de las imágenes son dobletes.

13 **Purpurita** Color púrpura, también rosa intenso, parda. Raya púrpura. Translúcida. Dureza de Mohs 4-4½. Densidad 3,2-3,4. Ín. refracción 1,85-1,92, birrefringencia 0,07. Ortorrómbico, $(Mn^{3+},Fe^{3+})[PO_4]$.

1
2
3
4
5
6
7
8
9
10
11
12
13

1 **Condrodita** Pardo roja (1,78 ct), también roja, amarilla, verde gris. Raya amarilla a parda. Transparente a opaca. Dureza de Mohs 6-6½. Densidad 3,16-3,26. Ín. refracción 1,592-1,646, birrefringencia 0,028-0,034. Monoclínico, $((Mg,Fe^{2+})_5[(F,OH)_2 \mid (SiO_4)_2]$. Exfoliación imperfecta.

2 **Microlita** Amarillo resina, tb. rojiza, parda, verde. Raya blanca. Translúcida a opaca. Dureza de Mohs 5-5½. Densidad 4,3-5,7. Ín. refracción 1,98-2,02, birrefringencia anómala. Cúbico, $(Ca,Na)_2Ta_2O_6(O,OH,F)$.

3 **Anortita** Incolora, blanca, amarillenta, también gris rojizo. Raya blanca. Transparente. Dureza de Mohs 6-6½. Densidad 2,57-2,77. Ín. refracción 1,577-1,590, birrefringencia 0,013. Triclínico, $Ca[Al_2Si_2O_8]$.

4 **Hidroxilherderita** Amarillenta a parduscа (juntas 5,97 ct), también incolora, verde azul. Raya blanca. Transparente a translúcida. Dureza de Mohs 5-5½. Densidad 2,95. Ín. refracción 1,601-1,631, birrefringencia 0,030. Monoclínico, $CaBe[OH \mid PO_4]$. Exfoliación imperfecta.

5 **Baritocalcita** Blanco amarillento, también blanco. Raya blanca. Transparente a translúcido. Dureza de Mohs 4. Densidad 3,66. Ín. refracción 1,525-1,686, birrefringencia 0,061. Monoclínico, $BaCa[CO_3]_2$.

6 **Hodgkinsonita** Rojo parda (0,42 y 0,22 ct), también rosa claro, naranja. Raya blanca. Transparente a translúcida. Dureza de Mohs 4½-5. Densidad 3,91-3,99. Ín. refracción 1,719-1,748, birrefringencia 0,022-0,026. Monoclínico, $Mn^{2+}Zn_2[(OH)_2 \mid SiO_4]$.

7 **Ilmenita** Negra (0,29 ct). Raya negra. Opaca. Dureza de Mohs 5-6. Densidad 4,5-5,0. Ín. refracción no determinable. Trigonal, $Fe^{2+}TiO_3$. Exfoliación ninguna.

8 **Vanadinita** Roja (0,31 ct), también incolora, amarilla, parda. Raya amarillenta, blanca. Translúcida a opaca. Dureza de Mohs 2½-3. Densidad 6,5-7,1. Ín. refracción 2,350-2,416, birrefringencia 0,066. Hexagonal, $Pb_5[Cl \mid (VO_4)_3]$. Exfoliación ninguna.

9 **Shungita** Carbón negro semejante al vidrio (facetada 0,77, cabujón 2,30 ct). Raya negra. Dureza de Mohs 3½-4. Densidad 1,84-1,98. Constituido en su mayor parte por carbono. Único yacimiento en Karelien/Rusia.

10 **Sturmanita** Amarillenta, también pardo naranja, verde amarilla. Raya amarillenta. Transparente a translúcida. Dureza de Mohs 2½. Densidad 1,85. Ín. refracción 1,500-1,505, birrefringencia 0,005. Hexagonal, $Ca_6(Fe^{3+},Al,Mn^{2+})_2\,[(OH)_{12} \mid B(OH)_4 \mid (SO_4)_2] \cdot 25H_2O$. Exfoliación perfecta.

11 **Escorodita** Azul violeta (0,84 ct), también pardo amarilla, verde gris. Raya blanca. Transparente a translúcida. Dureza de Mohs 3½-4. Densidad 3,28-3,29. Ín. refracción 1,738-1,816, birrefringencia 0,027-0,031. Ortorrómbico, $Fe^{3+}[AsO_4] \cdot 2H_2O$.

12 **Piroxmanguita** Roja (octógono 1,66 ct), rosa, también parda. Raya blanca. Transparente a opaca. Dureza de Mohs 5½-6. Densidad 3,61-3,80. Ín. refracción 1,726-1,764, birrefringencia 0,016-0,020. Triclínico, $(Mn^{2+},Fe^{2+})_7[Si_7O_{21}]$. Exfoliación perfecta.

13 **Hialofana** Incolora (1,34 ct), también blanca, roja, amarilla. Raya blanca. Transparente a translúcida. Dureza de Mohs 6-6½. Densidad 2,58-2,82. Ín. refracción 1,542-1,546, birrefringencia 0,004. Monoclínico, $(K,Ba)[Al(Si,Al)_3O_8]$. Exfoliación perfecta.

Las imágenes han sido aumentadas un 40% respecto a los originales.

1
2
3
3
4
4
5
6
7
8
9
10
11
12
13

ROCAS COMO PIEDRAS PRECIOSAS Y ORNAMENTALES

Anteriormente, las rocas se utilizaron casi exclusivamente para fines ornamentales y con objetos de arte industrial. Hoy en día disfrutan de una creciente popularidad también como joyas de uso personal, sobre todo en bisutería.
Ver más detalles en las páginas 83 y 84.

Mármol ónice ❶–❹ Sinónimo: ónice mármol

Color: verde amarillo, blanco, pardusco
Raya: en función del color de la piedra
Dureza de Mohs: 3½-4
Densidad: 2,72-2,85
Composición: calcita o aragonito
Transparencia: transparente a opaco
Ín. refracción: 1,486-1,685
Birrefringencia: -0,155 a -0,172

La piedra ofrecida en el mercado como mármol ónice es una caliza del grupo del sínter con los minerales calcita o aragonito. No se debe confundir con la calcedonia ónice (pág. 158). Emplear el término ónice sin calificativo para esta caliza es equívoco. El mármol ónice se forma a partir de agua con contenido de calcio que se deposita en estratos (de ahí que presente siempre bandas) en zonas de aguas termales o por goteo en cavidades. Yacimientos en Egipto, Algeria, Argentina, Marruecos, México, Estados Unidos. Utilización en objetos de arte industrial, como colgantes y para broches.
Posibilidades de confusión con el mineral serpentina (pág. 218), así como con diversas rocas de serpentina, en especial con connemara (pág. 218), procedente de la provincia Connaught/Irlanda y salpicada de verde y blanco, y con la ricolita verdosa bandeada de Nuevo México/Estados Unidos.
Ónice mexicano Denominación comercial equívoca para el mármol ónice.

Sprudelstein ❺–❼ Sinónimo: pisolita

Color: blanco, amarillo, pardo, rojizo
Raya: en función del color de la piedra
Dureza de Mohs: 3½-4
Densidad: 2,95
Composición: aragonito
Transparencia: translúcido a opaco
Ín. refracción: aragonito: 1,530-1,685
Birrefringencia: aragonito: -0,155

El sprudelstein es una precipitación calcárea en fuentes termales como el suave mármol ónice (v. arriba). La estratificación suele formar bandas onduladas. El yacimiento más importante en Europa está en Karlsbad (Karlovy Vary) en la República Checa. Otros yacimientos: Argentina, México, Nueva Zelanda, Rusia, Estados Unidos. Se utiliza como el mármol ónice.

Mármol paisaje ❽ Sinónimo: mármol ruina

Caliza de grano fino cuyas capas se destruyeron, se desplazaron y se volvieron a consolidar. Debido a los diferentes colores de las diversas capas y a inclusiones de otros colores se forman dibujos que sugieren la silueta de un paisaje. Piedra decorativa, también se talla abovedada para broches y colgantes.

❶ Mármol ónice, cuenco
❷ Mármol ónice, fragmento, pulido
❸ Mármol ónice, dos colgantes
❹ Mármol ónice, figura
❺ Sprudelstein, dos, Karlsbad/Böhmen
❻ Sprudelstein, broche y colgante
❼ Sprudelstein, Nuevo México/Estados Unidos
❽ Mármol paisaje, Toscana/Italia

Las imágenes han sido reducidas un 50% con respecto a los originales.

1
2
3
4
5
6
7

8

Diorita orbicular ❶ ❷ Sinónimo: diorita esférica

Roca plutónica compuesta de feldespato, hornblenda, biotita y cuarzo. Se origina por una precipitación rítmica en la cual se separan los componentes claros y oscuros y forma capas esféricas. Se usa como piedra decorativa y, con talla abovedada, en colgantes y broches ❷. Yacimientos: Finlandia, Suecia, Polonia, Francia (Córcega), Estados Unidos (Vermont, California). El granito esférico tiene el mismo aspecto y una composición similar.

Obsidiana ❸ – ❼

Color: negro, gris, pardo, verde	Transparencia: translúcida a opaca
Raya: blanca	Ín. refracción: 1,45-1,55
Dureza de Mohs: 5-5½	Birrefringencia: ninguna
Densidad: 2,35-2,60	Dispersión: 0,010 (BG)
Exfoliación: ninguna	Pleocroísmo: ausente
Fractura: concoidea grande, con aristas agudas	Absorción: O. verde: 680, 670, 660, 650, 635, 595, 555, 500
Composición: roca volcánica amorfa rica, en silicatos	Fluorescencia: ninguna

La obsidiana (de un nombre romano) ya se usaba en tiempos prehistóricos como amuleto. Hay variedades que presentan un resplandor áureo [O. dorada, ❹] o argénteo [O. argéntica, ❺] debido a inclusiones cristalinas relucientes.
Yacimientos: Ecuador, Indonesia, Islandia, Italia, Japón, México, Estados Unidos (también pág. 282). **Posibilidades de confusión** con la egirinaugita (pág. 232), la gadolinita (pág. 226), el azabache (pág. 252), la hematites (pág. 178), la pirolusita (pág. 232) y la wolframita (pág. 230).
Obsidiana copo de nieve ❻ ❼ Denominación comercial para una obsidiana con inclusiones esféricas de color blanco gris (esferolitas) del mineral cristobalita.
Yacimientos: México, Estados Unidos (Utah, Nuevo México).

Moldavita ❿ – ⓬ Sinónimo: piedra botella, crisolito de agua

Color: verde botella a verde pardo	Transparencia: transparente a opaca
Raya: blanca	Ín. refracción: 1,48-1,54
Dureza de Mohs: 5½	Birrefringencia: ninguna
Densidad: 2,32–2,38	Dispersión: ninguna
Exfoliación: ninguna	Pleocroísmo: ausente
Fractura: concoidea	Absorción: no determinable
Cristales: amorfa	Fluorescencia: ninguna
Composición: $SiO_2(+Al_2O_3)$ dióxido de silicio	

La moldavita (por el río Moldava/Rep. Checa) pertenece a las tectitas, rocas de origen meteórico. Superficie granuda, brillo vítreo. **Posibilidades de confusión** con el apatito (pág. 210), el diópsido (pág. 206), el berilo noble (pág. 112), el zafiro (pág. 102), la turmalina (pág. 126) y con el vidrio verde de botella. Otras tectitas son de color pardo oscuro a negro ❽ ❾. Diferentes nombres en función del nacimiento, p. ej., australita (Australia), billitonita (Borneo), georgiaíta (Georgia/EE.UU.), indochinita (Indochina), javaíta (Java), filipita (Filipinas).

❶ Diorita orbicular, tallada, Córcega
❷ Diorita orbicular, cabujón, Córcega
❸ Obsidiana, en bruto, México
❹ Obsidiana dorada, México
❺ Obsidiana argéntica, México
❻ Obsidiana copo de nieve, cabujones
❼ Obsidiana copo de nieve, tallada
❽ Tectita, en bruto, Tailandia
❾ Tectita, dos facetadas, Tailandia
❿ Moldavita, cuatro en bruto, Rep. Checa
⓫ Moldavita, seis facetadas, Rep. Checa
⓬ Moldavita, cabujón, Rep. Checa
Las imágenes han sido reducidas un 40% con respecto a los originales.

1
2
3
5
7
4
6
8
9
11
10
10
12

Alabastro ❶ ❷

Color: blanco, rosa, pardusco
Raya: blanca
Dureza de Mohs: 2
Densidad: 2,30 –2,33
Composición: yeso $Ca[SO_4] \cdot 2H_2O$

Transparencia: opaco
aristas translúcidas
Ín. refracción: 1,520-1,529
Birrefringencia: +0,009
Dispersión: 0,033 (BG), 0,008 (CF)

Por alabastro (nombre griego) se entiende en la actualidad la variedad de grano fino del yeso, en la antigüedad también se incluía la caliza microcristalina. Yacimientos: Alemania (Turingia), Inglaterra (Derbyshire), Francia (cuenca parisina), Italia (Toscana), Estados Unidos (Colorado). Se emplea para objetos de arte industrial, más raramente como joya. Debido a su gran porosidad es fácil de teñir.
Posibilidades de confusión con la agalmatolita (abajo), la calcita (pág. 224), el yeso (pág. 226), la sepiolita (abajo), el mármol ónice (pág. 244).

Agalmatolita Sinónimo: pagodita

Agregado compacto blanquecino verdoso o amarillento del mineral pirofilita.
Por calcinación, la piedra originalmente blanda (dureza de Mohs 1-1½) se vuelve muy dura (dureza de Mohs 6). Yacimientos: Finlandia, Eslovaquia, Sudáfrica, Estados Unidos (California). Empleo como el alabastro (arriba).
Posibilidades de confusión con el alabastro (arriba), el talco (pág. 226). Las variedades verdes se usan como sustituto del jade.

Sepiolita ❸ – ❺ Sinónimo: «meerschaum», espuma de mar

Color: blanco, amarillento, gris, rojizo
Raya: blanca
Dureza de Mohs: 2-2½
Densidad: 2,0-2,1
Exfoliación: perfecta
Fractura: concoidea plana, terrosa
Cristales: (ortorrómbico) microcristalinos
Composición: $Mg_4 [(OH)_2 | Si_6O_{15}] \cdot 6H_2O$
silicato magnésico hidratado

Transparencia: opaca
Ín. refracción: 1,53
Birrefringencia: ninguna
Dispersión: ninguna
Pleocroísmo: ausente
Absorción: no determinable
Fluorescencia: ninguna

La sepiolita (debido a su gran porosidad flota en el agua, de ahí el nombre «espuma de mar») se presenta en forma rocosa como una concreción en la serpentinita, a patir del mineral sepiolita. Brillo graso mate, es jabonosa al tacto y se pega en la lengua. Yacimientos importantes cerca de Eskischehir, en Anatolia (Turquía), además en Grecia (Samos), Marruecos, España, Tanzania, Estados Unidos (Texas). Se talla para pipas y boquillas ❺ y para bisutería. Embebido en grasa adquiere un intenso brillo.
Posibilidades de confusión con el alabastro (arriba).

Fósiles ❻ – ❾

Las maderas fosilizadas (pág. 164) y los fósiles (restos de seres vivos «petrificados») también pueden ser atractivos para bisutería por su forma, su estructura, su color o por su antigüedad. Sobre su formación, véase página 164.

❶ Alabastro, dos, teñidos de rojo
❷ Alabastro, cenicero, teñido de azul
❸ Sepiolita, en bruto
❹ Sepiolita, bisutería
❺ Sepiolita, boquilla
❻ Ammonites, piritizado
❼ Ammonites, piritizado, pulido
❽ Trilobites, un artrópodo, en pizarra arcillosa
❾ *Actaeonella*, un molusco marino pulido, Austria

Las imágenes han sido reducidas un 20% con respecto a los originales.

1
3
4
5
2
6
7
9
8

PIEDRAS PRECIOSAS Y ORNAMENTALES DE ORIGEN ORGÁNICO

Algunas piedras preciosas y ornamentales son de origen orgánico. Algunas han conservado de un modo más o menos patente su carácter orgánico, otras, en cambio, sólo muestran su origen por la forma y/o la estructura orgánica (pág. 83).

Coral

Color: rojo, rosa, blanco, negro, azul
Raya: blanca
Dureza de Mohs: 3-4
Densidad: blanco y rojo: 2,60-2,70
Exfoliación: ninguna
Fractura: irregular, astillosa, frágil
Cristales: (trigonal) monocristalinos
Composición: $Ca[CO_3]$ o sustancia córnea
Transparencia: translúcido, opaco
Ín. refracción: blanco y rojo: 1,486-1,658
Birrefringencia: blanco y rojo: -0,160 a –0,172
Dispersión: ninguna
Pleocroísmo: ausente
Absorción: 495
Fluorescencia: débil: violeta

La mayoría de corales (nombre de origen griego) forman arrecifes, atolones y bancos de coral con troncos de muchas ramificaciones. Sólo estas últimas ramificaciones se utilizan para la obtención de piedras preciosas. Se originan por pequeños pólipos. La altura de los troncos es aproximadamente de 20-40 cm y el grosor de las ramas de hasta 6 cm.
Yacimientos: costas occidentales del Mediterráneo, del mar Rojo, del golfo de Vizcaya, de las islas Canarias, del archipiélago Malasio, de Japón y de Hawái/Estados Unidos.
La extracción de los corales entre los 3 y los 300 m de profundidad se realiza con redes de arrastre. Más respetuosa es la obtención mediante buceo. En las costas de Hawái se realiza con pequeños submarinos. Se han descubierto corales a 2.000 m de profundidad cerca de las islas Midway.
Después de la obtención se frotan las partes blandas y se clasifican los corales según la calidad. Un importante centro comercial desde hace 200 años es Torre del Greco, en el sur de Nápoles/Italia. Hoy son Japón y Taiwán los centros del comercio internacional de coral. En bruto los corales son mate, pulidos poseen un brillo vítreo. La talla se realiza con gres de grano fino y esmeril y se pulen con muelas limadoras. Se usan con perlas en collares y brazaletes, como cabujones y en objetos de arte. Los pedazos de forma alargada se perforan transversalmente para formar collares ⓭. Los corales son sensibles al calor, a los ácidos y a los baños calientes. El color puede empalidecer con el uso.
Posibilidades de confusión con la perla concha (pág. 259), la carneola (pág. 142), la rodonita (pág. 184) y la espesartita (pág. 120). Imitaciones en vidrio, cuerno, caucho, hueso y plástico. Desde los años setenta existen buenas imitaciones.
Coral noble (*Corallium rubrum*) Es el tipo de coral más apreciado. Según el yacimiento y la calidad posee numerosas denominaciones. Colores uniformes: rojo claro a color salmón (Momo), rojo medio (Cerdeña), rojo sangre de toro (Moro), rosa suave con manchas blancas o rojizas (coral piel de ángel ⓫).
Coral negro Formado por sustancia córnea orgánica. En el comercio mundial, al igual que el coral azul, carece de importancia.

❶ Coral noble, tres perlas, total 23,77 ct
❷ Coral noble, rama, Sicilia
❸ Coral noble, dos figuras, Japón
❹ Coral noble, cinco cabujones
❺ Coral noble, dos collares
❻ Coral noble, figura, Japón
❼ Coral blanco, rama, Japón
❽ Coral blanco, dos grabados
❾ Coral noble, grabado, Italia
❿ Coral noble, rama, Japón
⓫ Coral noble, tres cabujones, 14,05 ct
⓬ Coral noble, figura, Italia
⓭ Coral blanco, collar barroco
⓮ Coral negro, rama, Australia
Las imágenes han sido reducidas un 50% con respecto a los originales.

1
2
3
4
5
6
7
8
4
9
10
11
12
13
1
1
14

Azabache ❼ ❽

Color: negro intenso, pardo oscuro
Raya: pardo negra
Dureza de Mohs: 2½-4
Densidad: 1,19-1,35
Exfoliación: ninguna
Fractura: concoidea
Composición: lignito

Transparencia: opaco
Ín. refracción: 1,650-4,680
Birrefringencia: ninguna
Dispersión: ninguna
Pleocroísmo: ausente
Absorción: no determinable
Fluorescencia: ninguna

El azabache (nombre por un río turco) es un carbón bituminoso fácil de pulir. Brillo céreo aterciopelado. Yacimientos: Alemania (Württemberg), Francia (Dep. Aude), Polonia, España (Asturias), Estados Unidos (Colorado, Nuevo México, Utah). Se trabaja en el torno. Empleo como joya de luto, para rosarios, objetos de adorno y gemas. **Posibilidades de confusión** con la antracita, el asfalto, el carbón graso bituminoso (abajo), el ónice (pág. 158), el chorlo (pág. 126). Imitaciones en vidrio, goma dura y plástico.

Carbón graso bituminoso ❻

Se trata de un carbón formado mayoritariamente de esporas vegetales y polen. Se presenta juntamente con filones de coque. Yacimientos: Alemania (Renania del Norte-Westfalia), Inglaterra, Escocia. Debido a su homogeneidad y a que es muy compacto se puede trabajar bien en el torno. Al pulirlo adquiere un intenso brillo. Es un sustituto del azabache.

Marfil ❶ – ❺ ❾

Color: blanco, color crema
Raya: blanca
Dureza de Mohs: 2-3
Densidad: 1,7-2,0
Exfoliación: ninguna
Fractura: fibrosa
Composición: fosfato de calcio

Transparencia: translúcido, opaco
Ín. refracción: 1,535-1,570
Birrefringencia: ninguna
Dispersión: ninguna
Pleocroísmo: ausente
Absorción: no determinable
Fluorescencia: distintos azules

El nombre marfil originalmente sólo se refería al material extraído de los colmillos de elefante, hoy en día incluye también los dientes de hipopótamo, cachalote, morsa, jabalí y mamut fósil. Las mayores cantidades han procedido hasta hoy de África, aunque también de Myanmar, el interior de la India y Sumatra. Desde 1989 existe un prohibición de comerciar con marfil de elefante, suavizada en 2007. Se trabaja con instrumentos cortantes y limas, se puede teñir. Se emplea en objetos de arte industrial, colgantes y en bisutería. **Posibilidades de confusión** con muchos tipos de huesos ❿.

Odontolita Sinónimo: turquesa de hueso

La odontolita (gr. «piedra dental») es sustancia fósil de los huesos y dientes de grandes animales prehistóricos extinguidos (mamuts, mastodontes, dinoterions), teñida de azul turquesa con vivianita (pág. 224). Yacimientos: Siberia y el sur de Francia. Muy rara. **Posibilidades de confusión** con la turquesa (pág. 186), el marfil teñido de azul (arriba) y otros tipos de huesos.

❶ Marfil, esfera hueca, China
❷ Marfil, figura y frasco
❸ Marfil, en bruto, R. D. del Congo
❹ Marfil, collar, China
❺ Marfil, pulsera y figura
❻ Carbón graso bituminoso, en bruto y pulido
❼ Azabache, tres facetados
❽ Azabache, dos abovedados
❾ Marfil, broche, China
❿ Hueso, teñido, Israel

Las imágenes han sido reducidas un 50% con respecto a los originales.

1
2
3
4
5
6
7
8
9
10

Ámbar Sinónimo: succinita

Color: amarillo, pardo, también otros colores
Raya: blanca
Dureza de Mohs: 2-2½
Densidad: generalmente 1,05-1,09
Exfoliación: ninguna
Fractura: concoidea, frágil
Cristales: amorfo
Composición: aprox. $C_{10}H_{16}O$ mezcla resinosa

Transparencia: transparente a opaco
Ín. refracción: 1,539-1,545
Birrefringencia: ninguna
Dispersión: ninguna
Pleocroísmo: ausente
Absorción: no determinable
Fluorescencia: blanco azulado, verde amarillo; birmita: azul

El ámbar es una resina fósil endurecida de la conífera *Pinus succinifera*, originada hace más de 50 millones de años. Se presenta principalmente en forma de gota o de tubérculo, con una estructura homogénea o concoidea, a menudo con costras de meteorización. Se han encontrado piezas de más de 10 kg. Debido a sus innumerables burbujas ❽, finas fisuras y grietas de tensión suele ser turbio. Mediante cocción en aceite de semilla de nabina se pueden eliminar las burbujas de aire y los fluidos incluidos. Predominan los colores amarillo y pardo. Ocasionales inclusiones de insectos, de partes vegetales (❼ y fig. pág. 60) y de pirita.
El ámbar es sensible a los ácidos, la lejía, la gasolina, el alcohol y los perfumes.
Se puede encender con una cerilla, el humo desprendido huele a incienso. Si se frota con un trapo, se carga eléctricamente y entonces atrae pequeñas partículas.
Brillo vítreo; pulido, brillo graso.
Yacimientos Los más grandes yacimientos del mundo se hallan en Samland, junto a Plamnicken, al oeste de Königsberg (Kaliningrad) en la antigua Prusia (hoy Rusia). Bajo una capa arenosa-arcillosa de 30 m hay una capa arcillosa de 9 m que contiene ámbar, llamada la tierra azul. La explotación se realiza a cielo abierto mediante excavadoras de cangilones. La obtención del ámbar se hace por lavado con potentes chorros de agua y finalmente se selecciona a mano. Sólo un 15% es inmediatamente apto para usos ornamentales. El resto se trabaja como ámbar prensado (abajo «ambroide») o para fines técnicos.
Al fondo del mar Báltico se encuentran grandes reservas de ámbar. Después de grandes tormentas, cuando las olas han removido el fondo, se puede encontrar ámbar en las playas y en la superficie de aguas poco profundas. Este ámbar, llamado ámbar marino, presenta una estructura especialmente compacta. Anteriormente era pescado con reteles por los pescadores. Otros yacimientos: Sicilia/Italia (denominado simetita), Rumania (rumanita), Myanmar (birmita, por Birma), China, la República Dominicana, Japón, Canadá, México, Estados Unidos (Alaska, Nueva Jersey).
Utilización Desde tiempos prehistóricos se ha usado para objetos ornamentales y de culto, también para hacer incienso y como amuleto y talismán. El «ámbar báltico», el «oro del norte», es la primera piedra preciosa de la humanidad.
Hoy se usa como objeto ornamental, piedra en anillos, colgante y brazalete.
Posibilidades de confusión con el citrino (pág. 136), la fluorita (pág. 214), la sepiolita (pág. 248), el mármol ónice (pág. 244), la esfalerita (pág. 216) el ambroide (abajo). Para las imitaciones se emplean resinas recientes (denominadas copal), resinas sintéticas y vidrio.
Ambroide Piedra prensada a partir de trozos más pequeños y restos de ámbar auténtico, que se funden a temperaturas de 140-250 °C y a presiones de hasta 3.000 bares para formar una masa homogénea de aspecto similar al ámbar.

❶ Ámbar, en bruto
❷ Ámbar, pulido
❸ Ámbar, tres cabujones
❹ Ámbar, dos collares de esferas
❺ Ámbar, dos collares barrocos
❻ Ámbar, distintos colores
❼ Ámbar, con inclusiones de insectos
❽ Ámbar, con burbujas incluidas

1
2
3
4
5
6
7
8

Perlas

Color: blanco, rosa, argénteo, crema, dorado, verde, azul, negro
Raya: blanca
Dureza de Mohs: 2½-4½
Densidad: 2,60-2,85
Exfoliación: ninguna
Fractura: irregular
Cristales: (ortorrómbico) microcristalinos
Composición: carbonato de calcio + materia orgánica + agua

Transparencia: translúcida, opaca
Ín. refracción: 1,52-1,66; P. negra: 1,53-1,69
Birrefringencia: -0,156
Dispersión: ninguna
Pleocroísmo: ausente
Absorción: no determinable
Fluorescencia: débil, no determinable; P. negra natural: roja a rojiza; P. de agua dulce: fuerte: verde pálido

Las perlas son el producto de bivalvos (mayoritariamente del género Pinctata), más rara vez por gasterópodos. Están compuestas por nácar, que a su vez contiene principalmente carbonato de calcio (en la modificación del aragonito) y sustancia orgánica córnea (conquiolina), que actúa como cementante de unos microcristales que se depositan concéntricamente. A pesar de que la dureza de Mohs es sólo de 2½-4½, las perlas son extraordinariamente sólidas.

Es imposible romperlas con la mano. El significado del término perla no es seguro; tal vez derive de un tipo de molusco (perna en latín) o esté relacionado con su forma esférica (latín sphaerula).

El tamaño de las perlas oscila entre el de la cabeza de un alfiler y el huevo de una paloma. La mayor perla que existe en el mundo (denominada perla Hope en honor a su anterior propietario) mide 5 cm de longitud y pesa 454 quilates (1814 granos = 90,8 gramos). Esta perla de dimensiones tan excepcionales se conserva en el South Kensington Museum de Londres.

El brillo perlado típico, también denominado lustrado u oriente, se debe a la imbricada ordenación de las laminillas de aragonito y a las membranas de conquiolina que se ubican cerca de la superficie de la perla. Esta conformación también es la causa de fenómenos de difracción de los rayos lumínicos y de los colores del arco iris que suelen observarse en las perlas, relacionados con estos fenómenos.

El color de las perlas varía en función del tipo de bivalvo y de las aguas y depende del color de las membranas más exteriores de conquiolina. Cuando la conquiolina se distribuye en capas la perla adquiere un aspecto manchado.

Formación Las perlas son elaboradas por bivalvos de agua salada, algunos bivalvos de agua dulce y también, aunque con una frecuencia bastante menor, por gasterópodos. Las perlas son el resultado de una reacción que tiene lugar ante cuerpos extraños que penetran entre la concha y el manto del bivalvo o gasterópodo o que incluso han llegado a penetrar en el interior del mismo manto. La capa externa de este manto, denominada epitelio, forma naturalmente la concha mediante excreciones de nácar, pero también recubre de esta forma todos los cuerpos extraños que se alojen en esta zona. Y un encapsulamiento como éste da como resultado una perla.

1 Concha con perlas cultivadas
2 Collar barroco de perlas cultivadas de «Biwaco»
3 Collar de perlas, cuatro «choker», blanco argénteo
4 Collar de perlas barroco, «chute»
5 Collar de perlas cultivadas de «Biwaco», «chute»
6 Perlas barrocas, cuatro
7 Perlas cultivadas Mabe, blanco argénteo, 20 mm
8 Perlas cultivadas Mabe, grises ovaladas
9 Perlas barrocas, seis, 35,71, ct
10 Perlas cultivadas de «Biwaco», diez, barrocas
11 Nácar, dos, cortados
12 Collar de perlas, «choker», gris
13 Perlas cultivadas de «Biwaco», tres, 29,67 ct
14 Perlas cultivadas, cuatro, 16,16 ct
15 Collar de perlas, «choker», gris
16 Perlas, seis, barrocas, negras
17 Collar de perlas, barrocas, negras
18 Perlas, seis, grises, 17,28 ct

Las imágenes han sido reducidas un 60% con respecto a los originales.

1
2
3
4
5
6
7
8
9
10
11
12
3
13
14
11
16
18
17
3
15
3

Si la perla se origina como un crecimiento verrugoso en la cara interna de la concha, habrá que separarla de ella. La forma es, por lo tanto, semiesférica. Se denomina perla Blister (ingl. «ampolla»). En el comercio, se unen a veces dos perlas semiesféricas del mismo tamaño para formar una perla esférica entera.
Si el cuerpo extraño alcanza el interior del manto, el tejido conjuntivo, se produce una especie de respuesta inmunitaria del bivalvo y se origina una perla libre, esto es, totalmente esférica. El epitelio que se introduce en el tejido conjuntivo juntamente con el cuerpo extraño envuelve (el denominado saco perlífero) rápidamente al intruso mediante división celular y lo aísla mediante la excreción de nácar, formando, así, una perla esférica. Desde hace poco tiempo, se sabe que el epitelio también puede originar perlas sin la presencia de un cuerpo extraño. Basta con que partes de él pasen por cualquier motivo (p. ej., debido a una lesión del exterior) al tejido conjuntivo del manto.

Perlas naturales

Son aquellas que se originan en la naturaleza sin la intervención del hombre, tanto en el mar como en aguas dulces. También se las denomina perlas auténticas.
Perlas de agua salada Los moluscos perlíferos de agua salada habitan en bancos extendidos cerca de la costa a unos 15-20 m de profundidad. Son del tamaño de la palma de la mano y suelen vivir unos 13 años.
Su hábitat se encuentra en las regiones cálidas a ambos lados del ecuador. Las perlas de mejor calidad (rosadas y blanco crema) se extrajeron durante mucho tiempo del golfo Pérsico. Aquí ya se buscaban perlas en la antigüedad.
Por ello, todas las perlas de agua salada naturales –independientemente de su verdadera procedencia– se denominan comercialmente perlas de Oriente.
También en el golfo de Mannar (entre la India y Ceilán) se encuentran perlas desde hace tiempo (rosadas y amarillo tenue), si bien su tamaño es pequeño (se denominan perlas semilla). Otros lugares importantes son las costas de Madagascar, Myanmar, Filipinas, muchas islas del Pacífico meridional, el norte de Australia y, por último, el litoral de América Central y el norte de Sudamérica.
En Japón, el primer productor de perlas en la actualidad, existen sólo unas pocas reservas de perlas naturales.
La extracción de los bivalvos perlíferos se realiza por buceo. Antes solían realizar esta actividad sobre todo mujeres, sin ninguna ayuda especial de aparatos técnicos. Hoy día se trabaja con material de buceo moderno.

ESQUEMA DE LA FORMACIÓN DE UNA PERLA EN EL INTERIOR DEL MANTO DE UN MOLUSCO PERLÍFERO.

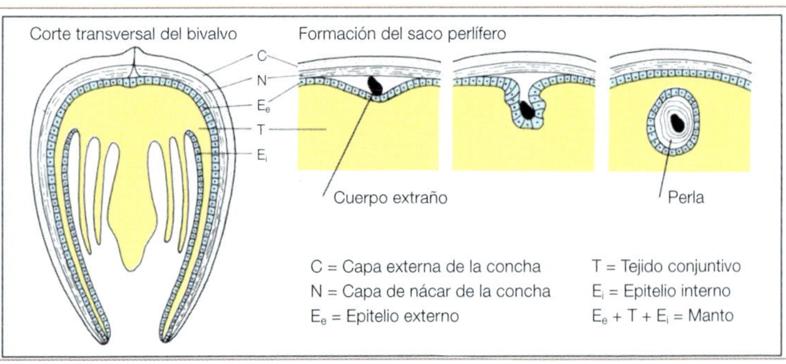

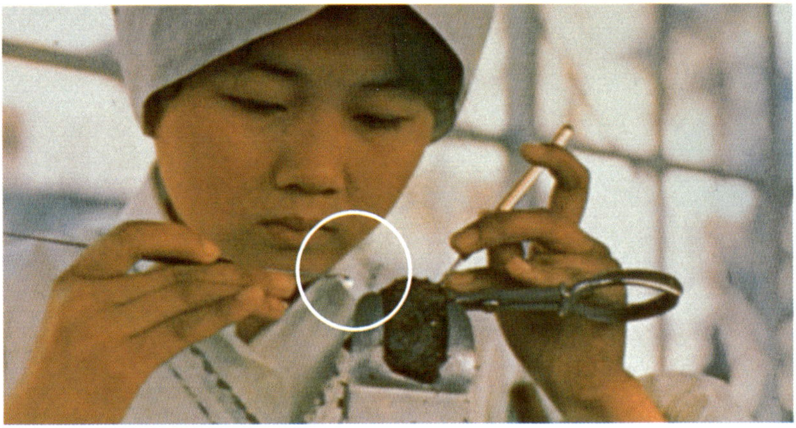

La introducción de un núcleo en el molusco perlífero requiere manos muy hábiles.

Sólo uno de cada 30-40 bivalvos contiene una perla. En 1958 se experimentó en Ceilán con redes de arrastre y las consecuencias fueron desastrosas. Casi se exterminó toda la población.

Entre los gasterópodos que producen perlas, *Strombus gigas* es el más conocido.

Las perlas que produce (denominadas perlas concha o perlas rosas) tienen un brillo sedoso y son semejantes a la porcelana. Estas perlas no tienen importancia comercial.

Perlas de agua dulce La extracción de perlas en ríos no tiene importancia económica en la actualidad. Además, rara vez son de buena calidad.

En la Edad Media, y en el período posterior, la obtención de perlas tuvo cierta importancia en los ríos pobres en cal y ricos en oxígeno de los Montes Metálicos y Fichtel, del Palatinado (Alemania), de las selvas bávaras (Baviera/Alemania), de las landas de Lünenburg (Lünenburger Heide) y de los ríos de las zonas climáticas correspondientes de Asia y América del Norte.

En Europa, las perlas eran un privilegio absoluto de los príncipes. Las perlas obtenidas les debían ser entregadas personalmente.

La contaminación de las aguas ha acabado con la mayoría de moluscos perlíferos que habitan en aguas dulces. Aunque tienen la posibilidad de regenerarse parcialmente en algunos ríos en los que se ha logrado mejorar la calidad y pureza del agua, su reproducción vuelve a estar amenazada sobre todo por el elevado contenido en nitrato de las aguas fluviales. En los países escandinavos y en Europa central, existen criaderos de moluscos perlíferos. La obtención de perlas naturales está prohibida en la actualidad.

Imitaciones cultivadas

La creciente demanda de perlas ha conducido a cultivarlas en grandes cantidades. Estas perlas cultivadas no son una imitación sino un producto natural originado con la colaboración del hombre. Las perlas cultivadas constituyen en la actualidad el 90% del comercio total de perlas.

Hay criaderos de perlas tanto en el mar como en aguas dulces.

Perlas cultivadas de agua salada El principio del cultivo es el siguiente: el hombre induce la producción de perlas introduciendo cuerpos extraños en el interior de los moluscos (para más detalles sobre la formación de las perlas, pág. 256).

Los cestos que contienen los moluscos se deben supervisar constantemente y limpiar varias veces al año de tangas y otros recubrimientos.

Ya en el siglo XIII se fijaban en China pequeños objetos en la pared interna de la concha para que fueran recubiertos por el nácar. Se cree que ya en 1761 el naturalista sueco Carl v. Linné (Linneo) consiguió cultivar perlas redondeadas en moluscos de agua dulce.

El cultivo moderno de perlas redondeadas se basa en los trabajos de investigación del zoólogo alemán F. Alverdes y de los japoneses T. Nishikawa, O. Kuwabara, T. Mise y K. Mikimoto en la década de 1920.

Para inducir la producción de perlas, se fabrican al torno unas esferas de nácar procedente de un molusco de agua dulce norteamericano y luego se rodean con un trozo de epitelio del manto del molusco perlífero *Pinctada martensii*, para posteriormente implantarlas en el tejido conjuntivo de otro molusco perlífero.

La sección de epitelio introducida sigue siendo funcional y actúa como saco perlífero que segregará nácar. El elemento más importante en la formación de la perla es el epitelio, no el cuerpo extraño. Teóricamente, podría prescindirse de él. Aunque entonces este proceso dejaría de ser productivo (a diferencia de lo que se ha tendido a pensar) porque la formación de una perla grande requeriría demasiado tiempo. Al proporcionar un núcleo, la «jornada laboral» del molusco se acorta. El molusco sólo tiene que recubrirlo con una capa para que la perla adquiera el brillo perlado típico.

Sin embargo, desde 1976-1977 se comercializan perlas sin núcleo procedentes de los mares del Sur, que comercialmente se denominan perlas «keshi». Se trata de perlas naturales que se han formado juntamente con las perlas de cultivo, por así decir, como un subproducto de éstas.

La introducción del núcleo en el molusco es una labor de gran precisión que requiere manos hábiles. Las mujeres son más aptas para este tipo de manipulación.

Normalmente suelen rellenar de 300 a 1.000 moluscos al día. Para el tamaño normal del núcleo, 6-7 mm aproximadamente, son necesarios moluscos de tres años de edad; con núcleos más pequeños, también pueden emplearse moluscos más jóvenes. Sin

Balsas de una explotación de perlas cultivadas en una bahía de Japón meridional.

embargo, los núcleos de más de 9 mm son una verdadera amenaza para los animales y la tasa de mortalidad asciende al 80%.

Los animales así preparados se mantienen en bahías, colgados en cestos de alambre, aunque recientemente se prefieren las jaulas de plástico, entre 2 y 6 m de profundidad de unas balsas de bambú, o de unos cables que flotan sobre el agua sujetos a unas boyas. Los moluscos y las jaulas deben limpiarse varias veces al año de la tanga y otros tipos de recubrimiento. Los enemigos naturales de los moluscos perlíferos son los peces, los cangrejos, los pólipos y diversos parásitos, pero sobre todo el zooplancton que aparece en grandes cantidades como una «marea roja» y pone en peligro explotaciones enteras debido a su alto consumo de oxígeno.

La temperatura del agua ejerce una gran influencia en el desarrollo de los animales. Por lo tanto, si el frío irrumpe bruscamente, antes del invierno las balsas de las explotaciones septentrionales deben ser transportadas con todo su lastre subacuático a aguas más cálidas.

En Japón, se calculó que la velocidad de crecimiento de la capa de nácar en torno al núcleo era de 0,09 mm por año aprox.; actualmente ha conseguido aumentar a 0,3 mm. En los mares del Sur, parece ser de unos 1,5 mm anuales.

Algunas explotaciones perlíferas fueron trasladadas de las bahías a mar abierto porque, al parecer, con este cambio de ubicación, los moluscos se activaban por acción de las corrientes marinas y, como resultado, producían formas más bellas en menos tiempo. Simultáneamente, se reducía la sobresaturación de explotaciones situadas en bahías y se mejoraban las condiciones de vida de los moluscos perlíferos que no eran trasladados.

Los moluscos permanecen en el agua de 3 a 4 años. Transcurrido este período, han recubierto el núcleo con una capa de 0,8-1,2 mm. Si permanecen durante más tiempo, existe el riesgo de que contraigan alguna enfermedad, mueran o se deforme la perla. La segregación de nácar cesa a partir del séptimo año de vida del molusco.

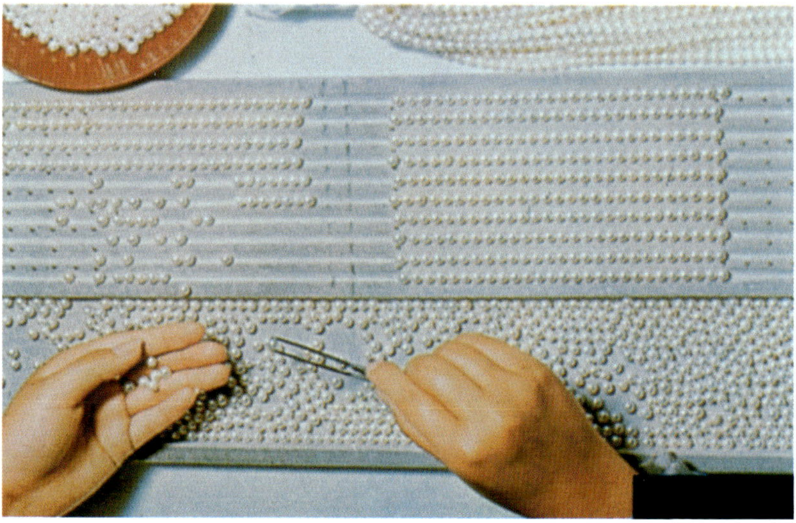

Para clasificar y valorar las perlas se requiere un ojo experto.

En Japón, las épocas de recolección más favorables son los meses secos de invierno, desde noviembre a enero, porque entonces cesa la segregación de nácar y la perla adquiere un oriente particularmente bello. Las perlas se separan del molusco, se secan y se clasifican según el color, el tamaño y la calidad. De la producción total, sólo un 10% se destina a joyas de calidad, el 15–20% son defectuosas. Las perlas cultivadas con recubrimientos muy finos se consideran de muy poco valor.

Para mejorar o modificar el color, las perlas cultivadas se someten a diversos tratamientos, como el blanqueo, el teñido o la radiación. En ocasiones, el color también se ve influido por la introducción de un núcleo coloreado. Los colores obtenidos por radiación no son siempre estables. Las primeras explotaciones de Japón surgieron en 1913, en el sur de Honshu. En la actualidad, también hay criaderos en Shikoku y Kyushu. Desde el año 1956, se cultivan perlas de buena calidad en el norte y oeste de Australia. Existen numerosas explotaciones en el sur y sureste de Asia, así como en el sur de Myanmar, Malasia e Indonesia, en varias islas del Pacífico y también en el golfo de California/México.

Perlas cultivadas de agua dulce Desde la década de 1950, se cultivan perlas en el lago de agua dulce Biwa (japonés «Biwa co»), al norte de Kioto, en Honshu/Japón.

Se implantan secciones de epitelio de 4 × 4 mm, generalmente sin núcleo duro, en el molusco de agua dulce *Hyriopsis schlegeli*. Debido a que los moluscos son particularmente grandes (20 × 11 cm), pueden realizarse hasta 10 implantaciones en cada mitad de molusco, y en ocasiones incluso una adicional con un núcleo de nácar. En cada implantación se forma un saco perlífero con una perla. Transcurridos 1-2 años, las perlas ya tienen un tamaño de 6-8 mm, pero rara vez quedan redondeadas. Por lo tanto, se separan del molusco, se recubren con otro epitelio y vuelven a introducirse en el mismo o en otro molusco para mejorar su forma.

Las perlas cultivadas de «Biwaco» alcanzan un tamaño aproximado de 12 mm de diámetro. Las formas verdaderamente redondeadas, sin embargo, son raras.

Los moluscos de agua dulce suelen vivir 13 años pero, tras la intervención, sólo producen nácar durante 3 años. Muchos moluscos se pueden utilizar 3 veces. El cultivo,

igual que en el caso de los moluscos de agua salada, se realiza en jaulas que se cuelgan de estructuras de bambú a una profundidad de 1-2 m. La proporción de perlas de buena calidad asciende a un 60%. Es superior a la obtenida en aguas saladas, debido también, con toda seguridad, a que en el lago Biwa acechan menos peligros.
Desde principios de la década de 1970, también se cultivan perlas de agua dulce en China. En la actualidad se comercializan en grandes cantidades. Sin embargo, su calidad no es tan buena como la de las perlas cultivadas japonesas.

Utilización y valoración de las perlas

Las perlas se cuentan entre las piedras preciosas más valiosas. El hombre las emplea como adorno desde hace más de 6.000 años. En 2500 a. de C. ya existía en China un comercio regular de perlas. También son muy apreciadas, por otro lado, porque no requieren ningún trabajado. En su estado natural, muestran plenamente su brillo, el apreciado oriente. El 70% de las perlas se ensarta y se lleva como collar. La longitud normal es de 40 cm aprox.; los collares con el doble de longitud se llaman sautoir. Si las esferas tienen todas el mismo tamaño, el conjunto se denomina «choker»; si las perlas van disminuyendo de tamaño desde el centro hasta los extremos, recibe el nombre de «chute». La selección de perlas para collares se efectúa sencillamente a ojo.
Empleo Las perlas se perforan por la parte defectuosa o menos bella, con lo que a la vez se elimina el defecto. La luz debe ser, por acuerdo internacional, de 0,3 mm. Para pendientes, agujas y anillos, basta con una perforación de ⅔ a ¾ del diámetro de la perla. Las perlas azules no deben ser perforadas en ningún caso, porque al penetrar el aire por el agujero tienden a cambiar de color.
Las perlas con manchas o defectos pueden pelarse, es decir, ser desprovistas de su «piel» externa. De esta forma recuperan su belleza original.
Las zonas muy defectuosas se pueden cortar. El resto de la esfera se comercializa como media perla o tres cuartos (no confundir con las perlas Blister, pág. 256). Muy utilizadas para pendientes y broches. Estados Unidos son los mayores importadores de perlas cultivadas desde hace decenios.
Valoración La valoración de las perlas se basa en la forma, el color, el tamaño y el brillo. La forma esférica es la más apreciada. Las perlas semiesféricas con un lado plano se denominan «bouton» (fr. «botón») y las irregulares, perlas barrocas. Cuando las perlas se han desgastado por el uso y adquieren la forma de un pequeño tonel, se denominan perlas en tonel.
Las perlas rosadas son muy apreciadas en Europa y Estados Unidos por las mujeres de tez clara. Las meridionales, de pelo castaño o negro, prefieren los tonos crema.
El peso de las perlas se expresa en granos (= 0,05 g = 0,25 o ¼ quilate); aunque últimamente se expresa cada vez más en quilates. La unidad de medida japonesa, el «momme» (= 3,75 g = 18,75 quilates = 75 granos), apenas se utiliza en el mercado europeo.

Las perlas se perforan de modo que a la vez se eliminan los defectos y las partes menos bellas.

El sistema de valoración de las perlas sigue el siguiente esquema: el peso se eleva al cuadrado y el resultado se multiplica por el denominado precio base.
El precio base sólo puede ser determinado por un especialista y tiene en cuenta la calidad y todos los factores restantes que pueden influir en el precio. Puede ser 1, pero también 40. En el caso de los collares, donde hay un gran número de perlas del mismo valor, el precio base será muy elevado. El término perla, sin ningún calificativo, puede utilizarse para las perlas naturales; las perlas cultivadas se deben indicar siempre como tales.

Cuidado de las perlas

Debido a que la conquiolina es materia orgánica, está expuesta a modificaciones, sobre todo en el caso de desecación. Ello puede producir un «envejecimiento » de las perlas y reducir su tiempo de vida. Primero se tornan mate, luego aparecen grietas y, por último, empiezan a perder hojas.
Es imposible garantizar la vida de una perla por un tiempo determinado. Las estadísticas estiman de 100 a 150 años de duración como promedio. Sin embargo, existen algunas perlas de varios siglos de antigüedad y que conservan todavía intacta toda su belleza. No cabe duda de que unos buenos cuidados contribuyen a la conservación de las perlas. Tanto una sequedad como una humedad elevadas son perjudiciales. Las perlas son también sensibles a los ácidos, al sudor, a los cosméticos y a la laca. El control y cuidados regulares de manos de especialistas pueden alargar la vida de una perla.
Debido a que las perlas tienen una dureza reducida, son fáciles de rayar. Por lo tanto, hay que llevarlas y guardarlas de forma que la superficie de la perla no entre nunca en contacto con metal.

Diferencias entre las perlas y sus imitaciones

Como en el resto de las piedras preciosas, las perlas tienen diversas imitaciones. Es tan importante saber reconocerlas como aprender a diferenciar entre las perlas naturales y las cultivadas, ya que los precios de los diversos tipos de perlas varían sustancialmente.
Diferencias entre las perlas naturales y las cultivadas El aspecto externo es similar y, por lo tanto, es difícil diferenciarlas. La densidad puede ser un medio de identificarlas, pues en la mayor parte de perlas cultivadas es superior a 2,73 y en las naturales a menudo está por debajo de este valor. En ocasiones, un examen radiográfico es muy aclaratorio. Irradiadas con luz ultravioleta, p. ej., las perlas cultivadas suelen mostrar una luminiscencia amarillenta y, con rayos X, una luminiscencia verdosa.
Es posible una diferenciación fiable entre las perlas naturales y las cultivadas mediante el estudio de su estructura interna. Las perlas naturales tienen una conformación concéntrica mientras que las cultivadas poseen una estructura interna diferente, por

DIFERENCIAS ENTRE LAS PERLAS NATURALES Y LAS CULTIVADAS

Estructura de una perla natural

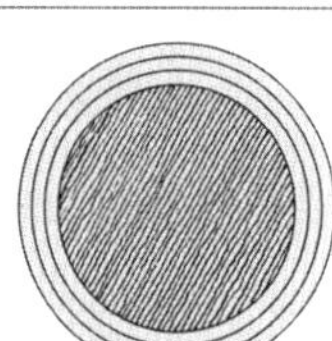

Estructura de una perla cultivada

Por su estructura interna, las perlas naturales y las cultivadas se pueden distinguir claramente.

ejemplo, en función del tipo de núcleo. El especialista emplea aparatos como el endoscopio para determinar la estructura interna de la perla a lo largo de la perforación. Son efectivos los métodos radiográficos con rayos X (método de difracción de rayos X). Pueden aplicarse tanto a perlas perforadas como a las que no lo están. En las perlas cultivadas muestran, simultáneamente, el grosor de la capa natural.

Imitaciones Una imitación muy lograda es la de las denominadas perlas de pez argénteo. Están compuestas por vidrio o esmalte y una cubierta constituida por escamas de diversas especies de peces.

En otras imitaciones se emplean conchas de gasterópodos (como en las perlas de las Antillas), moluscos (en las perlas de Takara de Japón) o dientes (p. ej., de sirenios: perlas Dugon).

También son imitaciones las perlas Blister cultivadas procedentes de Australia, comercialmente denominadas aún, a pesar de la prohibición, perlas del Japón o, crecientemente, perlas Mabe (jap.). No son perlas cultivadas en el sentido comercial habitual. Constan tan sólo de una delgada cubierta de nácar y el resto son piezas fijadas técnicamente. Se obtienen fijando un núcleo de arcilla o resina sintética en la pared interna de la valva del molusco para que éste la recubra con una delgada capa de nácar. Tras la recolección, vuelve a extraerse el núcleo y se sustituye por una semiesfera de nácar. También se comercializan imitaciones totalmente artificiales.

Opérculo Sinónimo: ojo de gato chino

Es una formación semejante a las perlas semiesféricas de un color similar a la porcelana; se trata de un disco que oblitera la concha de ciertos moluscos univalvos marinos de la región insular australiana. Allí se utiliza en joyería.

Nácar

Se denomina nácar (madreperla) a la capa interna con fuerte brillo iridiscente de algunas conchas de bivalvos y gasterópodos.

Nácar de los bivalvos perlíferos El nácar de los bivalvos perlíferos es el más utilizado, y los mayores productores, por lo tanto, son también las pesquerías de perlas. El color de base suele ser blanco, aunque el nácar de Tahití es más oscuro.

Sobre la composición, formación y comercio del nácar, véanse las explicaciones generales sobre las perlas, pág. 256 y sigs., fig. pág. 257.

El nácar suele utilizarse preferentemente para objetos de arte industrial, esferas de relojes, botones, bisutería y para incrustaciones (p. ej., en mangos de cuchillos).

Concha de Paua El nácar de la especie *Haliotis australis* de Nueva Zelanda, dotado de un brillo iridiscente azul verde, fue empleado por los maoríes durante siglos para realizar incrustaciones en figuras de madera místicas.

Desde hace unos años, el nácar de este molusco también se utiliza en el mundo occidental, sobre todo en objetos de bisutería. Debido a su efecto cromático similar al del ópalo, se denomina comercialmente óparo marino.

Nácar de concha de Paua con un efecto lumínico similar al del ópalo.

IMITACIONES DE LAS PIEDRAS PRECIOSAS Y ORNAMENTALES

La imitación de piedras preciosas no está prohibida. Pero cuando las imitaciones se hacen pasar por piedras de mayor valor y se ofrecen, por lo tanto, a un precio sobredimensionado, entonces sí que es delito. Las imitaciones se deben caracterizar siempre como tales, es decir, se deben denominar correctamente.
La identificación de piedras preciosas y ornamentales respecto de sus imitaciones no es posible para los profanos. Las refinadas imitaciones son cada vez más perfectas. A menudo se requieren costosas investigaciones para comprobar la autenticidad de una piedra. Los especialistas necesitan para ello gran acopio de instrumentos. Lo cual sobrepasa los recursos de un gemólogo medio. Sólo los grandes institutos poseen el «saber hacer» y los aparatos necesarios. Trabajan con rayos X, microscopios electrónicos de trama, con láseres y con los correspondientes análisis espectroscópicos.
Entre las imitaciones de piedras preciosas distinguimos entre imitaciones de aspecto similar a la piedra original, piedras compuestas y piedras fabricadas artificialmente, las denominadas piedras sintéticas, abreviadamente síntesis.

Imitaciones

Los antiguos egipcios fueron los primeros en imitar piedras valiosas con vidrio o material vidriado porque las piedras preciosas verdaderas eran demasiado caras o sus existencias demasiado exiguas.
En 1758, el vienés Joseph Strasser desarrolló un tipo de vidrio que sirvió durante mucho tiempo como sustituto del diamante. Era tallable y, debido al elevado índice de refracción del diamante, muy parecido a éste a simple vista. Aunque la emperatriz María Teresa prohibió su fabricación y distribución, esta imitación de diamante, denominada Strass, consiguió introducirse en el comercio europeo de piedras preciosas.
Hasta 1945, Gablonz y Turnau, en la actual República Checa, fueron importantes centros de fabricación de vidrios para bisutería. Más adelante, Neugablonz, en Allgäu/Baviera (Alemania), heredó parte de esta tradición.
En bisutería, suele utilizarse vidrio barato y para las imitaciones de piedras preciosas se emplea vidrio de plomo o *flint*, con un elevado índice de refracción. La porcelana, los esmaltes, las resinas y otros materiales sintéticos también sirven para la imitación de piedras preciosas.
Todas las imitaciones comparten generalmente sólo el color con la piedra preciosa original. Otras propiedades, como la dureza o el fuego, no pueden la mayoría de las veces ser imitadas satisfactoriamente.

UNA SELECCIÓN DE DOBLETES Y TRIPLETES DE PIEDRAS PRECIOSAS.

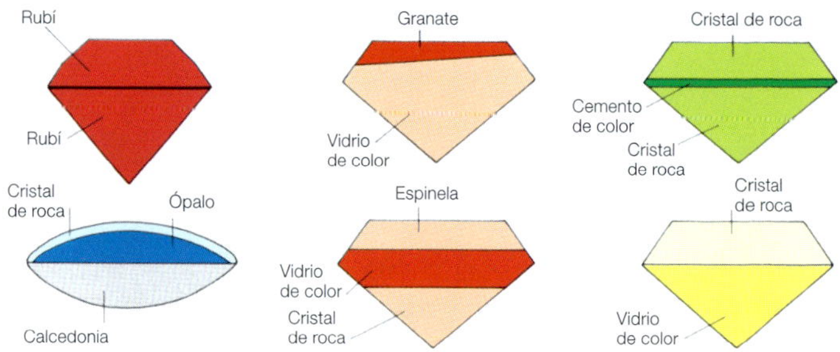

Piedras preciosas compuestas

Una de las formas preferidas de imitación de piedras preciosas son las piedras compuestas (fig. pág. 266). Una parte puede ser una piedra preciosa auténtica y otra vidrio, azogue o materiales artificiales. También pueden ser unidos dos trozos de piedras preciosas, a veces con un cemento coloreado que mejora su aspecto, para formar una piedra más grande. Las piedras de dos partes se denominan dobletes; las de tres, tripletes.
Las piedras compuestas realizadas con precisión son difíciles de reconocer, sobre todo cuando las superficies cementadas quedan en el engarce.

Piedras preciosas y ornamentales sintéticas

El sueño del hombre de hacer piedras preciosas totalmente idénticas a las piedras preciosas naturales se hizo realidad a finales del siglo pasado, cuando el químico francés V. Verneuil consiguió en 1888 sintetizar el rubí. Si bien las primeras piedras sintéticas, esto es, fabricadas artificialmente, databan de 50 años antes, sólo tenían una utilidad científica, ya que eran demasiado pequeñas para su empleo en joyería.
El método de fusión a la llama de Verneuil (fig. pág. 268) se sigue empleando hoy en día para la fabricación de muchas piedras sintéticas. El principio es el siguiente: en un horno, se funde a unos 2000 °C el material en bruto pulverizado (óxido de aluminio con colorantes). Las gotitas caen en una candela de cerámica donde cristalizan y forman la bola (llamada así por la forma original parecida a una pera). Aunque no tienen superficies cristalinas, su interior es idéntico al del cristal natural. Las bolas tienen hasta 8 cm de grosor y una altura de varios decímetros. Necesitan varias horas para su formación (fig. pág. 269).
Verneuil sintetizó en primer lugar rubíes; en 1910 zafiros sintéticos, más tarde, corindones amarillos, verdes y del color de la alexandrita. Por adición de sustancia de rutilo en la fundición, se consiguió en Estados Unidos, en 1947, con el horno invertido de Verneuil, sintetizar estrellas de rubí y de zafiro.
Con el método de Verneuil también se sintetizaron espinelas a partir de 1910. Aunque su composición es algo diferente de la de la espinela natural. Con la adición de metales pesados se pueden conseguir tonos muy satisfactorios de otras piedras preciosas, p. ej., de la aguamarina y de la turmalina. Desde la década de 1940 existen esmeraldas sintéticas aptas para su uso comercial, si bien los primeros intentos de sintetizar estas piedras datan de 100 años atrás.
Desde 1918, se pueden conseguir grandes cristales sintéticos de gran pureza mediante la técnica del «estirado» diseñada por el químico alemán I. Czochralski: un cristal «semilla» o germen de cristalización se hace descender con cuidado hasta que entra en contacto con la masa fundida en el crisol y luego se va izando con gran lentitud (fig. pág. 268).
En 1953-1954, se consiguió en Suecia y en Estados Unidos una síntesis de diamante. Sin embargo, el procedimiento es demasiado caro para que sea rentable su producción. No obstante, estas síntesis se han hecho imprescindibles para fines industriales. Desde 1948, existe el rutilo sintético (denominado titanita o diamonita). Tiene una dispersión seis veces superior a la del diamante.
En la actualidad, prácticamente todas las piedras preciosas y ornamentales se pueden sintetizar. Aunque la comercialización de cada una de las posibles síntesis es una cuestión del margen entre costes y beneficios.
Se conocen más de una docena de procedimientos para sintetizar piedras preciosas. Además de éstos, existen todavía otros no hechos públicos, pues algunas compañías mantienen en secreto sus métodos de producción.

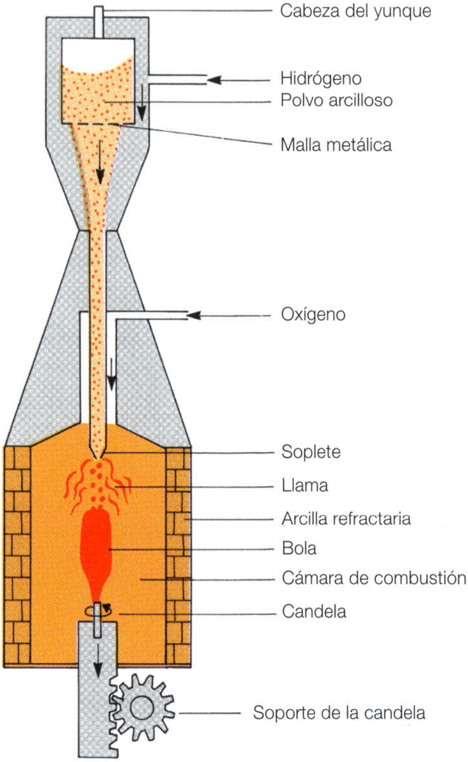

Síntesis de piedras preciosas con el método de fusión a la llama

(Verneuil))
Pulverizado se funde por acción de un soplete de gas oxhídrico y gotea sobre una candela en la que se forma una bola. A medida que la bola crece hacia arriba, la candela irá bajando para que el límite superior de la bola esté siempre a la misma distancia del soplete.

Bolas y piedras preciosas sintéticas una vez talladas.

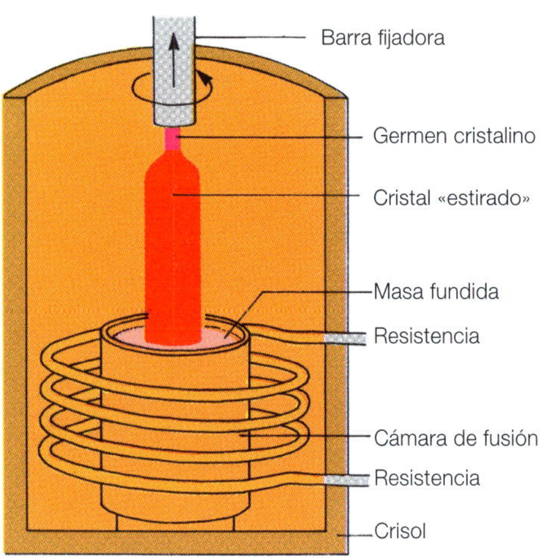

Síntesis de piedras preciosas con la técnica del «estirado»

(Czochralski))
Se podría decir que la bola es estirada desde la masa fundida en el crisol después de que un germen de cristalización se haya hecho descender en éste y haya entrado en contacto con la masa fundida. La bola empieza a crecer hacia arriba y, por rotación, irá siendo «estirada» hacia arriba a medida que vaya creciendo por la base.

Síntesis sin modelo natural (selección)

Un tipo especial de imitaciones son las piedras sintéticas, producidas artificialmente, que no tienen ningún correlato en la naturaleza, pero que por sus propiedades físicas se parecen a las piedras preciosas y poseen unos efectos lumínicos especialmente buenos. Se cuentan entre las piedras preciosas.

La intención que se esconde en estos productos es la unión del mayor número de las mejores propiedades de las piedras preciosas, y esto sin excesivos costes.

En la naturaleza hay sólo unas pocas piedras preciosas y ornamentales que sean completamente sin tacha.

Los nombres de las piedras preciosas y ornamentales «deben indicar inequívocamente y sin lugar a dudas el nombre correcto de su material», así consta en los preceptos de las asociaciones internacionales. «Las marcas del comerciante o de la mercancía o los nombres de fantasía no deben remitir en ningún caso al nombre de una piedra preciosa».

La realidad es, en todo caso, otra. En el mercado se utilizan desde luego denominaciones que fingen un parentesco con conocidas piedras preciosas, p. ej., el zirconio o el diamonair.

Por otro lado, en algunas piedras sintéticas se usan fórmulas químicas para su denominación, lo cual naturalmente conduce a que no se consideren como piedras preciosas independientes sino sólo como imitaciones de piedras preciosas auténticas, en especial del diamante.

Las siguientes síntesis son por lo general transparentes e incoloras. Mediante adiciones, sin embargo, se pueden producir en los diferentes colores. Sirven preferentemente como imitaciones del diamante.

Fabulita (Sinónimo: diagema) Titanato de estroncio, $SrTiO_3$. Producido por primera vez en Estados Unidos en 1953, desde 1969 se encuentra en el mercado con calidad de piedra preciosa.

GGG Granate de galio y gadolinio, $Gd_3Ga_5O_{12}$. Desde principios de la década de 1970 en el mercado.

Linobato Niobato de litio, $LiNbO_3$. Producido en Estados Unidos desde 1967.

YAG (Sinónimo: diamonair) Granate de aluminio e itrio (ingl. yttrium aluminium garnet), $Y_3Al_5O_{12}$. Ver figura abajo. Desarrollado a principios de los años 60, desde 1969 con calidad de piedra preciosa en el mercado.

Zirconio (Sinónimos: djevalita, fianita, CZ) La extraña abreviación CZ procede del inglés: «cubic zirconia». Óxido de zirconio e itrio, $ZrO_2 \mid Y_2O_3$ u óxido de zirconio y calcio, $ZrO_2 \mid CaO$. Primera utilización comercial en 1973. Fue durante mucho tiempo la mejor imitación del diamante, hasta que apareció en el mercado la moissanita sintética (pág. 274). El zirconio se ofrece en todos los colores.

La piedra preciosa sintética YAG es una buena imitación del diamante. Ampliación 10 veces aprox.

Tratamiento de las piedras preciosas y ornamentales

Muchas piedras preciosas y ornamentales son modificadas técnicamente en sus propiedades naturales para obtener una mejor calidad en el color, la transparencia y la dureza, para obstaculizar su envejecimiento y, finalmente, para poderlas utilizar como imitaciones. Las manipulaciones de las piedras preciosas con este propósito son denominadas por los especialistas tratamientos.
En función del tipo de tratamiento distinguimos entre teñido o decoloración, impregnación, tratamiento térmico, por láser y tratamiento por irradiación. A menudo se sobreponen y se complementan estos procedimientos.

Teñido Hace ya más de 2.000 años que las piedras preciosas son embellecidas mediante el teñido. Para el ágata, existe un pequeño sector industrial.
Mientras que anteriormente se utilizaban colores naturales, hoy en día se utilizan preferentemente los colores de anilina, porque permiten obtener unos colores más intensos y más duraderos. Véase «Teñido del ágata» en la página 152.
Además del ágata, son sometidos a este tratamiento: el ámbar, la calcedonia, la crisocola, la crisoprasa, la cordierita, el jade, el jaspe, el coral, la labradorita, el lapislázuli, el ópalo, el nácar, el rubí, el zafiro, la serpentina, la sodalita, la esmeralda, la turquesa y las perlas cultivadas. El talco teñido se usa como imitación para el jade, el lapislázuli y la turquesa, el mármol (una roca caliza) fácil de teñir como imitación para la hemimorfita, el jade, la smithsonita y la turquesa, la sillimanita se usa como sustituto del rubí.
En un teñido superficial, basta con unas gotas de acetona para probar la manipulación. Cuando la piedra ha sido empapada de tinte, con el microscopio se pueden reconocer normalmente puntos de la sustancia colorante. Los colores no naturales son reconocibles en todo caso.
Según preceptos de la CIBJO (pág. 12), hoy para todas las piedras preciosas se debe indicar si han sido «teñidas» o «tratadas», también para el ágata, que hasta 2007 no llevaba casi nunca la indicación de haber sido teñida.
Mientras que durante siglos el teñido se ha realizado con la adición de sustancia colorante líquida o en estado líquido, desde los años 80 algunas piedras (como el cuarzo, la espinela, el topacio o la turmalina), por medio del metalizado por vaporización de pequeñísimas capas de metal, sufren una modificación total de su color. Para este tipo de modificación rige la obligación de que sea declarada.
Decoloración Mediante la decoloración de las piedras preciosas no sólo se vuelven más claros colores demasiado intensos (p. ej., en el marfil y el ojo de tigre), sino que se pueden eliminar manchas molestas o materiales extraños en poros o grietas.
Las perlas, por ejemplo adquieren un tono uniforme mediante la decoloración con agua oxigenada, lo cual, si se emplea en un collar, significa optimizar su efecto. En el jade el objetivo principal es la eliminación de materiales extraños de los poros de la piedra. Muchas piedras preciosas decoloradas se pueden reconocer como tratadas con la ayuda de los espectros de absorción.

Impregnación Mediante la denominada impregnación se aportan sustancias a las piedras preciosas para llenar sus poros y grietas. De este modo se puede intensificar su color y su brillo, pero también aumentar su dureza. Ya los romanos embellecían piedras preciosas agrietadas (por ejemplo, la turquesa) utilizando aceite. Posteriormente se utilizó resina y cera de abejas como sustancia de relleno.
Hoy en día se utilizan principalmente resinas artificiales. Desde los años 80 se introduce en las piedras preciosas vidrio con contenido de plomo a temperaturas que pueden llegar a los 1.000 °C.
Mediante la aportación de calor a la viscosidad del material de relleno la impregnación puede ser facilitada y agilizada.

La intención de la impregnación es hacer inaparentes las grietas que provocaban una modificación del color. Por esta razón se utilizan sólo aquellos materiales de relleno incoloros que poseen aproximadamente el mismo índice de refracción que la piedra. Son impregnadas, entre otras: el aguamarina, la azurita, la caroíta, la jadeíta, el coral, el lapislázuli, la malaquita, el ópalo, el cuarzo, la rodocrosita, la rodonita, el rubí, el zafiro, la serpentina, la esmeralda, la sodalita, el topacio, la turquesa, la turmalina, el zircón, la perla cultivada. Las piedras tratadas mediante cera y resina las puede examinar el profano con una aguja caliente. Los procesos sencillos de fundido se pueden reconocer con una lupa. A menudo aparece el típico olor de la cera o de la resina. El que esté familiarizado con el microscopio puede reconocer el embellecimiento por las diferentes estructuras y las llamativas inclusiones, el especialista, con certeza, por medio de los datos físicos, en especial por la densidad y el índice de refracción.
No existe la obligación de declarar la impregnación mediante sustancias naturales incoloras. Pero la impregnación con vidrio debe ser comunicada en todo caso inequívocamente al comprador.
En el grupo de las piedras preciosas impregnadas podemos también contar las piedras reconstruidas o recristalizadas. Éstas son piedras preciosas y ornamentales que, a partir de pequeños fragmentos o de polvo de piedras auténticas, han sido fundidas, sinterizadas, comprimidas o pegadas mediante una cola adecuada, para configurar una piedra de mayor formato. Este tipo de reconstrucciones se da especialmente en el ámbar, la hematites, el coral, el lapislázuli, la malaquita y la turquesa. El tratamiento de los fragmentos de piedra preciosa se realiza para estabilizar el material y, por lo tanto, para que pueda ser trabajada como piedra preciosa. Este tipo de tratamiento debe indicarse.

Tratamiento térmico En muchas piedras preciosas (como la amatista, el aguamarina, el cuarzo, el rubí, el zafiro, la espinela, el ojo de tigre, el topacio, la turmalina, el zircón), los ejemplares menos vistosos pueden ser mejorados en color y transparencia, y por lo tanto vendidos a un mayor precio, si son tratados térmicamente. Las piedras tratadas térmicamente pueden llegar a presentar colores que la naturaleza no es capaz de producir.
Alrededor de 1900 empieza la utilización comercial del tratamiento térmico.
Con toda seguridad, ya en la antigüedad fueron embellecidas algunas piedras con este procedimiento. Hoy en día, el tratamiento térmico se ha convertido en una rama importante del comercio de piedras preciosas.
Este tratamiento se realiza a menudo en los países donde se extraen las piedras, en parte con muy buenos resultados a pesar de los primitivos medios. En los países consumidores de piedras preciosas, el tratamiento térmico se realiza en muchos sitios industrialmente. Según la CIBJO, las piedras preciosas y ornamentales «que han sufrido una modificación del color permanente e irreversible por medio del tratamiento de color» no deben ser indicadas explícitamente.
Como ocurre con el ámbar, cuya apariencia natural queda enturbiada a menudo por la inclusión de pequeñas burbujas de aire, que mediante un lento calentamiento pierde las burbujas de aire y aparece entonces claro y transparente (también pág. 254).
La mayoría de citrinos ofrecidos en el mercado son en realidad amatistas tratadas térmicamente. También la piedra de luna es a menudo una amatista. Los granates de menor valor adquieren mediante este proceso otros colores o una mayor claridad.
La duración del tratamiento de calor oscila entre unos pocos minutos y varias horas, dependiendo del tipo de piedra preciosa, el efecto de color deseado y las temperaturas necesarias. Éstas oscilan entre los 250 y los 600 °C, para los corindones entre 1.200 y 1.900 °C. Para la modificación del color de los diamantes se necesitan unos 1.600 °C. El proceso se realiza en unos recipientes de paredes muy resistentes denominados autoclaves.

La detección del tratamiento térmico es posible a menudo con el microscopio y mediante espectros de absorción (véase gráfico debajo), pero muchas veces sólo mediante costosos procesos analíticos.

Irradiación Mediante la irradiación con rayos electromagnéticos ricos en energía, el color de las piedras preciosas puede ser mejorado o modificado completamente. En todo caso el color así obtenido no es siempre estable. Algunas clases de piedras palidecen bajo la luz del sol bastante rápidamente. Desde 1970 este tratamiento de las piedras preciosas se utiliza cada vez más.
La comprobación del tratamiento por irradiación se puede realizar, en determinadas condiciones, por medio de espectros de absorción. A veces sólo el especialista con los más modernos aparatos puede identificarlo.
Todas las piedras preciosas y ornamentales irradiadas artificialmente deben ser indicadas sin excepción como «irradiadas» o «tratadas».
Las siguientes piedras preciosas son usualmente irradiadas: el berilo, el crisoberilo ojo de gato, la celestina, el diamante, el granate, la kunzita, el nácar, el cuarzo, el rubí, el zafiro, el topacio, la turmalina, el zircón y las perlas cultivadas.
El cristal de roca adquiere por irradiación el color del cuarzo ahumado o el de la amatista, el topacio incoloro se torna azul, amarillo o verde, y el zircón pardo se vuelve incoloro o azul.

Tratamiento por láser Desde finales de la década de 1980 se emplea el láser con los diamantes, para eliminar impurezas y para optimizar el color y la transparencia. Por medio del microscopio se pueden reconocer los canales producidos por el láser y los posteriores rellenados, así como los típicos sistemas de grietas.

Revestimiento Recubrir gemas con pintura o barniz incoloro viene de muy antiguo. Por otro lado, los recubrimientos con metales muy finos, compuestos metálicos o diamantes sintéticos son muy nuevos en el mercado. El color original de las piedras preciosas se optimiza o cambia por completo. Los revestimientos metálicos no son muy resistentes a la abrasión y pueden reconocerse con relativa facilidad con una lupa o un microscopio. La identificación es más difícil con el llamado tratamiento de difusión, porque aquí la materia extraña penetra en la piedra. Las piedras recubiertas con diamante sintético solo pueden ser identificadas por un especialista.

ESPECTROS DE ABSORCIÓN

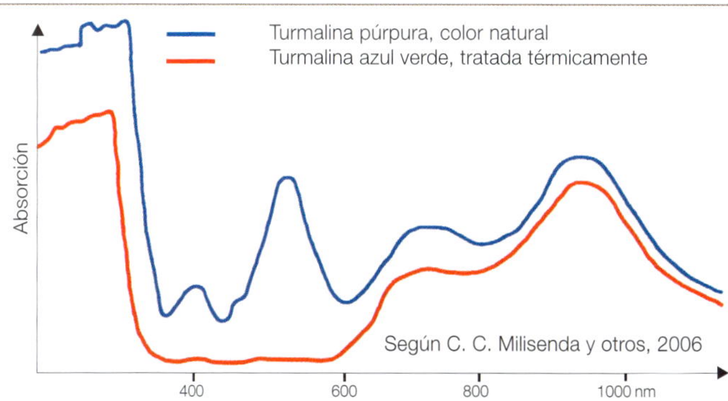

Prueba de autenticidad del diamante

Para la comprobación de la autenticidad del diamante existe un dispositivo muy manejable y que proporciona en muchos casos una información totalmente fiable (fig. abajo). Este dispositivo (que prueba la conductibilidad térmica) se sirve de las diferentes conductibilidades entre el diamante y sus sustitutos para realizar su diagnóstico. Una especial ventaja de este método es que se puede emplear también con piedras engarzadas. Con una fina punta metálica se pueden comprobar los trozos más pequeños.

Las imitaciones de diamante conocidas hasta 1996 se pueden identificar sin lugar a dudas con este dispositivo. En cambio no puede detectar la moissanita sintética, en el mercado desde 1997, porque esta síntesis posee una conductibilidad semejante a la del diamante. Esto ha conducido a una mayor incertidumbre en el sector del diamante. Muchas imitaciones de moissanita sintética han sido vendidas como diamantes naturales, provistas de un certificado de autenticidad.

Ahora también, sin embargo, hay un dispositivo que identifica la moissanita (fig. pág. 275).

Para excluir todas las posibles síntesis en la identificación del diamante, se deben realizar siempre dos procesos: en primer lugar examinar si en la prueba de la conductibilidad térmica aparece como una síntesis o como un diamante auténtico. Si aparece como diamante, se le debe someter entonces a la prueba de la moissanita. El test de la moissanita examina las diferentes conductibilidades eléctricas de las piedras para corroborar la autenticidad del diamante o para desmentirla.

Si bien la moissanita originalmente no siempre fue reconocida, esto ya no es así.

Se puede confiar tranquilamente en los sistemas de comprobación actuales, sin ningún control adicional. Siempre es posible, comparando los datos fisicoquímicos del diamante y de las demás síntesis, reconocer la moissanita. Véase la tabla en la página 275.

Sin embargo, los dispositivos para la comprobación de la autenticidad de los diamantes han quedado otra vez sin efecto desde 2003. Ciertamente se pueden reconocer con ellos muchas imitaciones del diamante, pero no se puede tener la garantía de su autenticidad. Las compañías Gemesis, en Florida, y Apollo Diamonds, en Boston/Estados Unidos, han introducido en el mercado joyero diamantes sintéticos que provocan una auténtica confusión en el mercado internacional de diamantes. Incluso en los medios científicos se requieren grandes aparatos para diferenciar un diamante sintético de un diamante natural.

Los diamantes sintéticos con calidad de joya, tal como los han desarrollado Gemesis y Apollo, significan, debido a sus más bajos precios, una arremetida contra el monopolio de los De Beers (pág. 90).

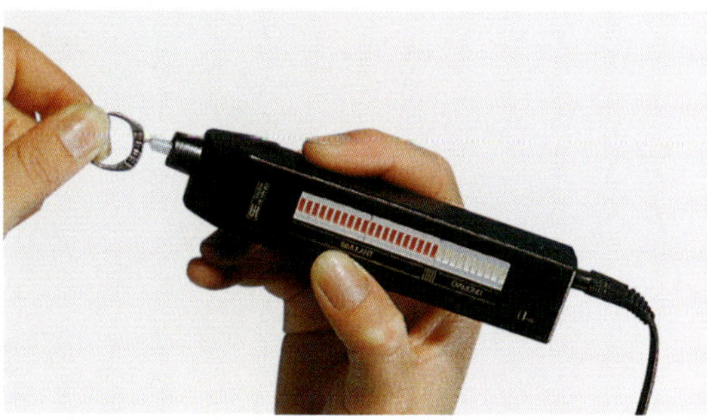

Comprobación de la conductibilidad térmica para detectar las imitaciones de diamante excepto la moissanita.

EL DIAMANTE Y SUS IMITACIONES (SELECCIÓN)

PRODUCTO	DUREZA DE MOHS	DENSIDAD	ÍNDICE DE REFRACCIÓN	BIRREFRINGENCIA	DISPERSIÓN BG	CF
Diamante	10	3,50–3,53	2,417–2,419	anormal	0,044	0,025
Moissanita sintética	9½	3,10–3,22	2,648–2,691	0,043	0,104	
Zafiro	9	3,95–4,03	1,762–1,778	0,008	0,018	0,011
YAG	8½	4,55–4,65	1,833–1,835	ninguna	0,028	0,015
Zirconio	8½	5,50–6,00	2,150–2,180	ninguna	0,060	0,035
Espinela	8	3,54–3,63	1,712–1,762	ninguna	0,020	0,011
Espinela sintética	8	3,63–3,65	1,720–1,740	anormal	0,020	0,010
Topacio	8	3,49–3,57	1,609–1,643	0,008–0,016	0,014	0,008
Berilo	7½–8	2,66–2,87	1,562–1,602	0,004–0,010	0,014	0,011
Zircón	6½–7½	3,93–4,73	1,810–2,024	0,002–0,059	0,039	0,022
Rutilo sintético	6½–7	4,24–4,28	2,62–2,97	0,287	0,330	0,190
GGG	6½	7,00–7,09	1,970–2,020	ninguna	0,038	0,022
Fabulita	5½–6	5,11–5,15	2,409	ninguna	0,190	0,109
Linobato	5½	4,64–4,66	2,21–2,30	0,090	0,13	0,075
Vidrio	5–6½	2,0–4,5	1,44–1,90	ninguna		hasta 0,098
Strass	5	3,15–4,20	1,57–1,69	ninguna	0,041	

Diamantes GE POL Mientras que la casi perfecta imitación del diamante «moissanita sintética» se puede identificar con la investigación adecuada, se encuentran en el mercado desde 1999 diamantes que han sido embellecidos en su color, brillo y pureza, pero que no pueden ser identificados como «manipulados».

Estos diamantes tratados por la compañía estadounidense General Electric (GE) y comercializados por la compañía Pegasus Overseas Limited (POL), de Amberes, se ofrecen como diamantes GE POL o diamantes Bellataire.

El material de partida son diamantes naturales pardos o parduscos, es decir, de menor valor. El proceso de embellecimiento (con toda seguridad a base de altas presiones y altas temperaturas) es un estricto secreto.

En estos diamantes tratados no se conoce ninguna particularidad especial que pudiera ser identificada mediante el instrumental habitual de la gemología.

Quizás se puedan llegar a reconocer mediante unos más desarrollados tests espectroscópicos.

Para evitar el reproche de realizar una comercialización poco clara, los diamantes tratados por la General Electric llevan una inscripción en láser (GE POL) en la corona. Aunque también es posible eliminar la inscripción mediante pulimentado.

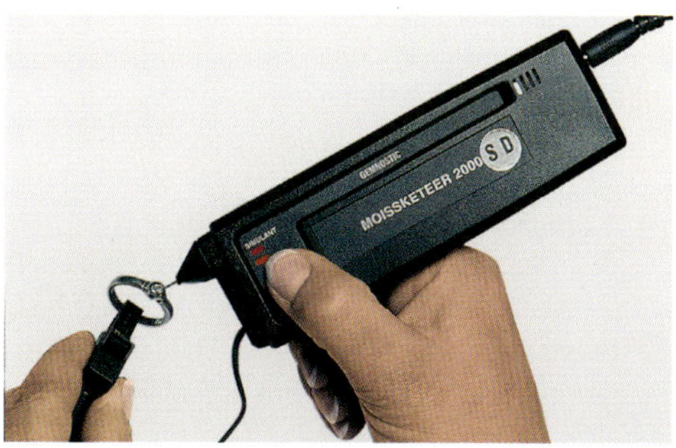

Prueba de la moissanita; trabaja con el principio de la conductibilidad eléctrica.

NOVEDADES EN EL MERCADO

Cuando hablamos aquí de piedras preciosas que son nuevas en el mercado, no significa que sean piedras descubiertas recientemente. Pueden ser conocidas desde hace tiempo, aunque no su importancia comercial para el mercado de piedras preciosas, ya sea por su singularidad, ya sea por su deficiente comercialización.

1 **Verdita** Clara a verde oscuro, a menudo roca serpentina con manchas. Translúcida a opaca. Dureza de Mohs 3 aprox. Densidad 2,8-3,0.

2 **Caroíta** Lila a violeta, con manchas blancas o negras. Raya blanca. Translúcida a opaca. Dureza de Mohs 4½-5. Densidad 2,54-2,78. Ín. refracción 1,550-1,561. Birrefringencia 0,004-0,009. Monoclínico, $(Ka, Na)_4\ Ca_8[(OH, F)_2 \mid Si_6O_{15} \mid Si_{12}O_{30}] \cdot 3\ H_2O$.

3 **Eclogita** Roca metamórfica opaca con piropo y almandino rojos, diópsido verde, glaucofana azul y zoisita gris claro. Densidad 3,2-3,6. Se emplea como cabujón.

4 **Lepidolita** Rosa, violeta rojo. Raya blanca. Transparente a translúcida. Dureza de Mohs 2½-3. Densidad 2,80-2,90. Ín. refracción 1,525-1,587, birrefringencia 0,018-0,038. Monoclínico, $K(Li, Al)_3\ [(F, OH)_2 \mid (Si, Al)Si_3\ O_{10}]$.

5 **Bikitaíta** Incolora, blanca. Raya blanca. Translúcida a translúcida. Dureza de Mohs 6. Densidad 2,28. Ín. refracción 1,510-1,523, birrefringencia 0,013. Monoclínico, $Li\ [AlSi_2\ O_6] \cdot H_2O$. Exfoliación perfecta.

6 **Gneis** Roca metamórfica opaca de color gris, verdoso, pardusco o rojizo, con una estructura muy pizarrosa. Sus componentes principales son el feldespato y el cuarzo. Densidad 2,65-3,05. Se emplea en bisutería.

7 **Unakita** Roca granítica opaca compuesta principalmente de feldespato y cuarzo, así como de epidoto verde. Densidad 2,85.

8 **Nuumita** Roca metamórfica opaca con el color de fondo casi negro y compuesta principalmente de gedrita y antofilita, junto a otros componentes como la pirita, la pirita magnética y la calcopirita. Efecto iridiscente.

9 10 **Amiolita** Conchas fosilizadas de ammonites en la composición del aragonito. Por su estructura en lamelas presenta un efecto opalescente. Dureza de Mohs 4. Densidad 2,75-2,80. Ín. refrac. 1,52-1,68. Birrefringencia 0,155. Yacimiento Alberta/ EE.UU. Desde 1969 en el mercado.

11 **Ussingita** Rosa, rojo violeta. Raya negro verdosa. Transparente a opaca. Dureza de Mohs 6-6½. Densidad 2,46-2,50. Ín. refracción 1,504-1,543. Birrefringencia 0,039. Triclínico, $Na_2[OH \mid AlSi_3O_8]$.

12 **Carletonita** Azul intenso pálido. Raya blanca a gris. Transparente. Dureza de Mohs 4-4½. Densidad 2,45. Ín. refracción 1,517-1,521, birrefringencia 0,004. Tetragonal, $KNa_4\ Ca_4\ [(OH,F) \mid (CO_3)_4 \mid (Si_4O_9)_2] \cdot H_2O$.

13 **Catapleíta** Incolora. Raya blanca. Transparente. Dureza de Mohs 5-6. Densidad 2,72. Ín. refracción 1,590-1,629, birrefringencia 0,039. Hexagonal, Na2 Zr Na_2 Zr $[Si_3O_9] \cdot 2\ H_2O$. Exfoliación perfecta.

14 **Larimar** Variedad azul de la pectiolita (págs. 228 y 288). Desde 1970 en el mercado. Yacimiento Rep. Dominicana. Muy apto para el pulimentado.

15 **Gaspeíta** Verde claro. Raya verde amarillo. Opaca. Dureza de Mohs 4½-5. Densidad 3,71. Ín. refracción 1,61-1,81, birrefringencia 0,22. Trigonal, $(Ni, Mg, Fe^{2+})\ [CO_3]$. Buena exfoliación. Descubierta en 1977.

16 **Sugilita** Violeta. Raya blanca. Translúcida a opaca. Dureza de Mohs 6- 6½. Densidad 2,76-2,80. Ín. refracción 1,607-1,611, birrefringencia 0,001-0,004. Hexagonal, $Na_3\ KLi_2(Fe^{3+}, Mn^{3+}, Al)_2\ [Si_{12}\ O_{30}]$.

1
2
3
4
5
6
7
8
9
10
11
12
13
14
15
16

(1) **Poudretteíta** Violeta, también incolora, rosa pálido. Raya blanca. Transparente. Dureza de Mohs 5. Densidad 2,51-2,53. Ín. refracción 1,511-1,532, birrefringencia 0,021. Hexagonal, $Na_3\ KLi_2(Fe^{3+}, Mn^{3+}, Al)_2\ [Si_{12}\ O_{30}]$. Exfoliación ninguna. Desde 2001 conocido en calidad de piedra preciosa.

(2) **Parrot wing** El nombre significa ala de papagayo, por su moteado policromo. Mezcla de Jaspe (pág. 162) con minerales de cobre, especialmente con crisoberilo (pág. 216).

(3) – (6) **Cuarzo azul y verde** Agregado de cuarzo opaco de un azul turbio (3). Desde 2005 se encuentra en el mercado también cuarzo azul más translúcido y apto para la talla en facetas (4). Color azul mediante tratamiento por rayos gamma y acto seguido cocción a partir del cuarzo verde (5). Éste adquiere su color verde por tratamiento térmico a partir de la amatista. Los cuarzos verdes y azules así tratados son resistentes a la luz y al calor. Yacimientos individuales de los materiales de base en Minas Gerais/Brasil. Menos resistentes a la luz son los cuarzos verdes (6) que proceden del cuarzo incoloro de Uruguay y de Rio Grande do Sul, así como de Minas Gerais/Brasil. Coloración por rayos gamma. Todos los cuarzos verdes son llamados en el comercio prasiolitas.

(7) **Bytownita** Pertenece al grupo de los feldespatos plagioclasas (pág. 180). Transparente. Dureza de Mohs 6-6½. Densidad 2,72-2,74. Ín. refracción 1,565-1,574, birrefringencia 0,009. Triclínico, $(Ca,Na)[(Al,Si)_2Si_2O_8]$. Exfoliación perfecta.

(8) **Fresnoíta sintética** Pardusca a naranja. Raya blanca. Transparente. Dureza de Mohs 3-4. Densidad 4,45. Ín. refracción 1,765-1,775, birrefringencia 0,010. Tetragonal, $Ba_2Ti[O \mid S_2O_7]$. Exfoliación buena. Desde 2000 en el mercado. La fresnoíta natural no es adecuada para bisutería.

(9) **Shomiokita** Rosa débil. Raya blanca. Transparente. Dureza de Mohs 2-3. Densidad 2,64. Ín. refracción 1,530-1,539, birrefringencia 0,009. Ortorrómbico, $Na_3(Y,Dy)[CO_3]_3 \cdot 3H_2O$. Exfoliación perfecta. Desde 1999 se conoce como piedra preciosa. Yacimiento en la península de Kola/Rusia.

(10) – (15) **Variedades de zoisita** Junto a la tanzanita y la thulita (pág. 176) recientemente se conocen también zoisitas (13)-(15) incoloras y matizadas. Raya blanca. Transparente. Dureza de Mohs 6-6½. Densidad 3,15-3,36. Ín. refracción 1,690 1,707, birrefringencia 0,008-0,009. Ortorrómbico, $Ca_2Al_3[O \mid OH \mid SiO_4 \mid Si_2O_7]$. Desde 1990 en el mercado, zoisita tranparente teñida de verde con cromo (10)-(12). Según la IMA debe ser denominada tanzanita verde.

(16) – (18) **Granate mandarino** Nombre comercial para la espesartita (pág. 120) de un color naranja luminoso. La sustancia colorante es el manganeso. Los ejemplares más valiosos provienen del norte de Namibia.

(19) **Tsavorita** Variedad verde a verde esmeralda del granate grosularia (pág. 122). Las sustancias colorantes son el cromo y el vanadio.

(20) **Granate arco iris** Nombre comercial para la andradita iridiscente (v. pág. 122).

(21) **Enstatita** Variedad incolora, facetada. Véase también página 208.

(22) **Californita** Variedad verdosa, cabujón. Véase también página 202.

(23) – (27) **Variedades de piedra de luna** Pertenecen al grupo de los feldespatos (pág. 180). Presentan, en función de sus diferentes colores, un fulgor blanquecino o de un color suave. Diferentes variedades en el mercado. La denominada piedra de luna ceilán es incolora a blanca con un fulgor azulado (fig. pág. 181). La piedra de luna india presenta a menudo unos colores fuertes con efecto ojo de gato (24), aisladamente también con asterismo. La piedra de luna arco iris (23), por su adularescencia y labradorización, presenta un fulgor lechoso a azul con un juego de colores azulado y amarillo oro.

1
2
3
4
5
6
7
8
9
10
11
12
13
14
15
16
17
18
19
20
21
22
23
24
25
26
27

1 – 3 **Pezzottaíta** Descubierta en 2002 en Madagascar. Rosa oscuro a roja. Raya blanca. Transparente a translúcida. Dureza de Mohs 8. Densidad 2,9-3,1. Ín. refracción 1,608-1,615, birrefringencia 0,007. Trigonal, $CsLiBe_2Al_2$ [Si_6 O_{18}]. Exfoliación imperfecta.

4 – 5 **Turmalina paraíba** Denominación comercial para la turmalina elbaíta (pág. 126) brillante de color azul, verde y verde azul, provocados por la presencia de manganeso y cobre. En 1987 por primera vez en el mercado. Yacimientos al principio sólo en el estado de Paraíba/Brasil.

6 **Torita** Parda a amarillo naranja. Raya naranja a parda. Transparente a opaca. Dureza de Mohs 4½-5. Densidad 6,59. Ín. refracción 1,78-1,840, birrefringencia 0,06. Tetragonal, (Th, U) [SiO_4]. ¡Radiactiva! Exfoliación buena. Encontrada con calidad de piedra preciosa por primera vez en 2001.

7 **Kyanita** Variedad verde claro, octógono (pág. 212).

8 **Heterosita** Parda a violeta. Raya rojo pardo a violeta. Opaca. Dureza de Mohs 4-4 ½. Densidad 3,2-3,4. Ín. refracción 1,86-1,91, birrefringencia 0,05. Ortorrómbico, (Fe^{3+}, Mn^{3+}) [PO_4]. Desde 2006 en el mercado.

9 **Melita** Amarillo miel a amarillo cera, también blanca. Raya blanca. Transparente. Dureza de Mohs 2-2½. Densidad 1,58-1,60. Ín. refracción 1,509-1,541, birrefringencia 0,030. Tetragonal, Al_2 [C_6 $(COO)_6$] · 16 H_2O

10 **Katoíta** Pertenece al grupo del granate (pág. 120). Rosa, verde, también incolora, blanca. Raya blanca. Transparente a opaca. Dureza de Mohs 6-7. Densidad 3,25-3,50. Cúbica, Ca_3Al_2 [$(SiO_4)_{1-1,5}$ $(OH)_{8-6}$].

11 **Esfalerita** Variedad verde oscuro, hexágono (pág. 216).

12 **Richterita** Azul, violeta gris. Raya blanca. Opaca. Dureza de Mohs 5-6. Densidad 2,97-3,45. Ín. refracción 1,604-1,664, birrefringencia 0,016-0,020. Monoclínico, $(Na,K)(Ca,Na)_2(Mg,Mn^{2+},Fe^{2+})_5[(OH,F) \mid Si_4O_{11}]_2$. Desde 1990 conocido en calidad de piedra preciosa. La figura 12 es una richterita azul claro en paragénesis con una sugilita (pág. 276).

13 **Crisoberilo** Variedad verde azul claro. La sustancia colorante es el vanadio. Yacimientos en Tanzania. Véase también la página 114.

14 – 15 **Variedades de lazulita** Muchos estadios intermedios entre el color azul (pág. 208) y los tonos verdosos. En 1998 encontrada una lazulita verde césped 15.

16 **Cuarzo sintético** Verde con grietas provocadas. Sustituto de la esmeralda.

17 **Covellina** Azul índigo. Raya gris a negra. Opaca. Dureza de Mohs 1½-2. Densidad 4,60-4,76. Hexagonal, CuS.

18 **Bastnäsita** Naranja, parda. Raya blanca. Transparente. Dureza de Mohs 4-4½. Densidad 4,78-5,20. Ín. refracción 1,72-1,82, birrefringencia 0,100. Hexagonal, (La,Ce)[(F, OH) | CO_3]. Exfoliación perfecta. Desde 1998 en el mercado de piedras preciosas.

19 **Painita** Roja. Raya blanca. Transparente. Dureza de Mohs 7½-8. Densidad 4,01. Ín. refracción 1,787-1,816, birrefringencia 0,029. Hexagonal, $CaZrAl_9$ [O_{15} | BO_3]. Exfoliación ninguna. Desde 2001 en calidad de piedra preciosa.

20 **Danburita** Variedad amarilla, octógono. También en página 198.

21 – 26 **Variedades de ópalo** Desde 1970 se encuentran en Perú ópalos sin juego de colores, denominados en el mercado ópalos andinos. Pertenecen al grupo de los ópalos (pág. 168). Opaco, de color azul, azul verde o rosa 25. Con inclusiones de dendritas oscuras 26. Piedras azul verde pueden tornarse en un color lechoso. Sumergiéndolas en agua recuperan su color propio. En ópalos andinos de colores más fuertes se conocen como ojos de gato 22. Se han descubierto nuevos yacimientos de ópalo. Los ópalos transparentes son facetados 21 24, los translúcidos usados como cabujón 23.

1
2
3
4
5
5
5
6
7
8
9
10
11
12
13
14
15
16
17
18
19
20
21
22
23
24
25
26

1

2

3

4

5

6

7

8

9

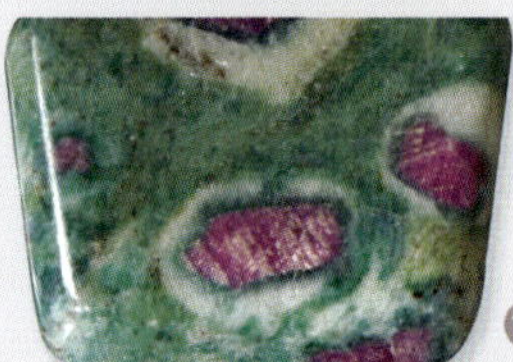

10

1 **Granito gráfico** Roca magmática con crecimientos de feldespato potásico y cuarzo en forma de tallo. Los cuarzos, más oscuros, parecen letras árabes o runas germánicas dentro del feldespato más claro. Es la oscuridad de los huecos lo que se muestra a través del cuarzo transparente.

2 – 4 **Variedades de obsidiana** Roca volcánica (pág. 246) con numerosas variedades adecuadas para la bisutería. La obsidiana arco iris 3 posee un tornasol que va presentando los diferentes colores del arco iris según el ángulo con el que se mire. La obsidiana más transparente y de un color más parecido al cuarzo ahumado se llama en el mercado marekanita. Lágrimas de apache 4 es nombre local para la obsidiana de Arizona/Estados Unidos, esférica y a menudo transparente (también pág. 291).

5 **Starstein** Nombre local para la madera petrificada (pág. 164) del así denominado bosque petrificado de Chemnitz/Sajonia. Ya en la segunda mitad del siglo XVIII trabajada como piedra decorativa para la corte de Sajonia.

6 **Calsilica arco iris** Denominación comercial para una piedra artificial multicolor y bandeada. Consiste en arena coloreada y compactada con resina sintética. Una falsificación que se hace pasar por diferentes piedras ornamentales.

7 – 9 **Carbonado** Agregado en forma de tubérculos compuesto de pequeños granos de diamante, negro pardo a negro 9. Diámetro natural 8 mm. Raya blanca. Opaco. Dureza de Mohs 10. Densidad 3,07-3,45. En forma de esfera 7 se le denomina bort. Diámetro natural 6 mm. Origen poco claro. Debido a su dureza y mezcla no alineada de los granos de diamante no es posible trabajarlo mecánicamente. Con las técnicas láser, recientemente se puede facetar 8.

10 **Fucsita corindón** Roca metamórfica con rubí rojo (pág. 98), Kyanita azul gris (pág. 212) en una matriz de fucsita verde (pág. 240). Desde 2003 en el mercado.

SIMBOLISMO Y USO TERAPÉUTICO DE LAS PIEDRAS PRECIOSAS

Las piedras preciosas, debido a su color, su brillo y su forma, aunque también a su rareza, poseen algo especial. Por eso han sido envueltas desde tiempos inmemoriales con un halo de misterio. Se les supone incluso poderes, que pueden ser usados en beneficio propio para protegerse contra injurias o para alcanzar fuerza interior, aunque de manera especial con fines terapéuticos.

Simbolismo cósmico-astral de las piedras

A las piedras preciosas se les ha atribuido algunas veces un significado simbólico. Así, se identifican por ejemplo algunos estados con una piedra preciosa que se extrae de sus confines. Muchas veces son símbolo de poder, estatus o riqueza, a menudo entremezclado con una representación de poderes supraterrenales y mágicos.

En conexión con las representaciones místicas sobre la relación entre el hombre, la tierra y el cosmos, las piedras preciosas se usan tanto como símbolo de hechicería y magia como talismanes y amuletos.

Piedras preciosas como amuleto y talismán

Para ahuyentar poderes maléficos de la naturaleza o para hacerse propicios a los buenos espíritus, han sido de algún modo usadas por todos los pueblos primitivos. Con el desarrollo de la cultura el uso de las piedras preciosas como amuletos y talismanes posee cada vez mayor importancia.

Los amuletos se llevan encima para rechazar desventuras y repeler los «males de ojo». A veces han sido trabajados en forma de dedo estirado o curiosamente acusador, en una postura de rechazo. Como materia se usan, junto a metales y cerámica, también pedazos de coral.

Aunque también otras piedras preciosas, en bruto o talladas, o perlas, que se tienen por una protección, se llevan en el collar, en el brazo o en la oreja como amuleto. Los rosarios, en siglos anteriores a menudo artísticos productos con piedras preciosas talladas, son amuletos bendecidos por la Iglesia.

Los talismanes no se llevan encima sino que son puestos delante de casa, en la vivienda o en el coche. Se consideran garantes de salud y felicidad y beneficiosos en otros aspectos.

Muchas clases de piedras preciosas, especialmente las de más grandes dimensiones, como los agregados de ágata, las fases minerales, drusas y geodas, son usadas como talismanes. El escarabajo venerado como sagrado por los egipcios, aún hoy es tallado en diferentes piedras preciosas.

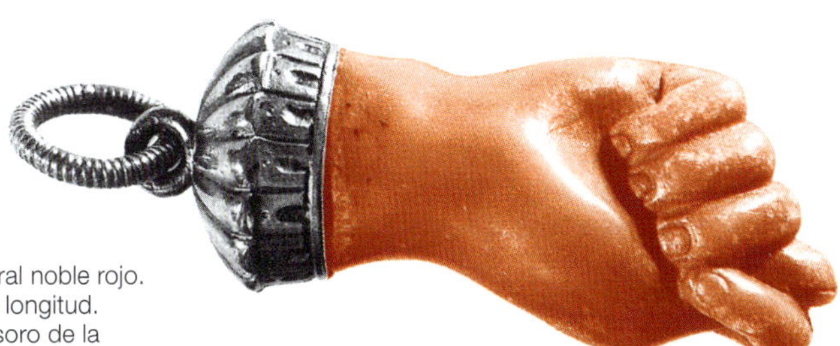

Amuleto en coral noble rojo. Siglo XVII, 5 cm longitud. Cámara del tesoro de la Residencia de Múnich.

Azurita, Jade, turquesa

ATRIBUCIÓN DE LAS PIEDRAS PRECIOSAS A LOS PLANETAS EN LA LITERATURA CONTEMPORÁNEA

	UYLDERT, 1983	**RAPHAELL, 1987**	**RICHARDSON/HUETT, 1989**	**AHLBORN 1996**
Mercurio	Citrino, zafiro amarillo, topacio	Crisocola, turquesa	Granate	Crisolita, heliotropo, nefrita, ojo de tigre
Venus	Nefrita, cuarzo rosado, zafiro azul, esmeralda	Kunzita, turmalina rosa	Crisoberilo,malaquita, piedra de luna, perla, zafiro, topacio	Malaquita, topacio, turquesa
Marte	Granate, rubí, sílex	Piedra de sangre, carneola	Piedra de sangre, jaspe, ónice,, ónice sardo	Heliotropo, carneola, rodocrosita, rodonita ojo de tigre
Júpiter	Jacinto, carneola naranja, topacio	Azurita, Lapislazuli	Jade, turquesa	Citrino, quiastolita, ónice sardo
Saturno	Azabache, ónice, espinela	Malaquita, peridoto, turmalina verde	Cuarzo, ojo de tigre	Calcedonia
Urano	Amazonita, malaquita, turquesa	Aguamarina, crisoberilo, celestina		
Neptuno	Amatista, ópalo	Amatista, fluorita	Aguamarina, azurita, diamante, coral, piedra de luna, ópalo, cuarzo, espinela, turmalina	
Plutón	Almandino, piedra de sangre, piropo	Granate, obsidiana, cuarzo ahumado, rubí	Amatista, jade, kunzita, espinela, zircón	

Planetas y piedras preciosas

En la antigüedad y también en la Edad Media se creía que las piedras preciosas eran una emanación de las estrellas. Del mismo modo que las estrellas destellan luz y colores, hay muchas piedras preciosas de ricos colores que también brillan y fulgen. El cosmos se refleja por así decirlo en las piedras preciosas.
A cada planeta se le atribuye una piedra preciosa con presuntas propiedades mágicas. No es posible reconocer un sistema coherente, pues cada autor de la antigüedad atribuye diferentes piedras a los planetas.
Hoy en día estas atribuciones experimentan renacimiento, con numerosas piedras para cada planeta.

El zodíaco y las piedras preciosas

Del mismo modo que con los planetas, los hombres de la antigüedad creían en una correspondencia entre ciertas constelaciones, el zodíaco, y los hombres y las piedras preciosas.
Esta representación se mantuvo en la Edad Media y de nuevo hoy es actual para muchas personas. Los comerciantes de piedras preciosas y ornamentales, para favorecer su empresa, también han contribuido a ello.
Tampoco aquí hay, ni ha habido, un sistema coherente para las diferentes piedras preciosas. Las piedras atribuidas a los signos del zodíaco en la página siguiente están extraídas de la literatura contemporánea.

El zodíaco y las piedras preciosas

Signos del zodíaco	Imágenes	Otras piedras zodiacales
Aries 21. 3-20.4	Jaspe rojo, carneola	Hematites, calcedonia, crisoprasa, rubí, sílex
Tauro 21. 4-20.5	Carneola, cuarzo rosado	Topacio dorado, coral, lapislázuli, cuarzo, zafiro, sardo, esmeralda
Géminis 21. 5-21.6	Citrino, ojo de tigre	Ágata, aguamarina, cristal de roca, crisocola, jaspe, ónice, topacio, turquesa
Cáncer 22. 6-22.7	Crisoprasa, aventurina	Calcedonia blanca, crisolita, diamante, carneola, piedra de luna, rodocrosita, esmeralda
Leo 23. 7-23.8	Cristal de roca, cuarzo dor.	Almandino, ámbar, crisolita, citrino, diamante, carneola, ónice, rubí, azufre
Virgo 24. 8-23.9	Citrino, ágata amar.	Amazonita, berilo, jaspe, ónice sardo, turquesa, zircón
Libra 24. 9-2310	Citrino naranja, cuarzo ahumado	Aventurina, berilo, diamante, jade, kunzita, nefrita, ópalo, peridoto, ónice sardo, esmeralda, topacio, turmalina rosa
Escorpio 24. 1-22.11	Carneola rojo sangre	Ágata, aguamarina, calcedonia, crisoprasa, granate, obsidiana, cuarzo ahumado, rubí, topacio
Sagitario 23. 11-21.12	Zafiro, calcedonia	Amatista, cristal de roca, berilo, granate, piropo, cuarzo zafiro, sodalita, espinela, topacio
Capricornio 22. 12-20.1	Ónice, Cuarzo ojo de gato	Amatista, berilo, azabache, malaquita, obsidiana, peridoto, cuarzo ahumado, cuarzo rosado, rubí, turmalina verde
Acuario 21. 1–19.2	Turquesa, ojo de halcón	Amazonita, amatista, aguamarina, crisocola, celestina, granate, jaspe, malaquita, obsidiana, zafiro azul
Piscis 20. 2–20.3	Amatista, cuarzo amatista	Aguamarina, cuarzo azul, diamante, jade, piedra de luna, ópalo, zafiro, sugilita

Piedras mensuales

Enero
Granate,
cuarzo rosado

Febrero
Amatista,
ónice

Marzo
Turmalina,
jaspe de sangre

Abril
Zafiro,
diamante,
cristal de roca

Mayo
Esmeralda,
crisoprasa

Junio
Perla, piedra
de luna

Julio
Rubí,
carneola

Agosto
Ónice,
ónice sardo

Septiembre
Peridoto

Octubre
Aguamarina,
ópalo

Noviembre
Topacio,
ojo de tigre

Diciembre
Zircón,
turquesa

Los meses y las piedras preciosas

Originalmente las piedras de cada signo del zodíaco eran consideradas a la vez como las piedras del propio mes de nacimiento. Podían ser tanto amuletos como talismanes. Sólo en la modernidad junto a las piedras del zodíaco se han propagado también las piedras que corresponden a un mes, siguiendo el curso del calendario, para asignar una piedra al mes de nacimiento. También aquí se han agrupado las piedras arbitrariamente, las cuales presuntamente ejercen una influencia mágica. Siempre que alguien pide que le interpreten su sino de un modo mitológico-astral, se nombran diferentes piedras preciosas como indicadores de efectos mágicos.

El poeta Theodor Körner (1791-1813) nombra en su poema «Die Monatssteine» las siguientes piedras preciosas en correlación con los meses del año:

Enero	Jacinto
Febrero	Amatista
Marzo	Heliotropo
Abril	Zafiro
Mayo	Esmeralda
Junio	Calcedonia
Julio	Carneola
Agosto	Ónice
Septiembre	Crisolita
Octubre	Aguamarina
Noviembre	Topacio
Diciembre	Crisoprasa

Hoy en día se ofrecen también piedras para las distintas estaciones, primavera, verano, otoño e invierno, e incluso para las semanas del año.

La siguiente recomendación para los días de la semana está extraída de una publicación de 1985:

Domingo	Ámbar, topacio oro
Lunes	Piedra de luna, perla
Martes	Rubí, granate
Miércoles	Turquesa, zafiro, lapislázuli
Jueves	Amatista
Viernes	Esmeralda, malaquita
Sábado	Diamante

Uso terapéutico de las piedras preciosas

Así como se ha considerado a las piedras preciosas como un vínculo sobrenatural entre el hombre y el sol, la luna y las estrellas, del mismo modo son también imagen de magia, hechizo y de curación.
Se atribuye poderes a las piedras preciosas que ahuyentan las enfermedades o ayudan a su curación y mitigan o impiden otros problemas. No obstante, no existe una demostración científica o mínimamente comprobable de los efectos curativos de las piedras preciosas.

Consideración histórica

Desde la antigüedad existen documentos escritos en los que se puede leer cómo es posible la curarse o evitar la enfermedad mediante piedras preciosas. Escritores tan importantes como Aristóteles, Gaius Plinius Secundus, Dioscórides y más tarde Marbod, Alberto Magno y Conrado de Megenberg nos informan de ello.
Bajo el poder de la Iglesia, a los efectos terapéuticos de las piedras preciosas descritos en la antigüedad se les dio en parte otra interpretación, para evitar influencias paganas y para conducir a los creyentes hacia un modo de vida en los límites de la moral.
A lo largo de los siglos, han tenido una gran aceptación las indicaciones terapéuticas que se encuentran en el libro *Physika* de Hildegarda de Bingen (1098-1179). Este uso terapéutico de las piedras (litoterapia) disfruta hoy en día de un resurgimiento. Estanterías enteras se pueden encontrar en las librerías con el cartel «medicina de Hildegarda de Bingen».
Como para Hildegarda las piedras preciosas se originan por la acción conjunta del fuego y del agua, sus poderes se corresponden con los de aquellos dos elementos.
A ello se añade la bendición de Dios, que presenta a las piedras preciosas como algo útil y respetable.
Hildegarda enumera 24 piedras preciosas y describe detalladamente sus propiedades curativas. Junto a ésas menciona aún algunas otras.
Un ejemplo sobre el zafiro: el que sea estúpido y desee ser inteligente debe lamer frecuentemente, en estado de ayunas, un zafiro con la lengua, porque el calor y el poder de esta piedra juntamente con la cálida humedad de la saliva expulsan los humores perjudiciales que obstruyen la actividad del entendimiento, y de este modo el hombre adquirirá el buen entendimiento.

Hildegarda de Bingen (1098-1179).
Figura del relicario del altar de Hildegarda, capilla de Rochus, Bingen.

Las piedras usadas para sentirse bien tienden a ser redondeadas. Arriba desde la izquierda: cuarzo amatista, cuarzo rosado, aventurina. Abajo desde la izquierda: rodonita, larimar, ágata.

Uso terapéutico actual de las piedras preciosas

Cuando hoy en día se habla de las propiedades curativas de las piedras, no se tiene en mente sólo su capacidad para curar enfermedades sino, según opinión de sus usuarios, en general el efecto positivo que ejercen contra todo tipo de influencias negativas sobre los hombres.

Propiedades y efectos de las piedras terapéuticas Como piedras terapéuticas se usan todas las piedras preciosas, también algunas otras piedras e incluso materiales orgánicos petrificados.

Los poderes energéticos que les atribuyen los usuarios surgen de la Madre Tierra junto con la formación de la piedra o proceden de los cálidos rayos del sol. Por eso se recomienda poner de vez en cuando las piedras al sol o bajo la luna (que en realidad no calienta), para que la energía desprendida pueda ser «aprovisionada» de nuevo. Un ejemplo: «Lo más efectivo es dejar un par de noches de luna llena las piedras en el balcón o en la repisa de la ventana».

Otro modo de enriquecimiento de las piedras preciosas se puede conseguir si «se entierran por la noche bajo tierra y luego se lavan». Las piedras preciosas sintéticas no se deben usar con fines terapéuticos. «Sólo las piedras preciosas auténticas, formadas por la naturaleza durante millones de años, poseen en ellas los poderes de la naturaleza, a las piedras artificiales les falta el alma que todo lo rige.»

Los muy celebrados poderes de las piedras preciosas terapéuticas no han sido por ahora científicamente probados. Todas las manifestaciones en este sentido, como «de efecto probado», «comprobado», «investigado durante años», «científicamente probado», son meras afirmaciones.

Si algunos componentes de las piedras preciosas o algún elemento traza ejerce alguna influencia sobre el cuerpo o la mente humana, es una cuestión por el momento abierta. Por eso la medicina convencional rechaza la terapia con piedras preciosas.

Sin embargo, no hay duda sobre el hecho de que con la litoterapia (tratamiento con piedras) se pueden conseguir efectos beneficiosos. Pero éstos no se deben a los pre-

En la terapia con piedras preciosas se usan péndulos con puntas acusadas. Desde la izquierda: cristal de roca (con acabados), citrino (de formación natural), sugilita (tallada), cuarzo ahumado (con acabados).

suntos poderes curativos de las piedras, sino al denominado efecto placebo, una influencia aparente de las piedras preciosas pero que actúa por sugestión. La litoterapia seguramente no es en el fondo nada más que «psicoterapia».

Trabajado y aplicación de las piedras terapéuticas Para potenciar el efecto curativo de las piedras, se graban en ellas signos místicos y simbólicos, tal como también se practicó en la antigüedad y en la Edad Media.

También la forma de las piedras preciosas puede ser, en opinión de los terapeutas, útil para el tratamiento. Así, por ejemplo, el cristal de roca cortado simétricamente, aunque también el cuarzo u otras piedras preciosas, se usan en forma de péndulo. El corte afilado de su punta potencia el efecto de cada piedra y puede ayudar al diagnóstico de qué parte del cuerpo está enferma.

Entre las piedras para sentirse bien, llevadas en la mano o el bolsillo de los pantalones, han encontrado gran difusión las redondeadas piedras barrocas o las gotas.

Si bien es cierto que también otras piedras preciosas, en formas naturales o talladas, pueden ser igualmente de ayuda.

La aplicación de las piedras terapéuticas se realiza directamente por contacto con la piel, en polvo o como píldora, como medio de meditación o indirectamente, como adición en los brebajes curativos, así como en elixires de piedras preciosas en envolturas y compresas. Para el dolor de estómago sirve (así lo escribe un autor en 1985) agua de rubí, para obtener protección e iluminación agua de diamante y de cristal de roca.

Como requisito para la curación se debe hacer, según una publicación de 1994, lo siguiente: «descargar las piedras antes del tratamiento (mediante lavado con agua fría o dejándolas varios días enterradas), especialmente con piedras compradas, regaladas o heredadas recientemente».

A veces se refleja la profunda Edad Media en la literatura contemporánea cuando ésta trata el tema de la litoterapia. En la litoterapia no se pueden reconocer los límites entre la magia, los hechizos, la fantasía y la medicina.

Curación con piedras preciosas

Ejemplos de enfermedades que presuntamente se pueden curar con piedras preciosas. Compilado a partir de la literatura contemporánea (selección).

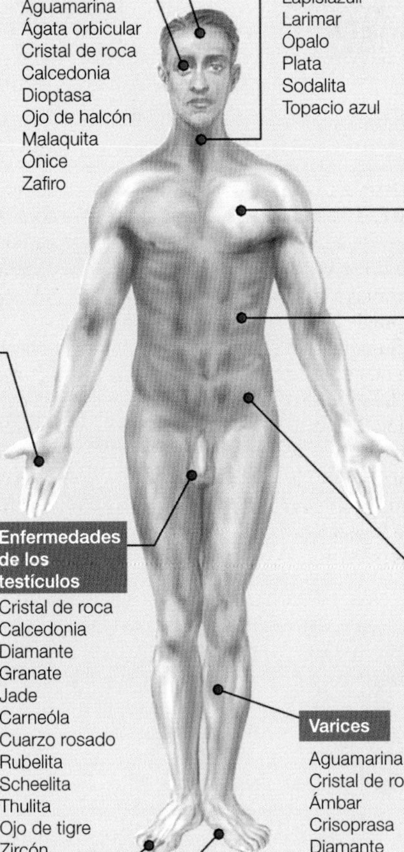

Dolor de cabeza

Amatista
Analcita
Azurita
Cristal de roca
Diamante
Dioptasa
Dumortierita
Fluorita violeta
Hematites
Lapislázuli
Larimar
Magnetita
Malaquita
Piedra de luna
Esmeralda
Ojo de tigre

Inflamación de los ojos

Apofilita
Aguamarina
Ágata orbicular
Cristal de roca
Calcedonia
Dioptasa
Ojo de halcón
Malaquita
Ónice
Zafiro

Inflamación de la garganta

Aguamarina
Barita
Cristal de roca
Lapislázuli
Larimar
Ópalo
Plata
Sodalita
Topacio azul

Problemas de corazón

Adamina
Aventurina
Calcita
Calcedonia rosa
Espato dolomita
Carneóla
Magnetita
Morganita
Moscovita
Ortoclasa
Ópalo fucsia
Pirolusita
Rodonita
Cuarzo rosado
Topacio
Turquesa

Páncreas

Amatista
Citrino
Granate
Jaspe amarillo
Jaspe rojo
Magnetita
Piedra de luna
Obsidiana
Prehnita
Turmalina verde

Artritis

Apatito
Aguamarina
Ámbar
Euclasa
Fluorita
Granate
Espato de Islandia
Magnetita
Malaquita
Pirita
Turmalina

Enfermedades de los testículos

Cristal de roca
Calcedonia
Diamante
Granate
Jade
Carneóla
Cuarzo rosado
Rubelita
Scheelita
Thulita
Ojo de tigre
Zircón

Ciática

Amatista
Crisolita
Crisoprasa
Citrino
Diamante
Heliotropo
Jaspe
Carneóla
Lapislázuli
Magnetita
Malaquita
Perla
Pirita
Rodocrosita
Cuarzo rosado
Rubí
Esmeralda
Ojo de tigre
Turquesa

Uñas de los pies

Ámbar
Calcita
Crisoprasa
Diamante
Granate
Jaspe
Carneóla
Ónice
Calcita naranja
Perla
Rodocrosita
Cuarzo rosado
Rubí
Zafiro
Turquesa
Turmalina roja

Varices

Aguamarina
Cristal de roca
Ámbar
Crisoprasa
Diamante
Granate
Carneóla
Lapislázuli
Perla
Rubí
Zafiro
Ágata
Topacio
Zircón

Ampollas

Ágata
Aventurina
Berilo
Diamante
Indigolita
Lapislázuli
Rodocrosita
Turquesa
Vanadinita
Zircón

Lágrimas de apache, Arizona/Estados Unidos. Tamaño natural.

Lágrimas de apache Denominación comercial para la formación redondeada y en forma de gota de la roca cristalina obsidiana (pág. 246). Usada ya en tiempos prehistóricos como amuleto y por los indígenas americanos como piedra terapéutica. Hoy en día muy extendida para fines terapéuticos. «Las lágrimas de apache curan los problemas de digestión, de estómago o intestinales, producidos por el estrés, e incluso las úlceras de estómago», se puede leer en un texto de 1997.

Piedras amuleto El influjo de las piedras preciosas mencionadas más adelante se describe en la literatura de nuestros días como sigue: el ágata es especialmente efectiva contra el mal de ojo. La sugilita actúa equilibrando nervios y cerebro. El jaspe protege contra la inflamación de la tiroides. Especialmente las mujeres de entre 30 y 40 años deben llevar consigo de manera regular un jaspe beige. La sodalita da más fuerza al cuerpo y lo inmuniza contra infecciones e inflamaciones. La obsidiana copo de nieve nos proteje, con sus propiedades terrenales, contra los pies fríos. La fluorita estimula la regeneración de la piel y de las membranas mucosas y refuerza huesos y dientes. Las distintas formas pueden reforzar el efecto de cada piedra preciosa.

Piedras amuleto. Arriba, desde la izquierda: ágata, sugilita, jaspe. Abajo, desde la izquierda: sodalita, obsidiana copo de nieve, fluorita.

Moqui-marbles

Denominación comercial para un agregado de limonita esférico de Arizona y Utah, Estados Unidos. «Mediante caricias, proximidad al cuerpo, ternura y cariño se refuerza su efecto.» Actúan contra la desconfianza y las reservas y fomenta el amor al prójimo y el sentimiento de comunidad entre los hombres. Posee un gran poder como piedra para la pareja, en la forma redondeada, más femenina (izquierda), y en una más angulosa y masculina. Algo reducidas.

Himmelstein

Denominación comercial para una caliza (¡y no yeso, como se acostumbra a escribir!) de grano fino y color claro semejante a un mesenterio. Sirve contra las más diversas formas de indisposición, como pirámide puesto debajo de la cama, especialmente contra el insomnio, en polvo también contra el dolor de las articulaciones. Único yacimiento en Salzburgo/Austria. Reducida en un 50%.

Piedra boji

Nombre comercial para un agregado de pirita y limonita en forma de lenteja. Único yacimiento en Kansas/Estados Unidos. Ayudan a conservar los centros de energía, que se pueden «activar mediante caricias». Desarrollan mejor su poder en pareja, con las denominadas piedras masculina (más angulosa, izquierda) y femenina (más lisa y abovedada, derecha). Tamaño natural.

Sol de pirita

Agregado de pirita con forma de disco y fibras radiales (pág. 178). Sirve como alhaja y como piedra curativa. En un libro esotérico de 1997 se puede leer: «Los soles de pirita sanan los dolores de estómago y problemas intestinales. Llevado alrededor del cuello con plata refuerza extraordinariamente el sistema inmunológico». Único yacimiento en las minas de carbón de Sparta, en Illinois/Estados Unidos. Diámetro del original 8 cm.

BIBLIOGRAFÍA

Anderson, B.W. (1976): Gemstones for Everyman. Van Nostrand Reinhold Company, Nueva York

Anderson, B.W. (1990): Gem Testing. Butterworths, Londres

Anthony, J.W., Bideaux, R. A., Bladh, K.W. y M. C. Nichols (1990/2003): Handbook of Mineralogy. 5 vols. Mineral Data Publ., Tucson

Arem, J. E. (1987): Color Encyclopedia of Gemstones. Van Nostrand Reinhold, Nueva York

Bancroft, P. (1984): Gem and Crystal Treasures. Western Enterprises, Tucson

Bank, H. (1981): Aus der Welt der Edelsteine. Pinguin-Verlag, Innsbruck

Bauer, J. y V. Bouska (1993): Edelsteinführer. Verlag Dausien, Hanau

Benesch, F. (2000): Der Turmalin. Verlag Urachhaus Johann M. Mayer, Sttg.

Binnewies, B. (1979): Steinschleifen. Franck'sche Verlagshandlung, Stuttgart

Blankenburg, H.-J. (1988): Achat. VEB Verlag für Grundstoffind., Leipzig

Bossart M. (2006): Diamanten. Ott-Verlag, Thun

Brocardo, G. (1982): Minerals and Gemstones, an identification guide. Hippocrene Books INC., Nueva York

Cavenago-Bignami, S. (1991): Gemología. Ediciones Omega, S.A., Barcelona

Chudoba, K.F. y E. J. Gübelin (1974): Edelsteinkundliches Handbuch. Wilhelm Stollfuss Verlag, Bonn

CIBJO (2007): Das Diamantbuch. Das Edelsteinbuch. Das Perlenbuch. Mailand y Pforzheim

Duda, R. y L. Rejl (1992): Mineralien. Naturbuch Verlag, Augsburgo

Duda, R. y L. Rejl (1997): Edelsteine. Naturbuch Verlag, Augsburgo

Duda, R. y L. Rejl (1997): Der Kosmos Edelsteinführer. Franckh, Sttg

Elwell, D. (1979): Man-Made Gemstones. Ellis Horwood, Chichester

Eppler, W.F. (1994): Praktische Gemmologie. Rühle-Diebener-Verlag, Sttg

Federman, D. (1990): Consumer Guide to Color Gemstones. Van Nostrand Reinhold, Nueva York

Fischer, K. (1989): Edelsteinbearbeitung. 2 vols. Rühle-Diebener-Verlag, Sttg

Ganzelewski, M. y R. Slotta, Hrsg. (1997): Bernstein – Tränen der Götter

Gill, J. O. (1978): Gill's Index to Journals, Articles and Books relating to Gems and Jewelry. Gemological Institut of America, Santa Mónica

Gübelin, E. (1974): Innenwelt der Edelsteine. Hanns Reich Verlag, Düsseldorf

Gübelin, E. y J.I. Koivula, vol. 1 (1986): Bildatlas der Einschlüsse in Edelsteinen. vol. 2 (2005): Photoatlas of Inclusions in Gemstones. ABC-Verlag, Zúrich

Gübelin, E. y F.-X. Erni (1999): Edelsteine. Symbole der Schönheit und Macht. Verlag Hans Schöner, Königsbach-Stein

Günther, B. (1988): Bestimmungstabellen für Edelsteine, Synthesen, Imitationen. Verlagsbuchh. Elisabeth Lenzen, Kirschweiler. Ergänzungsbd. 1991

Hall, C. (1995): Piedras preciosas. Ediciones Omega, S.A., Barcelona

Hartig, H. (2003): Edle Steine schleifen. Verlag Frech, Stuttgart-Botnang

Henn, U. (1995): Edelsteinkundliches Praktikum. Deutsche. Gemmologische Gesellschaft, Idar-Oberstein

Henn, U. (2004): Gemmologische Tabellen. Deutsche Gemmologische Gesellschaft, Idar-Oberstein

Henn, U. (2001): Edelsteinkundlichens Wörterbuch. Deutsche Gemmologische Gesellschaft, Idar-Oberstein

Henn, U. y C. Milisenda (2005): Edelsteine und ihre künstlichen Eigenschaftsveränderungen. Deutsche Gemmolog. Gesellschaft, Idar-Oberstein

Hochleitner, R., v. Philipsborn, H. y K. L. Weiner (1996): Minerale. Bestimmen nach äußeren Kennzeichen. Schweizerbart'sche Verlagsbuchh., Sttg.
Hughes, R. W. (1997): Ruby and Sapphire. RWH Publishing, Boulder
Hurlbut, C.S. y R. C. Kammerling (1993): Gemología. Ediciones Omega, S.A., Barcelona.
Instituto Geográfico De Agostini (1998): Das große Buch der Mineralien und Edelsteine. Neuer Kaiser Verlag, Klagenfurt
Jetter, H. (1981): Der Diamant. Verlag Herder, Friburgo.
Kievlenko, E.Y. (2003): Geology of Gems. Ocean Pictured Ltd.
Kühne, K. y E. Brepohl (1988): Kunsthandwerkliches Schleifen und Verarbeiten von Schmucksteinen. VEB Fachbuchverlag, Leipzig
Lenzen, G. (1984): Edelsteinbestimmung mit gemmologischen Geräten. Verlagsbuchhandlung Elisabeth Lenzen, Kirschweiler
Lenzen, G. (1986): Diamantenkunde mit kritischer Darstellung der Diamantengraduierung.
Verlagsbuchhandlung Elisabeth Lenzen, Kirschweiler
Liddicoat, R.T. (1993): Handbook of Gem Identifikation. Gemological Institut of America, Santa Mónica
Lieber, W. (1994): Amethyst. Christian Weise Verlag, München
Lüschen, H. (1979): Die Namen der Steine. Ott Verlag, Thun, Schweiz
Mandarino, J.A. y M.E. Back (2004): Fleischer's Glossary of Mineral Species. The Mineral Record Inc., Tucson
Miller, A. M. y J. Sinkankas (1994): Standard Catalog of Gem Values. Geoscience Press, Tucson
Murawski, H. y W. Meyer (2004): Geologisches Wörterbuch. Ferdinand Enke Verlag, Stuttgart
Nassau, K. (1980): Gems Made by Man. Chilton Book Co., Radnor
Nassau, K. (1996): Gemstone Enhancement. Butterworth Heinemann, Oxford.
Nickel, E. (1983/1995): Grundwissen in Mineralogie. 3 vols. Ott Verlag, Thun
O'Donoghue, M. (1977): Enzyklopädie der Minerale und Edelsteine. Verlag Herder, Friburgo.
Oldershaw, C. (2007): Guía de las piedras preciosas. Ediciones Omega, S.A., Barcelona.
Pagel-Theisen, V. (2000): Diamanten-Fibel. Handbuch der Diamanten-Graduierung.
Heide Schmalz, Hirschberg/Großsachsen
Palache, C., Berman, H. y C. Frondel (1966): Dana's System of Mineralogy. 3 vols. Wiley, Nueva York
RAL560A5 (1963): (Begriffsbestimmungen und -vorschriften für Edelsteine,
Schmucksteine, Perlen, Korallen.) Frankfurt. Ergänzung E 1970
Ramdohr, P. y H. Strunz (1978): Klockmanns Lehrbuch der Mineralogie. Ferdinand
Enke Verlag, Stuttgart
Read, P.G. (1978): Gemmological Instruments. Newnes-Butterworths, Londres
Read, P.G. (1994): Dictionary of Gemmologie. Butterworth-H., Oxford
Read, P.G. (1997): Gemmology. Londres
Roberts, W.L., Campbell, T.J. y G.R. Rapp (1990): Encyclopedia of Minerals. Van Nostrand Reinhold Company, Nueva York
Rose, J. D. (1986): Garnet. Butterworths, Londres
Rösler, H. J. (1991): Lehrbuch der Mineralogie. VEB Deutscher Verlag für Grundstoffindustrie, Leipzig
Rustemeyer, P. (2003) Faszination Turmalin. Spektrum, Heidelberg
Rykart, R. (1995): Quarz-Monographie. Ott Verlag, Thun
Schröcke, H. y K.-L. Weiner (1981): Mineralogie. Walter de Gruyter, Berlín

Schütt, E. (1980): Umgang mit edlen Steinen. Rühle-Diebener-Verlag, Stuttg.
Schumann, W. (1997): Manual para coleccionistas de rocas y minerales, Ediciones Omega, S.A., Barcelona
Schumann, W. (2004): Minerales del mundo, Ediciones Omega, S.A., Barcelona
Schumann, W. (1994): Rocas y minerales, Ediciones Omega, S.A., Barcelona
Schumann, W. (2004): Guía de rocas y minerales. Ediciones Omega, S.A., Barcelona
Sevdermish, M. y A. Mashiah (1996): The dealer's book of gems and diamonds. Kal Printing House, Israel
Shipley, R. M. (1974): Dictionary of Gems and Gemology. Gemological Institut of America, Santa Mónica
Shirai, S. (1970): The Story of Pearls. Japan Publications, Inc., Tokyo
Sinkankas, J. (1984): Gem Cutting. Chapman and Hall, NuevaYork
Sinkankas, J. (1989): Emerald and other Beryls. Chilton Book, Radnor
Strübel, G. y S. H. Zimmer (1991): Lexikon der Minerale. Enke, Stuttgart
Strunz, H. y E. H. Nickel (2001): Strunz Mineralogical Tables. E. Schweizerbart'sche Verlagsbuchhandlung, Stuttgart
Thomas, A. (2008): Piedras preciosas. Ediciones Omega, S.A., Barcelona
Webster, R. (1976): Practical Gemmology. N.A.G. Press Ltd., Londres
Webster, R. (1998): The Gemmologists' Compendium. N.A.G. Londres
Webster, R. (1987): Piedras preciosas. Ediciones Omega, S.A., Barcelona
Wehrmeister, U. y T. Häger (2005): Edelsteine erkennen. Rühle-Diebener-Verlag, Stuttgart
Weiß, S. (2002): Das große Lapis Mineralienverzeichnis. Weise, München
Zeitner, J. C. (1996): Gem and Lapidary Materials for Cutters, Collectors and Jewellers. Geoscience Press, Tucson
Zenz, J. (2005): Agates. Bode, Haltern

Revistas

Revista de minerales. Asociaciones y mineralogistas de España. Barcelona
Mineralogistes de Catalunya. Grup Mineralògic Català. Barcelona
Bocamina. Grupo Mineralogista de Madrid. Madrid
The American Mineralogist. Mineralogical Society of America, Washington
Der Aufschluss. Heidelberg
The Australian Gemmologist. Gemmological Association of Australia, Sidney
The Australian Mineralogist. Mineralogical Society of Australia, Sidney
The Canadian Mineralogist. Mineralogical Association of Canada, Ottawa
Die Eisenblüte. Graz
Fundgrube. Meteorverlag, Berlín
Gemmologie. Zeitschrift Deutsch. Gemmolog. Gesellsch., Idar-Oberstein
Gems and Gemology. Gemological Institut of America, Los Ángeles
The Journal of Gemmology. Gemmological Association of Great Britain
Lapidary Journal. San Diego
Mineralien-Welt. Bode Verlag, Haltern
The Mineralogical Magazine. Mineralogical Society of Great Britain, Londres
The Mineralogical Record. Tucson
Le Monde et les Minéreaux. París
Rivista Mineralogica Italiana. Milán
Rocks and Minerals. Washington

<table>
<tr><th>DENSIDAD</th><th colspan="3">ÍNDICE DE REFRACCIÓN</th></tr>
<tr><th></th><th>1,400–1,499</th><th>1,500–1,599</th><th>1,600–1,699</th></tr>
<tr><td>1,00–1,99</td><td>Ulexita 2–2½ | 0,029
Gaylusita 2½–3 | 0,0800
Kurnakovita 3 | 0,036
Ópalo 5½–6½ | –</td><td>Ulexita 2–2½ | 0,029
Ámbar 2–2½ | –
Marfil 2–3 | –
Gaylusita 2½–3 | 0,080</td><td></td></tr>
<tr><td>2,00–2,49</td><td>Yugavaralita 4½ | 0,012
Analcita 5–5½ | –
Natrolita 5–5½ | 0,013
Obsidiana 5–5½ | –
Cancrinita 5–6 | 0,026
Haunita 5½–6 | –
Sodalita 5½–6 | –
Ópalo 5½–6½ | –</td><td>Sepiolita 2–2½ | –
Marfil 2–3 | –
Colemanita 4½ | 0,029
Apofilita 4½–5 | 0,002
Haunita 5½–6 | –
Leucita 5½–6 | 0,001
Petalita 6–6½ | 0,014
Hambergita 7½ | 0,072</td><td>Whewelita 2½–3 | 0,161
Howlita 3–3½ | 0,019
Colemanita 4½ | 0,029
Hambergita 7½ | 0,072</td></tr>
<tr><td>2,50–2,99</td><td>Calcita 3 | 0,172
Coral 3–4 | 0,166
Creedita 3½–4 | 0,024
Mármol ónice 3½–4 | 0,163
Obsidiana 5–5½ | –
Cancrinita 5–6 | 0,026
Haunita 5½–6 | –
Ópalo 5½–6½ | –</td><td>Vivianita 1½–2 | 0,062
Perlas 2½–4½ | 0,156
Calcita 3 | 0,172
Howlita 3–3½ | 0,019
Coral 3–4 | 0,166
Espato anhidrita 3½ | 0,044
Aragonito 3½–4 | 0,155
Espato dolomita 3½–4 | 0,185
Augelita 4½–5 | 0,017
Berilonita 5½–6 | 0,009
Leucita 5½–6 | 0,001
Escapolita 5½–6 | 0,021
Sanidina 6–6½ | 0,008
Labradorita 6–6½ | 0,009
Piedra de luna 6–6½ | 0,008
Cristal de roca 7 | 0,009
Cuarzo ahumado 7 | 0,009
Berilo noble 7½–8 | 0,007</td><td>Vivianita 1½–2 | 0,062
Perlas 2½–4½ | 0,156
Calcita 3 | 0,172
Howlita 3–3½ | 0,019
Coral 3–4 | 0,166
Espato anhidrita 3½ | 0,044
Aragonito 3½–4 | 0,155
Espato dolomita 3½–4 | 0,185
Mármol ónice 3½–4 | 0,163
Magnesita 3½–4½ | 0,208
Datolita 5–5½ | 0,045
Tremolita 5–6 | 0,022
Meionita 5½–6 | 0,030
Nefrita 6–6½ | 0,027
Danburita 7–7½ | 0,007
Turmalina 7–7½ | 0,023
Berilo noble 7½–8 | 0,007
Fenaquita 7½–8 | 0,016</td></tr>
<tr><td>3,00–3,49</td><td>Fluorita 4 | –</td><td>Fosfofilita 3–3½ | 0,027
Magnesita 3½–4½ | 0,208
Herderita 5–5½ | 0,027
Melinofana 5–5½ | 0,019
Tremolita 5–6 | 0,022
Montebrasita 5½–6 | 0,22
Ambligonita 6 | 0,027</td><td>Magnesita 3½–4½ | 0,208
Apatito 5 | 0,004
Hemimorfita 5 | 0,022
Datolita 5–5½ | 0,045
Diópsido 5–6 | 0,027
Enstatita 5½ | 0,010
Ambligonita 6 | 0,027
Nefrita 6–6½ | 0,027
Jadeíta 6½–7 | 0,020
Danburita 7–7½ | 0,007
Turmalina 7–7½ | 0,023
Dumortierita 7–8½ | 0,026
Euclasa 7½ | 0,022</td></tr>
<tr><td>3,50–3,99</td><td></td><td>Baritocalcita 4 | 0,061</td><td>Celestina 3–3½ | 0,011
Hemimorfita 5 | 0,022
Willemita 5½ | 0,030
Topacio 8 | 0,012</td></tr>
<tr><td>4,00–4,99</td><td></td><td>Witherita 3–3½ | 0,148</td><td>Barita 3–3½ | 0,012
Celestina 3–3½ | 0,011
Witherita 3–3½ | 0,148
Willemita 5½ | 0,030</td></tr>
</table>

Las cifras detrás del nombre de la piedra preciosa indican: dureza de Mohs/birrefringencia

DENSIDAD	ÍNDICE DE REFRACCIÓN		
	1,700–1,799	1,800–1,899	1,900 y superior
1,00–1,99			
2,00–2,49			
2,50–2,99	Magnesita 3½–4½ | 0,208		
3,00–3,49	Magnesita 3½–4½ | 0,208 Broncita 5–6 | 0,015 Diópsido 5–6 | 0,027 Zoisita 6–6½ | 0,008 Catoíta 6–7 | – Clinozoisita 6–7 | 0,010 Diásporo 6½–7 | 0,048 Chambersita 7 | 0,012 Zafirina 7½ | 0,005		
3,50–3,99	Kyanita 4–7 | 0,024 Legrandita 4½–5 | 0,060 Willemita 5½ | 0,030 Periclasa 5½–6 | – Benitoíta 6–6½ | 0,047 Grosularia 6½–7½ | – Zafirina 7½ | 0,005 Taafeíta 8–8½ | 0,006 Zafiro 9 | 0,008	Benitoíta 6–6½ | 0,047 Zircón tipo bajo 6½–7½ | – Zircón 6½–7½ | 0,030	Esfalerita 3½–4 | – Anatasa 5½–6 | 0,056 Zircón tipo bajo 6½–7½ | – Zircón 6½–7½ | 0,030 Diamante 10 | –
4,00–4,99	Adamina 3½ | 0,049 Legrandita 4½–5 | 0,060 Monacita 5–5½ | 0,052 Willemita 5½ | 0,030 Zafiro 9 | 0,008	Monacita 5–5½ | 0,052 Zircón tipo bajo 6½–7½ | – Zircón 6½–7½ | 0,030 YAG 8½ | –	Powellita 3½–4 | 0,011 Esfalerita 3½–4 | – Linobato 5½ | 0,090 Zircón tipo bajo 6½–7½ | – Zircón 6½–7½ | 0,030
5,00–5,99	Monacita 5–5½ | 0,052	Monacita 5–5½ | 0,052	Senarmontita 2–2½ | – Scheelita 4½–5 | 0,014 Hematites 5½–6½ | 0,287 Fabulita 5½–6 | – Simpsonita 7–7½ | 0,058 Zirconio 8½ | –
6,00–6,99		Anglesita 3–3½ | 0,017 Cerusita 3–3½ | 0,274	Fosgenita 2–3 | 0,028 Vanadinita 2½–3 | 0,066 Cerusita 3–3½ | 0,274 Scheelita 4½–5 | 0,014 Casiterita 6–7 | 0,097 Zirconio 8½ | –
7,00 y superior			Cinabrio 2–2½ | 0,351 Stolzita 2½–3 | 0,08 Vanadinita 2½–3 | 0,066 Mimetesita 3½–4 | 0,015 Casiterita 6–7 | 0,097 GGG 6½ | –

COLOR DE LA PIEDRA PRECIOSA ROJO + ROSA + NARANJA

DENSIDAD	ÍNDICE DE REFRACCIÓN		
	1,400–1,499	**1,500–1,599**	**1,600–1,699**
1,00–1,99	Inderita 2½–3 | 0,018 Kurnakovita 3 | 0,036 Ópalo 5½–6½ | –	Ámbar 2–2½ | – Kurnakovita 3 | 0,036 Ópalo 5½–6½ | –	
2,00–2,49	Analcita 5–5½ | – Natrolita 5–5½ | 0,013 Cancrinita 5–6 | 0,026 Tugtupita 5½–6 | 0,006 Ópalo 5½–6½ | –	Stichtita 1½–2½ | 0,026 Yeso 2 | 0,009 Sepiolita 2–2½ | – Apofilita 4½–5 | 0,002 Thomsonita 5–5½ | 0,015 Cancrinita 5–6 | 0,026 Tugtupita 5½–6 | 0,006 Ópalo 5½–6½ | – Petalita 6–6½ | 0,014	
2,50–2,99	Calcita 3 | 0,172 Coral 3–4 | 0,166 Cancrinita 5–6 | 0,026 Tugtupita 5½–6 | 0,006 Ópalo 5½–6½ | –	Perlas 2½–4½ | 0,156 Calcita 3 | 0,172 Coral 3–4 | 0,166 Espato anhidrita 3½ | 0,044 Aragonito 3½–4 | 0,155 Espato dolomita 3½–4 | 0,185 Apofilita 4½–5 | 0,002 Cancrinita 5–6 | 0,026 Escapolita 5½–6 | 0,021 Tugtupita 5½–6 | 0,006 Ópalo 5½–6½ | – Xilópalo 5½–7 | – Ortosa 6–6½ | 0,008 Feld. aventurina 6–6½ | 0,010 Jaspe 6½–7 | – Amatista 7 | 0,009 Aventurina 7 | 0,009 Cuarzo rosado 7 | 0,009 Berilo noble 7½–8 | 0,007	Kämmererita 2–2½ | 0,003 Moscovita 2–3 | 0,039 Perlas 2½–4½ | 0,156 Calcita 3 | 0,172 Coral 3–4 | 0,166 Espato anhidrita 3½ | 0,044 Aragonito 3½–4 | 0,155 Espato dolomita 3½–4 | 0,185 Eudialita 5–5½ | 0,006 Tremolita 5–6 | 0,022 Nefrita 6–6½ | 0,027 Danburita 7–7½ | 0,007 Turmalina 7–7½ | 0,023 Berilo noble 7½–8 | 0,007 Fenaquita 7½–8 | 0,016 Pezzotaíta 8 | 0,007
3,00–3,49	Fluorita 4 | –	Melinofana 5–5½ | 0,019 Tremolita 5–6 | 0,022 Condrodita 6–6½ | 0,031	Rodocrosita 4 | 0,214 Apatito 5 | 0,004 Nefrita 6–6½ | 0,027 Kunzita 6½–7 | 0,015 Jadeíta 6½–7 | 0,020 Danburita 7–7½ | 0,007 Turmalina 7–7½ | 0,023 Dumortierita 7–8½ | 0,026 Andalucita 7½ | 0,010 Topacio 8 | 0,012 Rodicita 8–8½ | –
3,50–3,99		Estroncianita 3½ | 0,150	Celestina 3–3½ | 0,011 Siderita 3½–4½ | 0,242 Rodocrosita 4 | 0,214 Willemita 5½ | 0,030 Topacio 8 | 0,012
4,00–4,99			Barita 3–3½ | 0,012 Celestina 3–3½ | 0,011 Smithsonita 5 | 0,228 Willemita 5½ | 0,030

Las cifras detrás del nombre de la piedra preciosa indican: dureza de Mohs/birrefringencia

DENSIDAD	ÍNDICE DE REFRACCIÓN		
	1,700–1,799	**1,800–1,899**	**1,900 y superior**
1,00–1,99			
2,00–2,49			
2,50–2,99			
3,00–3,49	Rodocrosita 4 | 0,214 Bustamita 5½–6 | 0,014 Rodonita 5½–6½ | 0,012 Clinozoisita 6–7 | 0,010	Rodocrosita 4 | 0,214 Purpurita 4–4½ | 0,07	Purpurita 4–4½ | 0,07
3,50–3,99	Siderita 3½–4½ | 0,242 Rodocrosita 4 | 0,214 Hodgkinsonita 4½–5 | 0,024 Willemita 5½ | 0,030 Rodonita 5½–6½ | 0,012 Benitoíta 6–6½ | 0,047 Almandino 6½–7½ | – Hesonita 6½–7½ | – Piropo 6½–7½ | – Rodolita 6½–7½ | – Espinela 8 | – Taafeíta 8–8½ | 0,006 Alexandrita 8½ | 0,009 Crisoberilo 8½ | 0,009 Rubí 9 | 0,008 Zafiro 9 | 0,008	Siderita 3½–4½ | 0,242 Rodocrosita 4 | 0,214 Titanita 5–5½ | 0,146 Benitoíta 6–6½ | 0,047 Almandino 6½–7½ | – Zircón tipo bajo 6½–7½ | – Zircón 6½–7½ | 0,030	Esfalerita 3½–4 | – Titanita 5–5½ | 0,146 Anatasa 5½–6 | 0,056 Zircón tipo bajo 6½–7½ | – Zircón 6½–7½ | 0,030 Diamante 10 | –
4,00–4,99	Smithsonita 5 | 0,228 Monacita 5–5½ | 0,052 Willemita 5½ | 0,030 Almandino 6½–7½ | – Espesartita 6½–7½ | – Gahnita 7½–8 | – Painita 7½–8 | 0,029 Rubí 9 | 0,008 Zafiro 9 | 0,008	Smithsonita 5 | 0,228 Monacita 5–5½ | 0,052 Almandino 6½–7½ | – Espesartita 6½–7½ | – Zircón tipo bajo 6½–7½ | – Zircón 6½–7½ | 0,030 Gahnita 7½–8 | – Painita 7½–8 | 0,029 Esferocobaltita 4 | 0,254	Greenockita 3–3½ | 0,023 Esfalerita 3½–4 | – Microlita 5–5½ | – Rutilo 6–6½ | 0,287 Zircón tipo bajo 6½–7½ | – Zircón 6½–7½ | 0,030
5,00–5,99	Bastnäsita 4–4½ | 0,100 Monacita 5–5½ | 0,052	Bastnäsita 4–4½ | 0,100 Monacita 5–5½ | 0,052	Proustita 2½ | 0,203 Crocoíta 2½–3 | 0,270 Cuprita 3½–4 | – Zincita 4–5 | 0,016 Scheelita 4½–5 | 0,014 Hematites 5½–6½ | 0,287 Tantalita 6–6½ | 0,160
6,00–6,99	Torita 4½–5 | 0,06	Torita 4½–5 | 0,06	Crocoíta 2½–3 | 0,270 Wulfenita 3 | 0,120 Cuprita 3½–4 | – Scheelita 4½–5 | 0,014 Tantalita 6–6½ | 0,160
7,00 y superior			Cinabrio 2–2½ | 0,351 Stolzita 2½–3 | 0,08 Vanadinita 2½–3 | 0,066 Wulfenita 3 | 0,120 Hübnerita 4–4½ | 0,13 Tantalita 6–6½ | 0,160

COLOR DE LA PIEDRA PRECIOSA AMARILLO + NARANJA + PARDO

DENSIDAD	ÍNDICE DE REFRACCIÓN		
	1,400–1,499	**1,500–1,599**	**1,600–1,699**
1,00–1,99	Gaylusita 2½–3 | 0,080 Ópalo 5½–6½ | –	Ámbar 2–2½ | – Marfil 2–3 | –	Azabache 2½–4 | –
2,00–2,49	Whewelita 2½–3 | 0,161 Natrolita 5–5½ | 0,013 Obsidiana 5–5½ | – Cancrinita 5–6 | 0,026 Moldavita 5½ | – Ópalo 5½–6½ | –	Sepiolita 2–2½ | – Serpentina 2½–5½ | 0,011 Apofilita 4½–5 | 0,002 Obsidiana 5–5½ | – Leucita 5½–6 | 0,001 Petalita 6–6½ | 0,014 Hambergita 7½ | 0,072	Whewelita 2½–3 | 0,161 Hambergita 7½ | 0,072
2,50–2,99	Calcita 3 | 0,172 Mármol ónice 3½–4 | 0,163 Obsidiana 5–5½ | – Cancrinita 5–6 | 0,026 Ópalo 5½–6½ | –	Perlas 2½–4½ | 0,156 Serpentina 2½–5½ | 0,011 Calcita 3 | 0,172 Aragonito 3½–4 | 0,155 Obsidiana 5–5½ | – Berilonita 5½–6 | 0,009 Escapolita 5½–6 | 0,021 Piedra de luna 6–6½ | 0,008 Ortosa 6–6½ | 0,008 Sanidina 6–6½ | 0,008 Feld. aventurina 6–6½ | 0,010 Ojo de tigre 6½–7 | – Aventurina 7 | 0,009 Citrino 7 | 0,009 Cuarzo ahumado 7 | 0,009 Cordierita 7–7½ | 0,010 Berilo noble 7½–8 | 0,007	Moscovita 2–3 | 0,039 Perlas 2½–4½ | 0,156 Calcita 3 | 0,172 Aragonito 3½–4 | 0,155 Espato dolomita 3½–4 | 0,185 Mármol ónice 3½–4 | 0,163 Datolita 5–5½ | 0,045 Tremolita 5–6 | 0,022 Brasilianita 5½ | 0,020 Meionita 5½–6 | 0,030 Vlasovita 6 | 0,020 Nefrita 6–6½ | 0,027 Prehnita 6–6½ | 0,030 Danburita 7–7½ | 0,007 Turmalina 7–7½ | 0,023 Berilo noble 7½–8 | 0,007 Fenaquita 7½–8 | 0,016
3,00–3,49	Fluorita 4 | –	Magnesita 3½–4½ | 0,208 Leucofana 4 | 0,025 Ekanita 4½–6½ | 0,001 Herderita 5 5½ | 0,027 Melinofana 5–5½ | 0,019 Tremolita 5–6 | 0,022 Montebrasita 5½–6 | 0,22 Ambligonita 6 | 0,027 Condrodita 6–6½ | 0,031	Rodocrosita 4 | 0,214 Apatito 5 | 0,004 Diópsido 5–6 | 0,027 Hiperstena 5–6 | 0,013 Enstatita 5½ | 0,010 Actinolita 5½–6 | 0,022 Ambligonita 6 | 0,027 Nefrita 6–6½ | 0,027 Axinita 6½–7 | 0,011 Hiddenita 6½–7 | 0,015 Jadeíta 6½–7 | 0,020 Cornerupina 6½–7 | 0,014 Peridoto 6½–7 | 0,037 Sinhalita 6½–7 | 0,039 Danburita 7–7½ | 0,007 Turmalina 7–7½ | 0,023 Dumortierita 7–8½ | 0,026 Andalucita 7½ | 0,010 Topacio 8 | 0,012
3,50–3,99		Estroncianita 3½ | 0,150 Baritocalcita 4 | 0,061	Siderita 3½–4½ | 0,242 Rodocrosita 4 | 0,214 Willemita 5½ | 0,030 Topacio 8 | 0,012
4,00–4,99		Witherita 3–3½ | 0,148	Barita 3–3½ | 0,012 Witherita 3–3½ | 0,148

Las cifras detrás del nombre de la piedra preciosa indican: dureza de Mohs/birrefringencia

DENSIDAD	ÍNDICE DE REFRACCIÓN		
	1,700–1,799	**1,800–1,899**	**1,900 y superior**
1,00–1,99			
2,00–2,49			Azufre 1½–2½ | 0,291
2,50–2,99	Magnesita 3½–4½ | 0,208		
3,00–3,49	Rodocrosita 4 | 0,214 Hiperstena 5–6 | 0,013 Epidoto 6–7 | 0,032 Clinozoisita 6–7 | 0,010 Vesubianita 6½ | 0,007 Axinita 6½–7 | 0,011 Peridoto 6½–7 | 0,037 Sinhalita 6½–7 | 0,039	Escorodita 3½–4 | 0,029 Rodocrosita 4 | 0,214 Heterosita 4–4½ | 0,05 Purpurita 4–4½ | 0,07	Heterosita 4–4½ | 0,05 Purpurita 4–4½ | 0,07
3,50–3,99	Siderita 3½–4½ | 0,242 Rodocrosita 4 | 0,214 Kyanita 4–7 | 0,024 Hiperstena 5–6 | 0,013 Willemita 5½ | 0,030 Periclasa 5½–6 | – Epidoto 6–7 | 0,032 Sinhalita 6½–7 | 0,039 Grosularia 6½–7½ | – Hesonita 6½–7½ | – Piropo 6½–7½ | – Estaurolita 7–7½ | 0,012 Espinela 8 | – Crisoberilo 8½ | 0,009 Zafiro 9 | 0,008	Siderita 3½–4½ | 0,242 Rodocrosita 4 | 0,214 Titanita 5–5½ | 0,146 Andradita 6½–7½ | – Zircón tipo bajo 6½–7½ | – Zircón 6½–7½ | 0,030	Esfalerita 3½–4 | – Goethita 5–5½ | 0,14 Titanita 5–5½ | 0,146 Anatasa 5½–6 | 0,056 Andradita 6½–7½ | – Zircón tipo bajo 6½–7½ | – Zircón 6½–7½ | 0,030 Diamante 10 | –
4,00–4,99	Monacita 5–5½ | 0,052 Willemita 5½ | 0,030 Espesartita 6½–7½ | – Painita 7½–8 | 0,029 Zafiro 9 | 0,008	Monacita 5–5½ | 0,052 Andradita 6½–7½ | – Espesartita 6½–7½ | – Zircón tipo bajo 6½–7½ | – Zircón 6½–7½ | 0,030	Esfalerita 3½–4 | – Rutilo 6–6½ | 0,287 Andradita 6½–7½ | – Zircón tipo bajo 6½–7½ | – Zircón 6½–7½ | 0,030
5,00–5,99	Bastnäsita 4–4½ | 0,100 Monacita 5–5½ | 0,052	Bastnäsita 4–4½ | 0,100 Monacita 5–5½ | 0,052	Crocoíta 2½–3 | 0,270 Zincita 4–5 | 0,016 Scheelita 4½–5 | 0,014 Hematites 5½–6½ | 0,287 Tantalita 6–6½ | 0,160 Zirconio 8½ | –
6,00–6,99	Torita 4½–5 | 0,06	Anglesita 3–3½ | 0,017 Cerusita 3–3½ | 0,274 Torita 4½–5 | 0,06	Fosgenita 2–3 | 0,028 Crocoíta 2½–3 | 0,270 Wulfenita 3 | 0,120 Cerusita 3–3½ | 0,274 Tantalita 6–6½ | 0,160 Casiterita 6–7 | 0,097
7,00 y superior			Stolzita 2½–3 | 0,08 Vanadinita 2½–3 | 0,066 Wulfenita 3 | 0,120 Hübnerita 4–4½ | 0,13 Wolframita 5–5½ | 0,14 Tantalita 6–6½ | 0,160 Casiterita 6–7 | 0,097

COLOR DE LA PIEDRA PRECIOSA VERDE + VERDE AMARILLO + VERDE AZUL

DENSIDAD	ÍNDICE DE REFRACCIÓN		
	1,400–1,499	**1,500–1,599**	**1,600–1,699**
1,00–1,99	Ópalo 5½–6½ | –	Ámbar 2–2½ | –	
2,00–2,49	Crisocola 2–4 | 0,031 Analcita 5–5½ | – Obsidiana 5–5½ | – Moldavita 5½ | – Haunita 5½–6 | – Ópalo 5½–6½ | –	Crisocola 2–4 | 0,031 Serpentina 2½–5½ | 0,011 Variscita 4–5 | 0,031 Apofilita 4½–5 | 0,002 Obsidiana 5–5½ | – Moldavita 5½ | – Haunita 5½–6 | –	Turquesa 5–6 | 0,040
2,50–2,99	Calcita 3 | 0,172 Mármol ónice 3½–4 | 0,163 Obsidiana 5–5½ | – Haunita 5½–6 | – Ópalo 5½–6½ | –	Vivianita 1½–2 | 0,062 Perlas 2½–4½ | 0,156 Serpentina 2½–5½ | 0,011 Calcita 3 | 0,172 Variscita 4–5 | 0,031 Apofilita 4½–5 | 0,002 Wardita 4½–5 | 0,009 Obsidiana 5–5½ | – Amazonita 6–6½ | 0,008 Crisoprasa 6½–7 | 0,006 Aventurina 7 | 0,009 Crisoprasa 7 | 0,009 Aguamarina 7½–8 | 0,004 Berilo noble 7½–8 | 0,007 Esmeralda 7½–8 | 0,006	Vivianita 1½–2 | 0,062 Perlas 2½–4½ | 0,156 Calcita 3 | 0,172 Mármol ónice 3½–4 | 0,163 Datolita 5–5½ | 0,045 Tremolita 5–6 | 0,022 Turquesa 5–6 | 0,040 Brasilianita 5½ | 0,020 Montebrasita 5½–6 | 0,22 Nefrita 6–6½ | 0,027 Prehnita 6–6½ | 0,030 Grandierita 7–7½ | 0,033 Turmalina 7–7½ | 0,023 Berilo noble 7½–8 | 0,007 Esmeralda 7½–8 | 0,006
3,00–3,49	Fluorita 4 | –	Fosfofilita 3–3½ | 0,027 Leucofana 4 | 0,025 Ekanita 4½–6½ | 0,001 Herderita 5–5½ | 0,027 Tremolita 5–6 | 0,022 Montebrasita 5½–6 | 0,22 Condrodita 6–6½ | 0,031 Grandierita 7–7½ | 0,033	Malaquita 3½–4 | 0,254 Apatito 5 | 0,004 Dioptasa 5 | 0,052 Hemimorfita 5 | 0,022 Datolita 5–5½ | 0,045 Diópsido 5–6 | 0,027 Hiperstena 5–6 | 0,013 Tremolita 5–6 | 0,022 Enstatita 5½ | 0,010 Actinolita 5½–6 | 0,022 Nefrita 6–6½ | 0,027 Esmeraldita 6–6½ | 0,022 Hiddenita 6½–7 | 0,015 Jadeíta 6½–7 | 0,020 Cornerupina 6½–7 | 0,014 Peridoto 6½–7 | 0,037 Sinhalita 6½–7 | 0,039 Turmalina 7–7½ | 0,023 Andalucita 7½ | 0,010 Euclasa 7½ | 0,022
3,50–3,99			Celestina 3–3½ | 0,011 Malaquita 3½–4 | 0,254 Hemimorfita 5 | 0,022 Hiperstena 5–6 | 0,013 Willemita 5½ | 0,030 Topacio 8 | 0,012
4,00–4,99			Barita 3–3½ | 0,012 Smithsonita 5 | 0,228

Las cifras detrás del nombre de la piedra preciosa indican: dureza de Mohs/birrefringencia

DENSIDAD	ÍNDICE DE REFRACCIÓN		
	1,700–1,799	**1,800–1,899**	**1,900 y superior**
1,00–1,99			
2,00–2,49			Azufre 1½–2½ | 0,291
2,50–2,99			
3,00–3,49	Malaquita 3½–4 | 0,254 Escorodita 3½–4 | 0,029 Trifilina 4–5 | 0,007 Dioptasa 5 | 0,052 Broncita 5–6 | 0,015 Diópsido 5–6 | 0,027 Hiperstena 5–6 | 0,013 Egirinaugita 6 | 0,040 Zoisita 6–6½ | 0,008–0,009 Catoíta 6–7 | – Epidoto 6–7 | 0,032 Clinozoisita 6–7 | 0,010 Vesubianita 6½ | 0,007 Peridoto 6½–7 | 0,037 Serendibita 6½–7 | 0,005 Sinhalita 6½–7 | 0,039 Diásporo 6½–7½ | 0,048 Zafirina 7½ | 0,005	Malaquita 3½–4 | 0,254 Escorodita 3½–4 | 0,029 Egirinaugita 6 | 0,040 Uvarovita 6½–7½ | –	Malaquita 3½–4 | 0,254
3,50–3,99	Malaquita 3½–4 | 0,254 Kyanita 4–7 | 0,024 Hiperstena 5–6 | 0,013 Willemita 5½ | 0,030 Periclasa 5½–6 | – Hedenbergita 5½–6½ | 0,027 Egirinaugita 6 | 0,040 Epidoto 6–7 | 0,032 Serendibita 6½–7 | 0,005 Sinhalita 6½–7 | 0,039 Grosularia 6½–7½ | – Zafirina 7½ | 0,005 Espinela 8 | – Taafeíta 8–8½ | 0,006 Alexandrita 8½ | 0,009 Crisoberilo 8½ | 0,009 Zafiro 9 | 0,008	Malaquita 3½–4 | 0,254 Titanita 5–5½ | 0,146 Egirinaugita 6 | 0,040 Andradita 6½–7½ | – Demantoide 6½–7½ | – Zircón tipo bajo 6½–7½ | – Uvarovita 6½–7½ | – Zircón 6½–7½ | 0,030	Malaquita 3½–4 | 0,254 Esfalerita 3 ½–4 | – Titanita 5–5½ | 0,146 Andradita 6½–7½ | – Zircón tipo bajo 6½–7½ | – Zircón 6½–7½ | 0,030 Diamante 10 | –
4,00–4,99	Adamina 3½ | 0,049 Malaquita 3½–4 | 0,254 Smithsonita 5 | 0,228 Willemita 5½ | 0,030 Gahnita 7½–8 | – Zafiro 9 | 0,008	Malaquita 3½–4 | 0,254 Smithsonita 5 | 0,228 Gadolinita 6½–7 | 0,02 Andradita 6½–7½ | – Zircón 6½–7½ | 0,030 Gahnita 7½–8 | –	Malaquita 3½–4 | 0,254 Powellita 3½–4 | 0,011 Esfalerita 3½–4 | – Baildonita 4½ | 0,040 Microlita 5–5½ | – Andradita 6½–7½ | – Zircón 6½–7½ | 0,030
5,00–5,99			Microlita 5–5½ | – Zirconio 8½ | –
6,00–6,99		Anglesita 3–3½ | 0,017	Fosgenita 2–3 | 0,028
7,00 y superior			Stolzita 2½–3 | 0,008

COLOR DE LA PIEDRA PRECIOSA AZUL + AZUL VERDE + AZUL ROJO

DENSIDAD	ÍNDICE DE REFRACCIÓN		
	1,400–1,499	**1,500–1,599**	**1,600–1,699**
1,00–1,99	Ópalo 5½–6½ | –	Ámbar 2–2½ | – Ópalo 5½–6½ | –	
2,00–2,49	Crisocola 2–4 | 0,031 Cancrinita 5–6 | 0,026 Haunita 5½–6 | – Sodalita 5½–6 | – Ópalo 5½–6½ | –	Yeso 2 | 0,009 Crisocola 2–4 | 0,031 Variscita 4–5 | 0,031 Apofilita 4½–5 | 0,002 Cancrinita 5–6 | 0,026 Haunita 5½–6 | – Ópalo 5½–6½ | –	Turquesa 5–6 | 0,040
2,50–2,99	Calcita 3 | 0,172 Cancrinita 5–6 | 0,026 Lapislazuli 5–6 | – Haunita 5½–6 | – Ópalo 5½–6½ | –	Vivianita 1½–2 | 0,062 Perlas 2½–4½ | 0,156 Calcita 3 | 0,172 Coral 3–4 | 0,166 Espato anhidrita 3½ | 0,044 Variscita 4–5 | 0,031 Apofilita 4½–5 | 0,002 Wardita 5 | 0,009 Cancrinita 5–6 | 0,026 Lapislazuli 5–6 | – Haunita 5½–6 | – Ópalo 5½–6½ | – Amazonita 6–6½ | 0,008 Calcedonia 6½–7 | 0,006 Crisoprasa 6½–7 | 0,006 Jaspe 6½–7 | – Aventurina 7 | 0,009 Crisoprasa 7 | 0,009 Cordierita 7–7½ | 0,010 Grandierita 7–7½ | 0,033 Aguamarina 7½–8 | 0,004 Esmeralda 7½–8 | 0,006	Vivianita 1½–2 | 0,062 Perlas 2½–4½ | 0,156 Calcita 3 | 0,17 Espato anhidrita 3½ | 0,044 Aragonito 3½–4 | 0,155 Espato dolomita 3½–4 | 0,185 Pectolita 4½–5 | 0,038 Herderita 5–5½ | 0,027 Cerulita 5–6 | – Richterita 5–6 | 0,16–0,020 Turquesa 5–6 | 0,040 Montebrasita 5½–6 | 0,22 Nefrita 6–6½ | 0,027 Boracita 7–7½ | 0,010 Grandierita 7–7½ | 0,033 Turmalina 7–7½ | 0,023 Esmeralda 7½–8 | 0,006
3,00–3,49	Fluorita 4 | – Lapislazuli 5–6 | –	Fosfofilita 3–3½ | 0,027 Herderita 5–5½ | 0,027 Lapislazuli 5–6 | – Montebrasita 5½–6 | 0,22 Grandierita 7–7½ | 0,033	Apatito 5 | 0,004 Dioptasa 5 | 0,052 Hemimorfita 5 | 0,022 Lazulita 5–6 | 0,033 Nefrita 6–6½ | 0,027 Clinozoisita 6–7 | 0,010 Axinita 6½–7 | 0,011 Jadeíta 6½–7 | 0,020 Tanzanita 6½–7 | 0,009 Sillimanita 6½–7½ | 0,017 Turmalina 7–7½ | 0,023 Dumortierita 7–8½ | 0,026 Euclasa 7½ | 0,022 Topacio 8 | 0,012
3,50–3,99			Celestina 3–3½ | 0,011 Hemimorfita 5 | 0,022 Topacio 8 | 0,012
4,00–4,99			Barita 3–3½ | 0,012 Celestina 3–3½ | 0,011 Smithsonita 5 | 0,228

Las cifras detrás del nombre de la piedra preciosa indican: dureza de Mohs/birrefringencia

DENSIDAD	ÍNDICE DE REFRACCIÓN		
	1,700–1,799	**1,800–1,899**	**1,900 y superior**
1,00–1,99			
2,00–2,49			
2,50–2,99			
3,00–3,49	Litofilita 4–5 | 0,01 Trifilina 4–5 | 0,007 Dioptasa 5 | 0,052 Clinozoisita 6–7 | 0,010 Vesubianita 6½ | 0,007 Axinita 6½–7 | 0,011 Diásporo 6½–7 | 0,048 Serendibita 6½–7 | 0,005 Tanzanita 6½–7 | 0,009 Zafirina 7½ | 0,005	Purpurita 4–4½ | 0,07	Purpurita 4–4½ | 0,07
3,50–3,99	Azurita 3½–4 | 0,109 Litofilita 4–5 | 0,01 Kyanita 4½–7 | 0,024 Hedenbergita 5½–6½ | 0,027 Benitoíta 6–6½ | 0,047 Serendibita 6½–7 | 0,005 Zafirina 7½ | 0,005 Espinela 8 | – Taafeíta 8–8½ | 0,006 Rubí 9 | 0,008 Zafiro 9 | 0,008	Azurita 3½–4 | 0,109 Benitoíta 6–6½ | 0,047 Zircón tipo bajo 6½–7½ | – Zircón 6½–7½ | 0,030	Anatasa 5½–6 | 0,056 Zircón tipo bajo 6½–7½ | – Zircón 6½–7½ | 0,030 Diamante 10 | –
4,00–4,99	Smithsonita 5 | 0,228 Gahnita 7½–8 | – Rubí 9 | 0,008 Zafiro 9 | 0,008	Smithsonita 5 | 0,228 Zircón tipo bajo 6½–7½ | – Zircón 6½–7½ | 0,030 Gahnita 7½–8 | –	Powellita 3½–4 | 0,011 Zircón tipo bajo 6½–7½ | – Zircón 6½–7½ | 0,030
5,00–5,99		Linarita 2½ | 0,050	Boleíta 3–3½ | 0,020 Zirconio 8½ | –
6,00–6,99			
7,00 y superior			

COLOR DE LA PIEDRA PRECIOSA VIOLETA + ROJO AZUL

DENSIDAD	ÍNDICE DE REFRACCIÓN		
	1,400–1,499	**1,500–1,599**	**1,600–1,699**
1,00–1,99	Ópalo 5½–6½ | –	Ámbar 2–2½ | – Ópalo 5½–6½ | –	
2,00–2,49	Tugtupita 5½–6 | 0,006 Ópalo 5½–6½ | –	Stichtita 1½–2½ | 0,026 Tugtupita 5½–6 | 0,006 Ópalo 5½–6½ | – Ussingita 6–6½ | 0,039	
2,50–2,99	Calcita 3 | 0,172 Coral 3–4 | 0,166 Creedita 3½–4 | 0,024 Lapislazuli 5–6 | – Tugtupita 5½–6 | 0,006 Ópalo 5½–6½ | –	Kämmererita 2–2½ | 0,003 Calcita 3 | 0,172 Coral 3–4 | 0,166 Espato anhidrita 3½ | 0,044 Caroíta 4½–5 | 0,006 Poudretteíta 5 | 0,021 Lapislazuli 5–6 | – Escapolita 5½–6 | 0,021 Tugtupita 5½–6 | 0,006 Ópalo 5½–6½ | – Xilópalo 5½–7 | – Ussingita 6–6½ | 0,039 Jaspe 6½–7 | – Polucita 6½–7 | – Amatista 7 | 0,009 Cuarzo amatista 7 | 0,009 Cuarzo rosado 7 | 0,009 Cordierita 7–7½ | 0,010	Kämmererita 2–2½ | 0,003 Calcita 3 | 0,172 Coral 3–4 | 0,166 Espato anhidrita 3½ | 0,044 Richterita 5–6 | 0,016–0,020 Nefrita 6–6½ | 0,027 Sugilita 6–6½ | 0,002 Sogdianita 6–7 | 0,002 Turmalina 7–7½ | 0,023
3,00–3,49	Fluorita 4 | – Lapislazuli 5–6 | –	Lapislazuli 5–6 | – Ambligonita 6 | 0,027	Apatito 5 | 0,004 Espurrita 5 | 0,039 Richterita 5–6 | 0,016–0,020 Escorzalita 5½–6 | 0,039 Ambligonita 6 | 0,027 Nefrita 6–6½ | 0,027 Axinita 6½–7 | 0,011 Jadeíta 6½–7 | 0,020 Kunzita 6½–7 | 0,015 Tanzanita 6½–7 | 0,009 Sillimanita 6½–7½ | 0,017 Turmalina 7–7½ | 0,023 Dumortierita 7–8½ | 0,026 Topacio 8 | 0,012
3,50–3,99			Topacio 8 | 0,012
4,00–4,99			Smithsonita 5 | 0,228
5,00–5,99			
6,00–6,99			
7,00 y superior			

Las cifras detrás del nombre de la piedra preciosa indican: dureza de Mohs/birrefringencia

DENSIDAD	ÍNDICE DE REFRACCIÓN		
	1,700–1,799	**1,800–1,899**	**1,900 y superior**
1,00–1,99			
2,00–2,49			
2,50–2,99			
3,00–3,49	Escorodita 3½–4 | 0,029 Axinita 6½–7 | 0,011 Tanzanita 6½–7 | 0,009 Chambersita 7 | 0,012 Zafirina 7½ | 0,005	Escorodita 3½–4 | 0,029 Heterosita 4–4½ | 0,05 Purpurita 4–4½ | 0,07	Heterosita 4–4½ | 0,05 Purpurita 4–4½ | 0,07
3,50–3,99	Benitoita 6–6½ | 0,047 Almandino 6½–7½ | – Zafirina 7½ | 0,005 Espinela 8 | – Taafeíta 8–8½ | 0,006 Rubí 9 | 0,008 Zafiro 9 | 0,008	Benitoita 6–6½ | 0,047 Almandino 6½–7½ | – Zircón tipo bajo 6½–7½ | – Zircón 6½–7½ | 0,030	Zircón tipo bajo 6½–7½ | – Zircón 6½–7½ | 0,030
4,00–4,99	Adamina 3½ | 0,049 Smithsonira 5 | 0,228 Almandino 6½–7½ | – Gahnita 7½–8 | – Rubí 9 | 0,008 Zafiro 9 | 0,008	Smithsonira 5 | 0,228 Almandino 6½–7½ | – Zircón tipo bajo 6½–7½ | – Zircón 6½–7½ | 0,030 Gahnita 7½–8 | –	Zircón tipo bajo 6½–7½ | – Zircón 6½–7½ | 0,030
5,00–5,99			Proustita 2½ | 0,203 Cuprita 3½–4 | – Zirconio 8½ | –
6,00–6,99			Cuprita 3½–4 | –
7,00 y superior			

COLOR DE LA PIEDRA PRECIOSA NEGRO + GRIS

DENSIDAD	ÍNDICE DE REFRACCIÓN		
	1,400–1,499	**1,500–1,599**	**1,600–1,699**
1,00–1,99	Ópalo 5½–6½ | –	Ámbar 2–2½ | – Coral 3–4 | 0,16 Ópalo 5½–6½ | –	Azabache 2½–4 | –
2,00–2,49	Obsidiana 5–5½ | – Sodalita 5½–6 | – Ópalo 5½–6½ | –	Sepiolita 2–2½ | – Obsidiana 5–5½ | – Ópalo 5½–6½ | – Hambergita 7½ | 0,072	Hambergita 7½ | 0,072
2,50–2,99	Calcita 3 | 0,172 Obsidiana 5–5½ | – Ópalo 5½–6½ | –	Perlas 2½–4½ | 0,156 Calcita 3 | 0,172 Aragonita 3½–4 | 0,155 Obsidiana 5–5½ | – Ópalo 5½–6½ | – Xilópalo 5½–7 | – Bytownita 6–6½ | 0,009 Labradorita 6–6½ | 0,009 Calcedonia 6½–7 | 0,006 Jaspe 6½–7 | – Cuarzo ahumado 7 | 0,009	Perlas 2½–4½ | 0,156 Calcita 3 | 0,172 Aragonita 3½–4 | 0,155 Hornblenda 5–6 | 0,02 Nefrita 6–6½ | 0,027 Turmalina 7–7½ | 0,023
3,00–3,49	Fluorita 4 | –		Hidroxilapatito 5 | 0,012 Broncita 5–6 | 0,015 Hornblenda 5–6 | 0,02 Hiperstena 5–6 | 0,013 Neptunita 5–6 | 0,037 Nefrita 6–6½ | 0,027 Jadeita 6½–7 | 0,020 Turmalina 7–7½ | 0,023
3,50–3,99			Hiperstena 5–6 | 0,013
4,00–4,99			
5,00–5,99			
6,00–6,99			
7,00 y superior			

Las cifras detrás del nombre de la piedra preciosa indican: dureza de Mohs/birrefringencia

DENSIDAD	ÍNDICE DE REFRACCIÓN		
	1,700–1,799	1,800–1,899	1,900 y superior
1,00–1,99			
2,00–2,49			
2,50–2,99			
3,00–3,49	Broncita 5–6 | 0,015 Hiperstena 5–6 | 0,013 Neptunita 5–6 | 0,037 Egirinaugita 6 | 0,040 Epidoto 6–7 | 0,032	Egirinaugita 6 | 0,040	
3,50–3,99	Hiperstena 5–6 | 0,013 Hedenbergita 5½–6½ | 0,027 Egirinaugita 6 | 0,040 Epidoto 6–7 | 0,032 Estaurolita 7–7½ | 0,012 Espinella 8 | – Zafiro 9 | 0,008	Egirinaugita 6 | 0,040 Andradita 6½–7½ | –	Goethita 5–5½ | 0,14– Anatasa 5½–6 | 0,056 Andradita 6½–7½ | – Diamante 10 | –
4,00–4,99	Gadolinita 6½–7 | 0,02 Gahnita 7½–8 | – Zafiro 9 | 0,008	Gadolinita 6½–7 | 0,02 Andradita 6½–7½ | – Gahnita 7½–8 | –	Goethita 5–5½ | 0,14 Davidita 5–6 | – Chromita 5½ | – Brookita 5½–6 | 0,117 Rutilo 6–6½ | 0,287 Andradita 6½–7½ | –
5,00–5,99			Descloizita 3–3½ | 0,165 Hematites 5½–6½ | 0,287 Magnetita 5½–6½ | – Tantalita 6–6½ | 0,160
6,00–6,99		Cerusita 3–3½ | 0,274	Cerusita 3–3½ | 0,274 Descloizita 3–3½ | 0,165 Tantalita 6–6½ | 0,160
7,00 y superior			Cinabrio 2–2½ | 0,351 Hübnerita 4–4½ | 0,13 Wolframita 5–5½ | 0,14 Tantalita 6–6½ | 0,160

DENSIDAD	ÍNDICE DE REFRACCIÓN		
	1,400–1,499	**1,500–1,599**	**1,600–1,699**
1,00–1,99	Ópalo $5^1/_2$–$6^1/_2$ | –	Ámbar 2–$2^1/_2$ | – Ópalo $5^1/_2$–$6^1/_2$ | –	
2,00–2,49	Tugtupita $5^1/_2$–6 | 0,006 Ópalo $5^1/_2$–$6^1/_2$ | –	Serpentina $2^1/_2$–$5^1/_2$ | 0,011 Howlita 3–$3^1/_2$ | 0,019 Tugtupita $5^1/_2$–6 | 0,006 Ópalo $5^1/_2$–$6^1/_2$ | –	Howlita 3–$3^1/_2$ | 0,019 Turquesa 5–6 | 0,040
2,50–2,99	Mármol ónice $3^1/_2$–4 | 0,163 Lapislázuli 5–6 | – Tugtupita $5^1/_2$–6 | 0,006 Ópalo $5^1/_2$–$6^1/_2$ | –	Serpentina $2^1/_2$–$5^1/_2$ | 0,011 Howlita 3–$3^1/_2$ | 0,019 Mármol ónice $3^1/_2$–4 | 0,163 Sprudelstein $3^1/_2$–4 | 0,155 Amiolita 4 | 0,155 Caroíta $4^1/_2$–5 | 0,006 Lapislázuli 5–6 | – Tugtupita $5^1/_2$–6 | 0,006 Ópalo $5^1/_2$–$6^1/_2$ | – Xilópalo $5^1/_2$–7 | – Labradorita 6–$6^1/_2$ | 0,009 Piedra de luna 6–$6^1/_2$ | 0,008 Peristerita 6–$6^1/_2$ | 0,009 Feldespato aventurina 6–$6^1/_2$ | 0,010 Ágata $6^1/_2$–7 | 0,006 Calcedonia $6^1/_2$–7 | 0,006 Jaspe $6^1/_2$–7 | – Ágata musgosa $6^1/_2$–7 | 0,006 Ojo de tigre $6^1/_2$–7 | – Cuarzo amatista 7 | 0,009 Aventurina 7 | 0,009	Howlita 3–$3^1/_2$ | 0,019 Mármol ónice $3^1/_2$–4 | 0,163 Sprudelstein $3^1/_2$–4 | 0,155 Amiolita 4 | 0,155 Turquesa 5–6 | 0,040 Nefrita 6–$6^1/_2$ | 0,027 Turmalina 7–$7^1/_2$ | 0,023
3,00–3,49	Fluorita 4 | – Lapisláazuli 5–6 | –	Lapislázuli 5–6 | –	Malaquita $3^1/_2$–4 | 0,254 Rodocrosita 4 | 0,214 Nefrita 6–$6^1/_2$ | 0,027 Jadeita $6^1/_2$–7 | 0,020 Turmalina 7–$7^1/_2$ | 0,023
3,50–3,99			Malaquita $3^1/_2$–4 | 0,254 Rodocrosita 4 | 0,214
4,00–4,99			Malaquita $3^1/_2$–4 | 0,254
5,00–5,99			
6,00–6,99			
7,00 y superior			

Las cifras detrás del nombre de la piedra preciosa indican: dureza de Mohs/birrefringencia

DENSIDAD	ÍNDICE DE REFRACCIÓN		
	1,700–1,799	**1,800–1,899**	**1,900 y superior**
1,00–1,99			
2,00–2,49			
2,50–2,99			
3,00–3,49	Malaquita 3½–4 | 0,254 Rodocrosita 4 | 0,214 Rodonita 5½–6½ | 0,012	Malaquita 3½–4 | 0,254 Rodocrosita 4 | 0,214	Malaquita 3½–4 | 0,254
3,50–3,99	Malaquita 3½–4 | 0,254 Rodocrosita 4 | 0,214 Rodonita 5½–6½ | 0,012 Alexandrita 8½ | 0,009	Malaquita 3½–4 | 0,254 Rodocrosita 4 | 0,214	Malaquita 3½–4 | 0,254
4,00–4,99	Malaquita 3½–4 | 0,254	Malaquita 3½–4 | 0,254	Malaquita 3½–4 | 0,254
5,00–5,99			
6,00–6,99			
7,00 y superior			

ÍNDICE ALFABÉTICO

Los números en negrita refieren a las páginas en que se da un tratamiento más extenso del tema, y GA, a las guardas anteriores.

A

B

E

F

G

H

I

J

K

P

Q

R

S

T

U

V

Procedencia de las fotografías

Cubierta: seasons agency/Science Photo Library

Archiv für Kunst und Geschichte, Berlin: 287; **H. Bank**, Idar-Oberstein: 227/4 ar; 239/12 ar; 277/9; 279/7, 12, 13; 281/4, 9, 14, 21; **Bayrische Verwaltung der Staatlichen Schlösser, Gärten und Seen**, Múnich: 283; **G. Becker**, Idar-Oberstein: 279/11; **De Beers,** London: 61, 66, 67 ab, 77 i, 77 d, 78 i, 78 d, 79, 89; **De Beers Consolidated Mines Ltd.**, Johannesburgo, Sudáfrica: 91; **E. A. Bunzel**, Idar-Oberstein: 69 i, 70, 76 ar; **Chudoba-Gübelin**, Edelsteinkundl. Handbuch, Wilhelm Stollfuß Verlag, Bonn: 45; **Department of Mines and Energy**, Parkside/ Aus-tralia: 65 i; **D. J. Edelmann GmbH** (GPRA), Rund um die Perle, Frankfurt: 259, 261, 262, 263; **System Eickhorst**, Hamburgo: 16, 36, 49, 274, 275; **H. Eisenbeiss**, Bad Kohlgrub: 14abi, 14 abd, 40 abi, 109, 265, 288, 289, 291 ar, 291 ab, 292 (todas); **W. Eisenreich/ W. Schumann**: 24, 55; **Groh + Ripp**, Idar-Oberstein: 279/16, 18, 19, 23, 25, 27; 281/5; **E. Gübelin**, Luzern: 52 ab, 59 ar, 59 c, 59 ab, 62, 63, 64, 65 d, 71, 72 ab, 73 ab, 101, 105, 108; **H. A. Hänni**, Basel: 179/7; 279/1, 2, 10, 14, 17, 20; 281/1, 2, 13, 16, 17, 19; 282/1, 6, 7, 8; **K. Hartmann**, Sobernheim: 52 ar, 53, 54, 58, 60, láminas de piedras preciosas págs. 87–225, págs. 245–257, pág. 269; **K. Hartmann / Diaverleih T. Sachs**, Sobernheim: 1, 6, 15, 31, 285, 286; **U. Henn**, Idar-Oberstein: 279/8; 281/25; **HMSO**, Norwich: 9 (El copyright de la corona se reproduce con el permiso del Controller of HMSO); **R. Hochleitner**, **Archiv LAPIS**, Múnich: 270; **G. Holzhey,** Erfurt: 279/15; 281/3, 10, 12, 23; 282/2, 3, 4, 5; **Homberg + Brusius**, Kirschweiler: 73 ar; **Foto Hosser**, Idar-Oberstein: 74 ab, 227, 229, 231, 233, 235, 237, 239, 241, 243, 267; **HRD Antwerp nv/Research:** 282/8; **Jain Zucht-perlen**, Seeheim/ Bergstraße: 260; **Krantz,** Bonn: 76 ab; **A. Krüss GmbH**, Hamburg: 44; **Lichtblick-Fotodesign**, Schwollen: 179/6; 229/8 ar; 277/4, 5, 11; 279/3, 21, 22, 24, 26; 281/6, 7, 8, 11, 20, 22, 26; 282/10; **U. Medenbach,** Witten: 2–3, 4–5, 33; **Museumsverein der Prähistorischen Staatssammlung, Múnich / M. Eberlein**: 68; **E. Pauly**, Veitsrodt: 160; **A. Ruppenthal KG**, Idar-Oberstein: 154, 156; **R. Schultz-Güttler**, Sao Paulo: 279/4, 5, 6; **W. Schumann**, Múnich: 67 ar, 69 d; **Staatliches Edelsteininstitut**, Wien: 279/9; 281/15, 18; 282/9; **Welsch**, Hottenbach: 75 (todas).

Ilustraciones

Daniela Farnhammer: guarda anterior, 290; **Marlene Gemke:** 37 ar, 258, 266, 268; **Kartografie Huber:** guarda posterior; **Manuela Hutschenreiter:** 21 d, 27 ab, 40 abd, 81 ab; **Computergrafik Jörg Mair**: 72 ar, 74, 88; **Studio Pachlhofer**: cristales en los márgenes izquierdos págs. 86–216; Ilustración pág. 17: W. Schumann, Knaurs Buch der Erde, Múnich 1989.

Todas las ilustraciones restantes: **Hellmut Hoffmann**

Ilustración en la guarda anterior: formas de talla de las piedras preciosas

Ilustración en la guarda posterior: yacimientos de las piedras preciosas

Foto pág. 1: berilo dorado
Foto pág. 2-3: turmalina, tamaño natural × 6
Foto pág. 4-5: turmalina, tamaño natural × 4
Foto pág. 6: turmalina, algo aumentada

La edición original de esta obra ha sido publicada en alemán por BLV Buchverlag GmbH & Co. KG, Múnich, Alemania, con el título

EDELSTEINE UND SCHMUCKSTEINE

Traducción: **Laura Patricio**

www.ediciones-omega.es
ISBN 978-84-282-1757-6
Depósito legal B. 9233-2022

Printed in Spain

Impreso por Cachiman Gráfic

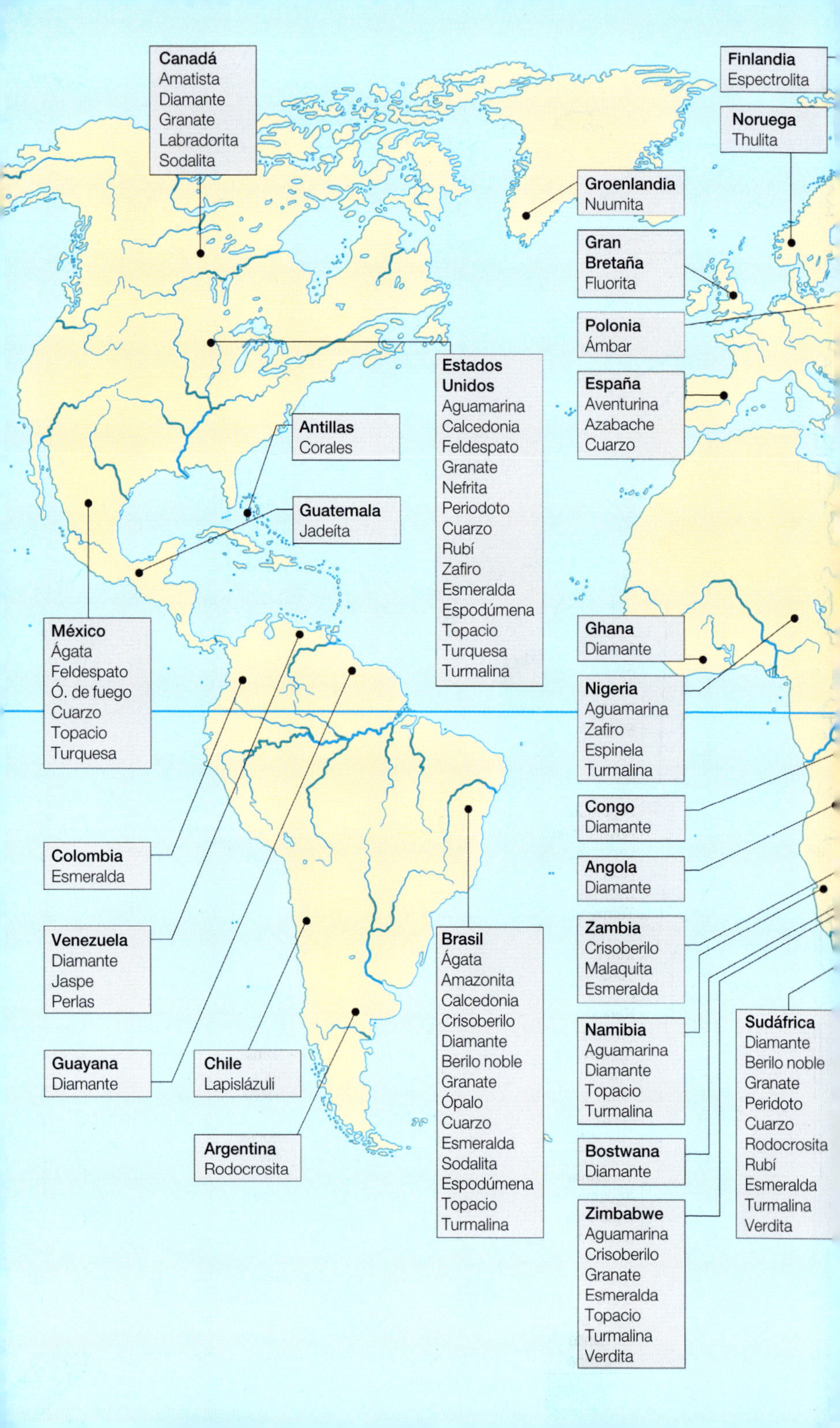
Canadá
Amatista
Diamante
Granate
Labradorita
Sodalita
Finlandia
Espectrolita
Noruega
Thulita
Groenlandia
Nuumita
Gran Bretaña
Fluorita
Polonia
Ámbar
Estados Unidos
Aguamarina
Calcedonia
Feldespato
Granate
Nefrita
Periodoto
Cuarzo
Rubí
Zafiro
Esmeralda
Espodúmena
Topacio
Turquesa
Turmalina
España
Aventurina
Azabache
Cuarzo
Antillas
Corales
Guatemala
Jadeíta
México
Ágata
Feldespato
Ó. de fuego
Cuarzo
Topacio
Turquesa
Ghana
Diamante
Nigeria
Aguamarina
Zafiro
Espinela
Turmalina
Congo
Diamante
Colombia
Esmeralda
Angola
Diamante
Venezuela
Diamante
Jaspe
Perlas
Brasil
Ágata
Amazonita
Calcedonia
Crisoberilo
Diamante
Berilo noble
Granate
Ópalo
Cuarzo
Esmeralda
Sodalita
Espodúmena
Topacio
Turmalina
Zambia
Crisoberilo
Malaquita
Esmeralda
Namibia
Aguamarina
Diamante
Topacio
Turmalina
Sudáfrica
Diamante
Berilo noble
Granate
Peridoto
Cuarzo
Rodocrosita
Rubí
Esmeralda
Turmalina
Verdita
Guayana
Diamante
Chile
Lapislázuli
Argentina
Rodocrosita
Bostwana
Diamante
Zimbabwe
Aguamarina
Crisoberilo
Granate
Esmeralda
Topacio
Turmalina
Verdita